高等职业教育新形态教材

# 基础化学

曾安然　李云龙　主编
曾安蓉　詹迎旭　副主编

# BASIC CHEMISTRY

化学工业出版社
·北京·

## 内容简介

本教材基于黎明职业大学“十四五”校企共建项目，以有机化学为主体，融合必要的无机化学、物理化学、高分子化学等知识，构建知识框架，保证学生的知识发展持续性。教材主要内容包括认识化学与材料、正确使用化学品、认识物质结构、有机化学基础，以及 C/H 有机化合物的认识和应用、 C/H/O 有机化合物的认识和应用、 C/H/N 有机化合物的认识和应用、 C/H/O/N 有机化合物的认识和应用、复杂结构有机化合物的认识和应用，共 9 个模块， 27 个项目。

本教材以大家风范、科学精神、先进材料、前沿技术等内容作项目导入，以材料中的化学原理和应用为典型教学案例，内容丰富，特色鲜明，可供高等职业院校材料、化学、化工、环境、轻纺等相关专业作为教材使用，也可供相关从业人员参考。

建议学时： 36 学时。

图书在版编目（CIP）数据

基础化学 / 曾安然，李云龙主编. — 北京：化学工业出版社，2024. 4

高等职业教育新形态教材

ISBN 978-7-122-45221-4

Ⅰ. ①基… Ⅱ. ①曾… ②李… Ⅲ. ①化学-高等职业教育-教材 Ⅳ. ①O6

中国国家版本馆 CIP 数据核字 (2024) 第 054215 号

责任编辑：卢萌萌　陆雄鹰　　文字编辑：贾羽茜　王云霞
责任校对：王　静　　装帧设计：史利平

出版发行：化学工业出版社
（北京市东城区青年湖南街 13 号　邮政编码 100011）
印　　装：北京天宇星印刷厂
787mm×1092mm　1/16　印张 14¼　彩插 1　字数 346 千字
2025 年 3 月北京第 1 版第 1 次印刷

购书咨询：010-64518888　　售后服务：010-64518899
网　　址：http://www.cip.com.cn
凡购买本书，如有缺损质量问题，本社销售中心负责调换。

定　　价：59.00 元　

# 《基础化学》

# 编写人员


**主　　编：** 曾安然　李云龙

**副 主 编：** 曾安蓉　詹迎旭

**编写人员：** 汪扬涛（黎明职业大学）

陈崇城（黎明职业大学）

李志伟（黎明职业大学）

陈金伟（广东轻工职业技术学院）

柳　峰（徐州工业职业技术学院）

陈　丽（福建永聚兴新材料科技有限公司）

# 前言

《基础化学》在编写上进一步贯彻《国家职业教育改革实施方案》，基于黎明职业大学“十四五”校企共建项目，深化职业教育“三教”改革，充分发挥教材建设在提高人才培养质量中的基础性作用。结合高等职业教育的特色和人才培养需要，依据高等职业教育材料、化工类相关专业的培养目标，融汇区域经济产业发展特色和企业实际生产需求，对教材内容进行设计和重构，体现以下3个特色：

① 坚持一个持续——学生知识发展的可持续。教材以有机化学为主体，融合必要的无机化学、物理化学、高分子化学等知识，构建必要的知识框架。教材内容包括认识化学与材料、正确使用化学品、认识物质结构、有机化学基础、C/H有机化合物的认识和应用、C/H/O有机化合物的认识和应用、C/H/N有机化合物的认识和应用、C/H/O/N有机化合物的认识和应用、复杂结构有机化合物的认识和应用9个模块27个项目。每个模块具有“学习目标”，项目中包含“案例导入”，以及穿插于项目内容中的“例”和结尾的“学习思维导图”，便于学生复习、巩固和提高，保证学生的知识发展持续性。教材内容丰富，特色鲜明，可供高等职业院校材料、化学、化工、环境、轻纺及相关专业作为教材使用，也可供化学领域的从业人员参考。

② 围绕一个核心——育人目标。贯彻党的二十大精神进教材，课程紧密围绕“家国情怀、绿色安全、辩证求真”的思政体系，坚定“科技兴邦、实业强国”宗旨，教材编写以科学家榜样、奋斗精神等思政材料培育学生社会责任感和创新创业意识，支撑立德树人根本任务。对接科技发展趋势，增加新知识、新技术、新工艺，充分体现化学材料在生产生活中的应用，提高教材的可读性，激发学生学习兴趣，做到思政同行，实现职业技能和职业精神培养高度融合。

③ 实现一个立体——在线精品课程资源。对标国家级在线精品课程标准打造基础化学线上学习门户，合理选用三维动画、实拍视频、混合编辑等技术，在教学视频中引入化学结构的微观仿真动画，将授课知识点、实践内容等制作成课程教学资源，以直观的形式、丰富的表达充分展现教学内容。

在线课程网站请在学银在线中搜索“黎明职业大学　基础化学”。

本教材由曾安然、李云龙担任主编，曾安蓉和詹迎旭担任副主编。具体编写分工如下：李云龙编写模块一，曾安蓉编写模块二，陈金伟编写模块三，曾安然编写模块四、五、六、九，詹迎旭编写模块七，柳峰编写模块八，汪扬涛、陈崇城、李志伟、陈丽提供相关教学案例。全书由曾安然统稿并定稿。本书在编写过程中，得到了黎明职业大学、化学工业出版社相关专家和编辑的大力支持和帮助，在此表示衷心感谢。教材编写过程中汲取了其他优秀教材的精华，在此向各位编者谨致谢意。

由于编者水平和时间有限，书中存在不妥和疏漏之处在所难免，恳请读者提出批评和建议。在此向关心和使用本书的各位朋友致以诚挚的谢意。

编者

# 目录

# 模块一

## 认识化学与材料

【学习目标】

1. 能阐述化学对工业发展的重要贡献。
2. 能阐述化学对高新技术发展的促进作用。
3. 能列举具有重要里程碑意义的宏观材料并说明其用途。
4. 能列举常见的鞋服材料并说明其性能。
5. 树立爱国意识，增强爱国情感。
6. 培养制造强国、质量强国的意识。

# 项目一　化学与社会发展

**【案例导入】侯德榜开拓我国重化学工业**

侯德榜，1890年生于福建闽侯，是我国著名的科学家、杰出的化工专家、“侯氏制碱法”创始人、重化学工业的开拓者，被誉为“科技泰斗，士子楷模”。

**视频 1-1 化学新材料的开发与应用**

侯德榜在少年时期就认识到中国必须图强，并在成长过程中逐步树立起“科学救国”“实业救国”的理想，为祖国化工事业建设奋斗了一生。作为我国近代化学工业的重要奠基人，侯德榜打破了国外七十多年对制碱技术的垄断，发明了当时世界制碱领域最先进的技术——侯氏制碱法，为祖国和世界的制碱技术发展做出了重大贡献。

## 一、化学对工业化发展的促进作用

化学是在原子、分子水平上研究物质的组成、结构与性能之间的关系，研究物质转化的规律和控制途径。化学学科的发展已交叉、渗透到各个学科领域，与生命、材料、环保、资源、信息、航天、海洋等高精尖技术领域密切相关。随着社会的化学化和化学的社会化趋势深入发展，现代化学正在成为一门满足社会需要的中心科学，深刻影响着人类社会的全面发展。化学学科与社会发展的关系如图1-1所示。

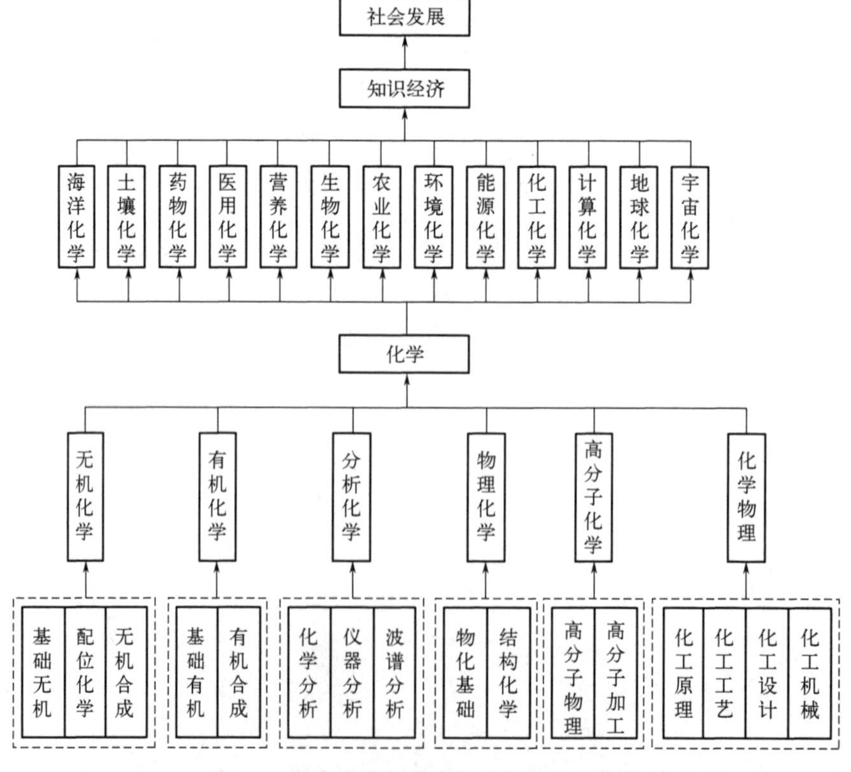


**图1-1　化学学科与社会发展的关系示意图**

化学工业在 20 世纪初崛起，后半个世纪得到飞速发展。合成氨、酸、碱等基本化学工业，以及从煤焦油衍生的染料、炸药、酚醛树脂、药物等一系列化学工业，在经济建设和社会发展中发挥了重大作用。一方面由于化学基础研究的一些重大突破推动了化学工业的大发展，另一方面化学工业又通过不断提出问题和要求推动了化学基础研究。

本任务以石油化工、高分子材料、合成氨工业、医药工业等领域的典型产品为例介绍化学对工业化发展的促进作用。

### 1. 石油化工

石油化工领域是指以石油为原料生产化学品的领域，在世界经济发展中占重要地位。石油化工原料来自石油炼制过程中产生的各种石油馏分、炼厂气、油田气和天然气等。石油炼制生产的汽油、煤油、柴油、重油以及天然气是当前主要的能源来源。从石油和天然气出发，可生产出一系列中间体、塑料、合成纤维、合成橡胶、洗涤剂、溶剂、涂料、农药、染料、医药等重要国计民生产品，对能源、材料工业、农业的发展具有巨大的促进作用。

### 2. 高分子材料

合成高分子材料的出现是 20 世纪人类社会文明的标志之一，由此发展形成的三大合成工业——塑料、橡胶和纤维逐渐成为化学工业的三大支柱。随着高分子材料技术的不断发展，包括塑料、橡胶、纤维、薄膜、胶黏剂和涂料在内的高分子材料已经成为与钢材、水泥、木材并驾齐驱的基础材料。高分子材料市场规模庞大，据统计机构（Eurostat）统计，2020 年全球塑料、合成纤维、涂料、合成橡胶、胶黏剂及密封胶的市场规模达 7688 亿美元。

### 3. 合成氨工业

20 世纪出现了人口大幅度增长带来的粮食需求迅速增加的问题。在解决这一问题的过程中，化肥起了重要的作用。“肥料工业之父”尤斯图斯·冯·李比希（Justus von Liebig）发现氮（N）可以促进植物生长，提高农作物产量。农业上使用的氮肥如尿素、硝酸铵、磷酸铵、硫酸铵以及各种含氮混合肥料和复合肥料，都是以氨为原料制成的。但由于氮气的化学性质很不活泼，以氮气和氢气为原料合成氨的工业化生产在当时是个难题。1909 年，德国化学家哈伯（F. Haber）在 500～600℃、17.5～20.0MPa、锇为催化剂的条件下实现合成氨含量超 6%，使合成氨具备工业化生产的可能性。德国工程师博施（C. Bosch）进一步将哈伯合成氨的实验室方法转化为规模化的工业生产，于 1913 年建成并投产年产量 7000 吨的合成氨工厂，实现合成氨的工业化生产。从此，合成氨成为化学工业中迅速发展的重要领域。

合成氨生产技术的创立不仅开辟了人工固氮的途径，更重要的是对整个化学工业技术的发展产生了重大影响。由于合成氨工业生产的实现和相关研究对化学理论与技术发展的推动，该领域有三位科学家获得诺贝尔化学奖，如图 1-2 所示。

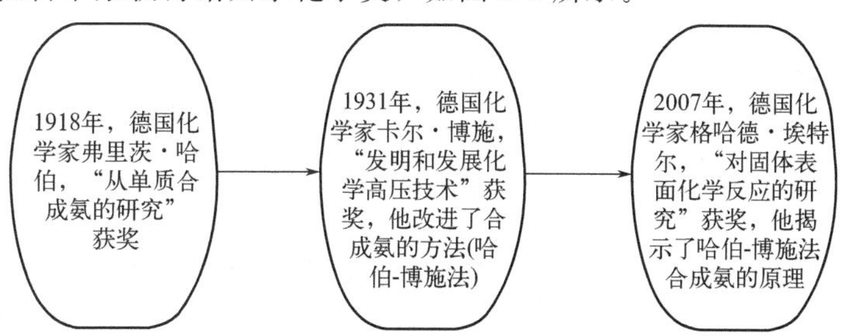


**图 1-2　合成氨领域的三项诺贝尔化学奖**

### 4. 医药工业

20 世纪初，生物小分子（如糖、血红蛋白、叶绿素、维生素等）的化学结构与合成研究就多次获得诺贝尔化学奖，这是化学向生命科学进军的标志。科学家致力于治疗细菌感染的药物研究，通过分子设计先后合成和发现磺胺药、青霉素、四环素、红霉素、氯霉素、头孢菌素等抗生素药，使许多细菌性传染病特别是肺炎、流行性脑炎等长期危害人类健康和生命的疾病得到控制，为人类的健康做出了巨大贡献。1965 年我国化学家成功合成结晶牛胰岛素，标志着人类在揭示生命奥秘的历程中迈进了一大步。

## 二、化学新材料的发展趋势

近年来，我国高新技术和产业快速发展，对材料不断提出新要求，推动新材料持续创新发展。新材料产业是战略性、基础性产业，也是高技术竞争的关键领域。材料的品种、质量和数量已经成为衡量一个国家科技水平、经济实力的重要指标。

新材料是指新近发展或正在发展的具有优异性能的结构材料和具有特殊性质的功能材料。结构材料主要是利用其强度、韧性、硬度、弹性等力学性能，如新型陶瓷材料、非晶态合金等。功能材料主要是利用其所具有的电、光、声、磁、热等功能和物理效应。我国高度重视新材料产业发展，目前通过纲领性文件、指导性文件、规划发展目标与任务等构筑起新材料发展政策金字塔，予以全产业链、全方位的指导，包括《中国制造 2025》、《新材料产业发展指南》等。新材料技术的不断发展为整个科学技术的进步和国防现代化提供了坚实的基础，而科学技术的进一步发展又对材料的品种和性能提出了更高的要求。《中国制造 2025》十大重点发展领域见图 1-3。

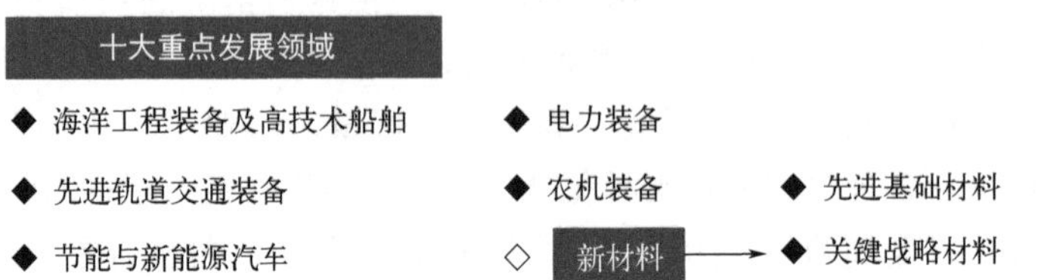


**图 1-3 《中国制造 2025》十大重点发展领域**

根据我国发展需求，新材料可分为先进基础材料、关键战略材料和前沿新材料。新材料的发现、发明和应用推广与技术革命和产业变革密不可分。加快发展新材料，对推动技术创新、支撑产业升级、建设制造强国具有重要战略意义。新材料的重点发展方向见图 1-4。

先进基础材料是在传统钢铁、水泥、玻璃等材料基础上新发展的材料，其技术工艺、生产规模和应用水平是衡量国家工业基础的重要标志，如超级钢通过创新工艺使钢内部结构发生变化，从而实现超长寿命服役，对航空航天、轻型汽车、高速列车等结构材料的更新换代具有重大意义；关键战略材料是国家重大工程和战略性新兴产业需要的关键保障材料，具有价值高、应用领域关键等特点，如心脏支架，体积虽小但材料科技含量高；前沿新材料是正在研发、具有先导性和颠覆性、能引领先进制造业未来发展的材料，如石墨烯，因其具有最薄、最坚硬、最好的导电性和导热性等特性，在传感器、新能源电池及海水淡化等领域表现出强劲的发展势头。

工业和信息化部联合科学技术部、自然资源部印发的《“十四五”原材料工业发展规划》

| 先进基础材料 | 关键战略材料 | 前沿新材料 |
|---|---|---|
| • 基础零部件用钢、高性能海工用钢等先进钢铁材料<br>• 高强铝合金、高强韧钛合金、镁合金等先进有色金属材料<br>• 高端聚烯烃、特种合成橡胶及工程塑料等先进化工材料<br>• 先进建筑材料<br>• 先进轻纺材料 | • 耐高温及耐蚀合金、高强轻型合金等高端装备用特种合金<br>• 反渗透膜、全氟离子交换膜等高性能分离膜材料<br>• 高性能碳纤维、芳纶纤维等高性能纤维及复合材料<br>• 高性能永磁、高效发光、高端催化等稀土功能材料<br>• 宽禁带半导体材料和新型显示材料<br>• 新型能源材料<br>• 生物医用材料 | • 石墨烯、金属及高分子增材制造材料<br>• 形状记忆合金、自修复材料、智能仿生与超材料<br>• 液态金属、新型低温超导及低成本高温超导材料 |

图 1-4 新材料的重点发展方向

进一步指出培育壮大新材料产业是产业高端化的关键，重点围绕大飞机、航空发动机、集成电路、信息通信、生物产业和能源产业等重点应用领域，攻克高温合金、航空轻合金材料、超高纯稀土金属及化合物、高性能特种钢、可降解生物材料、特种涂层、光刻胶、靶材、抛光液、工业气体、仿生合成橡胶、人工晶体、高性能功能玻璃、先进陶瓷材料、特种分离膜以及高性能稀土磁性、催化、光功能、储氢材料等一批关键材料。

# 项目二 典型材料的分类和应用

**【案例导入】北京冬奥会上的材料“黑科技”**

2022 年北京冬奥会的中国体育健儿克服重重困难，创造了一项项佳绩，为国人带来了喜悦和希望。北京冬奥会的成功举办也向世界展示了诸多中国智造的“黑科技”，其中不乏化学材料的高端应用。例如，“飞扬”火炬启用重量轻且耐高温的碳纤维材料，不仅耐火耐高温，还能抗 10 级大风和暴雨；雪车使用了与火箭、波音 787 同款的 TG800 宇航级碳纤维复合材料，协同外形设计和高精度整体制造技术，风阻系数比国际同类产品降低 8%；服装材料方面研发出了减阻面料、吸能缓震材料、高弹防切割面料、石墨烯发热材料等新型服装材料，满足冬奥战衣的提速、防护、保暖和美观等功能需求，融合“瑞雪祥云”“鸿运山水”等中国风设计，更是彰显文化自信。

## 一、材料的分类

材料可以按化学组成、性能、用途等方式进行分类。其中按化学组成分类，可分为金属材料、无机非金属材料、高分子材料和复合材料。按材料在外场作用下的性能响应分类，可分为结构材料和功能材料。按材料用途分类，可分为信息材料、航空航天材料、能源材料、生物医用材料等。

下面以按化学组成分类为例，介绍材料的分类及典型产品，如图 1-5 所示。

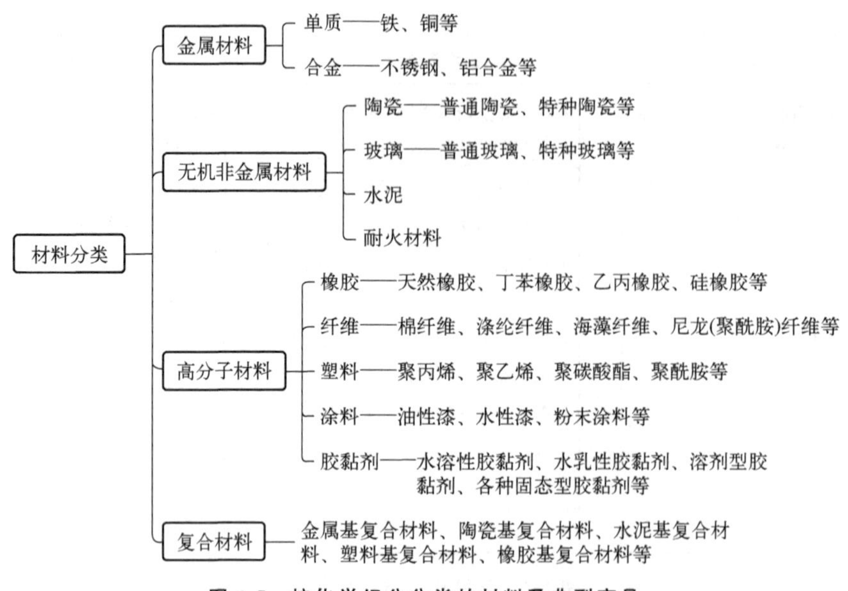


**图 1-5　按化学组分分类的材料及典型产品**

### 1. 金属材料

金属材料是由化学元素周期表中的金属元素组成的材料，可分为单质（纯金属）和合金两种。

单质（纯金属）是指该材料仅由一种金属元素构成。在 118 种元素中，除 He、Ne、Ar 等 7 种稀有气体元素和 C、Si、N 等 17 种非金属元素（不含稀有气体元素）外，其余 94 种为金属元素。除 Hg 之外，单质金属在常温下为固体，外观不透明，具有特殊的金属光泽及良好的导电性和导热性。

合金是指由两种或两种以上金属元素构成或由金属与非金属元素构成的具有金属特性的材料。合金的性质取决于合金中各相的性质、数量、形状及分布。

### 2. 无机非金属材料

无机非金属材料是指由硅酸盐、铝酸盐、硼酸盐、磷酸盐、锗酸盐等原料和（或）氧化物、氮化物、碳化物、硼化物、硫化物、硅化物、卤化物等原料经一定的工艺制备而成的材料。

无机非金属材料可分为传统的（普通的）无机非金属材料和新型的（先进的）无机非金属材料两大类。

传统的无机非金属材料主要指二氧化硅及其硅酸盐化合物为主要成分的材料，如陶瓷、玻璃、水泥和耐火材料等。

新型的无机非金属材料是指具有特殊性能和用途的材料，是传统工业技术改造和现代新技术与新产业、现代国防所不可缺少的物质基础，包括先进陶瓷、晶体材料、无机涂层、无机纤维等。

（1）陶瓷

按其概念和用途不同可分为两大类，即普通陶瓷和特种陶瓷。

普通陶瓷即传统陶瓷，是指以黏土为主要原料与其他天然矿物原料经过粉碎、混炼、成型、煅烧等过程制成的各种制品，包括日用陶瓷、卫生陶瓷、建筑陶瓷、化工陶瓷（耐酸碱瓷、化学瓷等）等。

特种陶瓷是用于现代工业及尖端科学技术领域的陶瓷制品，包括结构陶瓷和功能陶瓷。结构陶瓷主要用于耐磨损、高强度、耐高温等场所。功能陶瓷是具有电磁功能、光学功能、生物功能、核功能或其他功能的陶瓷材料。

（2）玻璃

玻璃是由二氧化硅、石灰石等多种无机矿物制得的非晶态固体材料。根据组分不同，可分为硅酸盐玻璃、硼酸盐玻璃、磷酸盐玻璃等。根据性能差异，可分为普通玻璃和特种玻璃两大类。

普通玻璃是指采用天然原料大规模生产的玻璃，包括日用玻璃、建筑玻璃、光学玻璃和玻璃纤维等。可通过骤冷使表层收缩促使所有原子往内挤，从而使裂缝难以生成，提高玻璃安全性，即钢化玻璃。也可通过在玻璃中添加特殊材料分散冲击力，减小玻璃破碎时发生散裂的风险，如在防弹玻璃中添加凯芙拉（Kevlar）纤维、超高分子量聚乙烯（UHMWPE）等特殊材料。

特种玻璃是指采用精制、高纯或新型原料，通过新工艺，在严格控制的特定条件下制成的具有特殊功能或用途的玻璃，如防辐射玻璃、激光玻璃、生物玻璃、多孔玻璃和非线性光学玻璃等。防辐射玻璃就是在玻璃组成中引入大量原子序数高的元素（如铅和铋）用来提高其对 X 射线、$\gamma$ 射线等射线的吸收能力。

（3）水泥

水泥是粉状水硬性无机凝胶材料。水泥的形成原理是以碳酸钙为主要成分的石灰石和以硅酸盐为主要成分的黏土与水作用形成极似有机分子的晶体结构。晶体结构生长过程中“抓住”混合其中的石块时就形成了混凝土，同时“抓住”起增韧效果的钢筋时即为钢筋混凝土。水泥的种类很多，按其所含的主要成分，可分为硅酸盐水泥、铝酸盐水泥、硫铝酸盐水泥、氟铝酸盐水泥以及以工业废渣和地方材料为主要组分的水泥。

水泥工业的发展以节能、降耗、环保为中心，研究重点集中在生态水泥、先进水泥基材料、低能耗水泥以及水泥的高性能化、工业及城市废弃物的资源化利用等方面。如自愈型混凝土是在混凝土中混入某些特殊的嗜碱细菌和淀粉，平时细菌蛰伏于其中，当混凝土破裂时，细菌遇水后恢复活性，吃掉淀粉后开始生长和繁殖，并分泌方解石将空隙填满，从而进行自修复；自洁净混凝土是在混凝土中掺入二氧化钛粒子，在紫外线作用下产生自由基，分解粘在混凝土表面的有机污垢，形成小分子被风雨带走，从而进行自洁净。

（4）耐火材料

耐火材料是指耐火温度不低于 1580℃ 并能承受相应的物理化学变化及机械作用的无机非金属材料。大部分耐火材料以天然矿石（如耐火黏土、硅石、菱镁矿、白云母等）为原料制造，是为高温技术服务的基础材料，如高温窑炉等热工设备或工业高温容器等。

### 3. 高分子材料

高分子化合物是由一种或几种较简单结构单元大量重复构成的大型分子，分子量从几千到几十万甚至几百万。高分子材料是以高分子化合物为基体，配以其他添加剂（助剂）所构成的材料，也称为聚合物材料。高分子材料种类繁多、性能各异，按材料来源可分为天然高分子材料和合成高分子材料，按材料的性能和用途可分为橡胶、纤维、塑料、涂料与胶黏剂等。

（1）橡胶

橡胶是具有可逆形变的高弹性聚合物材料，其特点是室温弹性高，很小的外力作用即能产生很大的形变（可达 1000%），除去外力后能恢复原状。常用的橡胶有天然橡胶、丁苯橡胶、顺丁橡胶（顺式 1,4-聚丁二烯）和硅橡胶等。橡胶制品广泛应用于工业或生活各方面，如轮胎、密封圈、履带等。

（2）纤维

纤维是由连续或不连续的细丝组成的物质。纤维的弹性模量较大，受力时形变不超过20%。纤维大分子沿轴向做规则排列，具有较大的长径比，使用温度范围宽（−50～150℃）。纺织用纤维通常具有较高的长径比和较好的柔韧性，有利于加工制成各种纺织品。

（3）塑料

塑料是指在一定条件下可塑造成各种形状并保持不变的高分子材料。根据塑料受热时行为的不同，分为热塑性塑料和热固性塑料两类。前者受热时不发生化学反应，可进行加热塑化、冷却成型、再加热塑化的重复成型过程，如聚乙烯、聚氯乙烯等。后者在受热时也塑化，但同时发生化学反应进行固化成型，冷却后不能再次加热塑化，如酚醛塑料和脲醛塑料等。塑料在农业、工业、建造、包装、国防等各个领域都有广泛的应用。

（4）涂料

涂料是一种涂覆在被保护或被装饰的物体表面并能与被涂物形成牢固附着的连续薄膜的液体或固体材料。这种材料通常是以树脂、油或乳液为主，选择性添加颜料、填料及相应的助剂，用有机溶剂或水配制而成的黏稠液体。根据不同的使用场合和需求，涂料有不同的类型和成分。根据有无溶剂及溶剂类型，可分为油性漆、水性漆和粉末涂料。油性漆是以有机溶剂为介质，干燥后形成坚韧的漆膜，具有较好的耐候性和耐腐蚀性；水性漆则是以水为溶剂，环保性更好，但干燥速度相对较慢；粉末涂料是以固体微粒的形式分散在气体介质中，通过静电喷涂等工艺将其沉积在物体表面，然后通过加热固化形成涂膜。涂料主要发挥保护、装饰作用，同时还可以用于标志、绝缘、防霉、耐热等特殊用途。涂料在汽车、家具、建筑、航空航天、军事等领域起着至关重要的作用，已成为衡量一个国家国民经济发展程度的重要标志之一。

（5）胶黏剂

胶黏剂是一种能够将两个或两个以上同质或异质的制件（或材料）连接在一起，固化后具有足够强度的有机或无机的、天然或合成的一类物质。根据使用要求，在胶黏剂中经常掺入固化剂、促进剂、增强剂、稀释剂、填料等。胶黏剂的分类方法很多，按应用方法可分为热固型、热熔型、室温固化型、压敏型等，按应用对象可分为结构型、非结构型或特种胶，按形态可分为水溶型、水乳型、溶剂型以及各种固态型等。

#### 4. 复合材料

复合材料由两种或两种以上不同化学性质或组织结构的材料组合而成。复合材料是多相材料，包括基本相和增强相。基体相是连续相，把改善性能的增强相材料固结成一体，并起传递应力的作用；增强相也叫分散相，起承受应力（结构复合材料）或显示功能（功能复合材料）的作用。复合材料既要保持原组成材料的重要性能，又要能通过复合效应使各组分性能互相补充，获得原组分所不具备的优良性能。

复合材料的种类繁多，按基体材料分类可分为金属基复合材料、陶瓷基复合材料、水泥基复合材料、塑料基复合材料、橡胶基复合材料等，按增强相形状分类可分为粒子复合材料、纤维复合材料及层状复合材料等。

## 二、鞋服材料的应用

鞋服材料兼有生理功能以及社会功能，是展现生活美的重要载体。鞋服材料主要包含纺织品、皮革、橡胶制品、塑料制品和一些特殊制品。

### 1. 纺织品

纺织品由纤维经纺织加工而制得，其性能取决于纤维、助剂及加工工艺。

（1）纤维材料

纤维是直径几微米到几十微米、长径比几百到上千的细长物质。不是所有纤维都能用于服装，具有合适的长度、细度、强度、可纺性和服用性的纤维才是服装用纤维。

根据其来源，服装用纤维的分类及典型产品如图 1-6 所示。

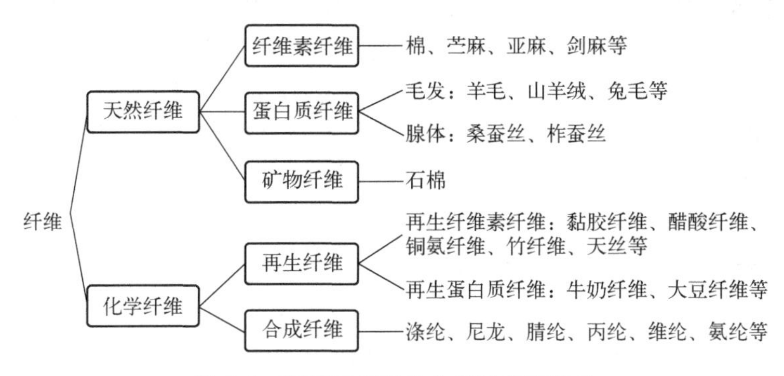


**图 1-6　服装用纤维的分类及典型产品**

天然纤维包括植物纤维（如棉、麻等）和动物纤维（如羊毛、兔毛、蚕丝等）。由于天然纤维的资源有限，科学家模拟天然纤维的结构制得人造纤维。例如，用硝酸处理木纤维制得硝酸纤维、铜氨纤维、醋酸纤维（又称醋酯纤维）等。再生纤维的原材料有木材、芦苇、棉秆、麦秆等。合成纤维采用由石油中提取的有机物合成的高分子材料为原料制得，有优异的化学性能和机械强度。常见的合成纤维有涤纶（的确良）、尼龙、腈纶（合成羊毛）、维纶（合成棉花）、芳纶（特种纤维）等。

根据形态不同，纤维还可分为长丝和短纤、圆形纤维和异形纤维、粗旦纤维和细旦纤维等。例如，合成纤维的细度通常在 1.5～15 旦［旦是“旦尼尔”的简称，是纤维粗细的表示单位，是指 9000m 长的纤维在公定回潮率时的质量（g），1 旦一般为 10～50$\mu$m］。粗细在 0.6～1 旦之间的纤维叫作细旦纤维，特殊用途的超细纤维甚至只有 0.001 旦。尼龙、涤纶等都能纺成超细纤维，用它们编织的织物柔软光滑、精巧细致，还有美丽的光泽。

（2）纺织用助剂

纺织品服用功能主要包含柔弹性、耐磨性、熨烫性、洗涤性、染色性、保暖性等，这些性能大多需要加入额外的助剂才能实现，如在服装的生产加工过程中添加纤维整理剂、防火阻燃剂、杀菌剂、防霉防菌剂和染料等。

染料能使被染物质获得鲜明而牢固的色泽，染料化学品的要求包括能染着指定的物质、颜色鲜艳、牢固耐久、使用方便、成本低廉、安全无毒。很早以前人们就开始用动物和植物的色素漂染丝绸和布匹，这些色素就是最早的染料。如今人们合成并生产了比天然染料颜色更鲜艳、性质更稳定的人造染料，总数已达几万种，主要有苯胺染料、茜素染料、硫化染料和偶氮染料等。

### 2. 皮革、橡胶制品、塑料制品

皮革也是一类重要的鞋服材料。

皮革的质地取决于生皮。各类动物皮的细腻程度及毛色不同，但化学结构大体相近。使用鞣酸和重铬酸钾等化学试剂对动物皮进行处理，使其从易腐烂的生皮变成干净柔软的皮革，这一加工过程称为鞣制。鞣酸又称单宁，分子结构中含多个羟基，可溶于水，能使蛋白质凝固。当生皮被鞣酸充分润湿渗透后，生皮纤维中的蛋白质与之结合并发生改变，帮助生皮变得规整。重铬酸钾的作用是通过铬离子与氨基酸的活性基团作用，皮的胶原多肽链之间产生交联键，强度大大提高。

人造革是一种外观、手感类似皮革并可部分代替其使用的塑料制品，原则上任何树脂包括橡胶都可以制成人造革。人造革通常以织物为底基，由不同配方的聚氯乙烯（PVC）、聚氨酯（PU）等合成树脂及各种添加剂发泡或涂覆加工制作而得。可以制得不同强度和不同色彩、光泽、花纹、图案的人造皮革，具有花色品种繁多、防水性能好、边幅整齐、利用率高、价格相对较低的特点，主要有 PVC 人造革、PU 合成革两类。

橡胶制品可以用来生产服饰配件，也可用于生产皮鞋鞋底或运动鞋大底，具有柔软、耐磨、弹性极佳等优点。

塑料制品也是鞋服材料的重要组成。随着人们生活水平的提高，大众对鞋底的安全性和舒适感提出了更高的要求，催生了许多新型的鞋材，如发泡鞋底。发泡鞋底的主要材料包括PVC、乙烯-醋酸乙烯共聚物（EVA）、PU 等。EVA 是一类具有橡胶弹性的热塑性塑料，醋酸乙烯（VA）的存在使分子链有较好的柔顺性，从而表现为具有很高的弹性，同时具有隔热、防震、回弹性优良、耐候性好等优点，常用于慢跑鞋、慢步鞋、休闲鞋和足训鞋中底。PU 被誉为“第五大塑料”，可通过优化加工工艺获得弹性好、密度低、减震性强的鞋底材料，同时具有耐磨性、防滑性、耐温性、耐化学品性等优点，常用于高档皮鞋、运动鞋等。

## 学习思维导图

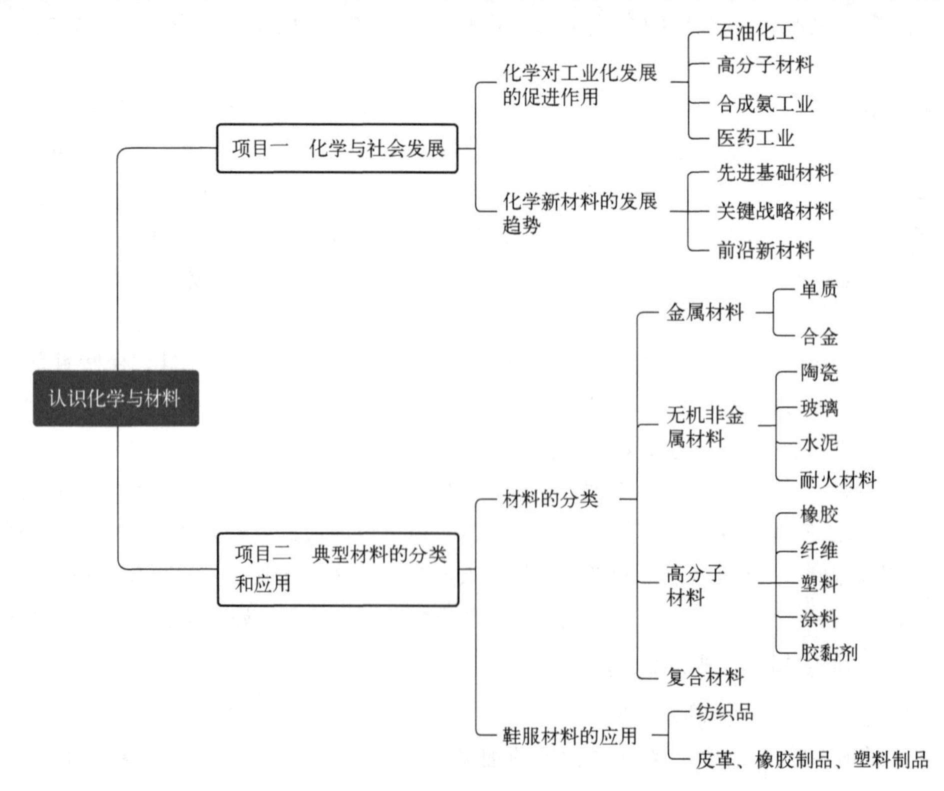

## 习题

1. 查阅资料，举例说明在工业化发展进程中具有突出贡献的化学产品。
2. 查阅资料，举例说明在高新技术应用中发挥重要作用的化学材料。
3. 查阅资料，举例说明鞋服产品生产过程中所涉及的化学反应过程。
4. 查阅资料，举例说明鞋服领域的新材料应用。

# 模块二

## 正确使用化学品

【学习目标】

1. 能正确判断危险化学品的分类及危害。

2. 能通过查阅化学品的性质，采取正确的防护措施进行安全使用。

3. 能正确进行化学品事故的应急处置。

4. 能正确计量和取用化学品。

5. 能初步进行化学相关的基础计算。

6. 理解产品配方用量对产品功效发挥的影响。

7. 树立化工安全生产意识。

8. 培养质量诚信理念。

# 项目一 化学品的基本安全知识

**【案例导入】化工生产安全事故典型案例分析**

化工是国民经济中的支柱产业和基础产业，占有非常重要的地位。化工生产过程复杂，涉及的危险化学品易燃易爆、有毒有害，一旦发生事故破坏力强。现就近年来部分化工和危险化学品生产安全事故典型案例分析如下。

2020年某农业公司发生爆炸事故：烯草酮工段操作人员未对物料进行复核确认，错误地将丙酰三酮加入氯代胺储罐内，导致二者在储罐内发生放热反应并累积热量直至爆炸，造成5人死亡、10人受伤，直接经济损失约1200万元。

2020年某化工公司发生中毒事故：当班人员违反操作规程将盐酸快速加入含有大量硫化物的废水池内进行中和，致使大量硫化氢气体短时间内快速逸出。更严重的是，当班人员在未穿戴安全防护用品的情况下冒险进入危险场所，吸入高浓度的硫化氢等有毒混合气体，导致3人死亡，直接经济损失450万元。

2021年某化工公司发生爆炸事故：甲基硫化物蒸馏提纯的过程中需更换搅拌电机减速器，更换前操作人员未对蒸馏釜内物料进行冷却，导致釜内甲基硫化物升温，发生剧烈分解爆炸，造成4人死亡、4人受伤。

2021年某石化公司发生火灾事故：操作人员在油气回收管线未安装阻火器和切断阀的情况下违规动火作业，引发管内及罐顶部可燃气体闪爆，引燃罐内稀释沥青，造成火灾事故，直接经济损失约3872万元。

近几年，化工和危险化学品生产安全事故典型案例暴露出一些地方和企业安全发展理念不牢、法治意识不强、安全基础薄弱、本质安全水平不高、安全管理缺失等突出问题，危险化学品重大安全风险防控任务依然艰巨。危险化学品安全是安全生产工作的重中之重，防范化解危险化学品重大安全风险、坚决遏制重特大安全事故关系社会长治久安、人民群众生命财产安全，地位突出，意义重大。

## 一、化学品的分类和标识

危险化学品是指具有爆炸、易燃、毒害、感染、腐蚀、放射性等危险特性，在运输、储存、生产、经营、使用和处置中易造成人身伤亡、财产损毁或环境污染，而需要特别防护的物质和物品。

根据国家标准《危险货物分类和品名编号》（GB 6944—2012）以及《危险货物包装标志》（GB 190—2009），将危险货物按具有的最主要危险性分为9个类别，第1、2、4、5、6类再分成项别，具体如表2-1所示。

**表2-1 危险货物的分类、标识及概念**

| 危险货物类别 | 项别 | 标识 | 概念 |
|---|---|---|---|
| 第1类<br>爆炸品 | 1.1项：有整体爆炸危险的物质和物品<br>1.2项：有进射危险，但无整体爆炸危险的物质和物品 | 1<br>（符号：黑色；底色：橙红色） | 爆炸品包括：<br>①爆炸性物质（物质本身不是爆炸品，但能形成气体、蒸汽或粉尘爆炸环境者，不列入第1类），不包括那些太危险以致不能运输或其主要危险性符合其他类别的物质； |

续表

| 危险货物类别 | 项别 | 标识 | 概念 |
|---|---|---|---|
| 第1类<br>爆炸品 | 1.3项：有燃烧危险并有局部爆炸危险或局部迸射危险或这两种危险都有，但无整体爆炸危险的物质和物品 | **<br>1<br>(符号：黑色；底色：橙红色) | ②爆炸性物品，不包括下述装置：其中所含爆炸性物质的数量或特性，不会使其在运输过程中偶然或意外被点燃或引发后因迸射、发火、冒烟、发热或巨响而在装置外部产生任何影响；<br>③为产生爆炸或烟火实际效果而制造的，①和②中未提及的物质或物品。<br>其中，爆炸性物质是指固体或液体物质（或物质混合物），自身能够通过化学反应产生气体，其温度、压力和速度高到能对周围造成破坏。烟火物质即使不放出气体，也包括在内。爆炸性物品是指含有一种或几种爆炸性物质的物品 |
| | 1.4项：不呈现重大危险的物质和物品 | 1.4<br>*<br>1<br>(符号：黑色；底色：橙红色) | |
| | 1.5项：有整体爆炸危险的非常不敏感物质 | 1.5<br>*<br>1<br>(符号：黑色；底色：橙红色) | |
| | 1.6项：无整体爆炸危险的极端不敏感物品 | 1.6<br>*<br>1<br>(符号：黑色；底色：橙红色)<br>**项号的位置——如果爆炸性是次要危险性，留空白<br>*配装组字母的位置——如果爆炸性是次要危险性，留空白 | |
| 第2类<br>气体 | 2.1项：易燃气体 | 2<br>(符号：黑色；底色：正红色)<br>2<br>(符号：白色；底色：正红色) | 本类气体指满足下列条件之一的物质：<br>①在50℃时，蒸气压力大于300kPa的物质；<br>②20℃时在101.3kPa标准压力下完全是气态的物质。<br>本类包括压缩气体、液化气体、溶解气体和冷冻液化气体、一种或多种气体与一种或多种其他类别物质的蒸气混合物、充有气体的物品和气雾剂 |
| | 2.2项：非易燃无毒气体 | 2<br>(符号：黑色；底色：绿色)<br>2<br>(符号：白色；底色：绿色) | |
| | 2.3项：毒性气体 | 2<br>(符号：黑色；底色：白色) | |

续表

| 危险货物类别 | 项别 | 标识 | 概念 |
| --- | --- | --- | --- |
| 第3类<br>易燃液体 | | (符号:黑色;底色:正红色) (符号:白色;底色:正红色) | 本类包括易燃液体和液态退敏爆炸品。<br>易燃液体,是指易燃的液体或液体混合物,或是在溶液或悬浮液中有固体的液体,其闭杯试验闪点不高于60℃,或开杯试验闪点不高于65.6℃。易燃液体还包括满足下列条件之一的液体:①在温度等于或高于其闪点的条件下提交运输的液体;②以液态在高温条件下运输或提交运输,并在温度等于或低于最高运输温度下放出易燃蒸气的物质。<br>液态退敏爆炸品,是指为抑制爆炸性物质的爆炸性能,将爆炸性物质溶解或悬浮在水中或其他液态物质后,而形成的均匀液态混合物 |
| 第4类<br>易燃固体、易于自燃的物质、遇水放出易燃气体的物质 | 4.1项:易燃固体、自反应物质和固态退敏爆炸品 | (符号:黑色;底色:白色红条) | 本类包括3项,分别为:<br>①易燃固体、自反应物质和固态退敏爆炸品<br>易燃固体:易于燃烧的固体和摩擦可能起火的固体;<br>自反应物质:即使没有氧气(空气)存在,也容易发生激烈放热分解的热不稳定物质;<br>固态退敏爆炸品:为抑制爆炸性物质的爆炸性能,用水或酒精湿润爆炸性物质或用其他物质稀释爆炸性物质后,而形成的均匀固态混合物。<br>②易于自燃的物质,包括发火物质和自热物质<br>发火物质:即使只有少量与空气接触,不到5min时间便燃烧的物质,包括混合物和溶液(液体或固体);<br>自热物质:发火物质以外的与空气接触便能自己发热的物质。<br>③遇水放出易燃气体的物质:遇水放出易燃气体,且该气体与空气混合能够形成爆炸性混合物的物质 |
| | 4.2项:易于自燃的物质 | (符号:黑色;底色:上白下红) | |
| | 4.3项:遇水放出易燃气体的物质 | (符号:黑色;底色:蓝色) (符号:白色;底色:蓝色) | |

续表

| 危险货物类别 | 项别 | 标识 | 概念 |
| --- | --- | --- | --- |
| 第5类<br>氧化性物质和有机过氧化物 | 5.1项：氧化性物质 | 5.1<br>（符号：黑色；底色：柠檬黄色） | 本类分为2项，分别为：<br>①氧化性物质：本身未必燃烧，但通常因放出氧可能引起或促使其他物质燃烧的物质；<br>②有机过氧化物：含有两价过氧基（—O—O—）结构的有机物质 |
| | 5.2项：有机过氧化物 | 5.2<br>（符号：黑色；底色：红色和柠檬黄色）<br>5.2<br>（符号：白色；底色：红色和柠檬黄色） | |
| 第6类<br>毒性物质和感染性物质 | 6.1项：毒性物质 | 6<br>（符号：黑色；底色：白色） | 本类分为2项，分别为：<br>①毒性物质：经吞食、吸入或与皮肤接触后可能造成死亡或严重受伤或损害人类健康的物质；<br>②感染性物质：已知或有理由认为含有病原体的物质 |
| | 6.2项：感染性物质 | 6<br>（符号：黑色；底色：白色） | |
| 第7类<br>放射性物质 | | RADIOACTIVE I CONTENTS ACTIVITY 7<br>（符号：黑色；底色：白色，附一条红竖条）<br>黑色文字，在标签下半部分写上：<br>“放射性”<br>“内装物___”<br>“放射性强度___”<br>在“放射性”字样之后应有一条红竖条<br>一级放射性物质<br>RADIOACTIVE II CONTENTS ACTIVITY 7<br>（符号：黑色；底色：上黄下白，附两条红竖条）<br>黑色文字，在标签下半部分写上：<br>“放射性”<br>“内装物___”<br>“放射性强度___”<br>在一个黑边框格内写上：“运输指数”<br>在“放射性”字样之后应有两条红竖条<br>二级放射性物质<br>RADIOACTIVE III CONTENTS ACTIVITY TRANSPORT INDEX 7<br>（符号：黑色；底色：上黄下白，附三条红竖条）<br>黑色文字，在标签下半部分写上：<br>“放射性”<br>“内装物___”<br>“放射性强度___”<br>在一个黑边框格内写上：“运输指数”<br>在“放射性”字样之后应有三条红竖条<br>三级放射性物质<br>FISSILE CRITICALITY SAFETY INDEX 7<br>（符号：黑色；底色：白色）<br>黑色文字<br>在标签上半部分写上：“易裂变”<br>在标签下半部分的一个黑边框格内写上：“临界安全指数”<br>裂变性物质 | 本类物质是指任何含有放射性核素并且其活度浓度和放射性总活度都超过GB 11806规定限值的物质 |

续表

| 危险货物类别 | 项别 | 标识 | 概念 |
|---|---|---|---|
| 第 8 类<br>腐蚀性物质 | | (符号:黑色;底色:上白下黑) | 腐蚀性物质是指通过化学作用使生物组织接触时造成严重损伤或在渗漏时会严重损害甚至毁坏其他货物或运载工具的物质。本类包括满足下列条件之一的物质:<br>①使完好皮肤组织在暴露超过60min但不超过4h之后开始的最多14d观察期内全厚度毁损的物质;<br>②被判定不引起完好皮肤组织全厚度毁损,在55℃试验温度下,对钢或铝的表面腐蚀率超过6.25mm/a的物质 |
| 第 9 类<br>杂项危险物质和物品,包括危害环境物质 | | (符号:黑色;底色:白色)<br>杂项危险物质和物品<br>(符号:黑色;底色:白色)<br>危害环境物质和物品 | 本类是指存在危险但不能满足其他类别定义的物质和物品,包括:<br>①以微细粉尘吸入可危害健康的物质,如UN 2212、UN 2590;<br>②会放出易燃气体的物质,如UN 2211、UN 3314;<br>③锂电池组,如UN 3090、UN 3091、UN 3480、UN 3481;<br>④救生设备,如UN 2990、UN 3072、UN 3268;<br>⑤一旦发生火灾可形成二噁英的物质和物品,如UN 2315、UN 3432、UN 3151、UN 3152;<br>⑥在高温下运输或提交运输的物质,是指在液态温度达到或超过100℃,或固态温度达到或超过240℃条件下运输的物质,如UN 3257、UN 3258;<br>⑦危害环境物质,包括污染水生环境的液体或固体物质,以及这类物质的混合物(如制剂和废物),如UN 3077、UN 3082;<br>⑧不符合毒性物质或感染性物质定义的经基因修改的微生物和生物体,如UN 3245;<br>⑨其他,如UN 1841、UN 1845、UN 1931、UN 1941、UN 1990、UN 2071、UN 2216、UN 2807、UN 2969、UN 3166、UN 3171、UN 3316、UN 3334、UN 3335、UN 3359、UN 3363 |

## 二、化学品的安全使用

### 1. 化学品使用过程中的防护

（1）替代

替代是控制化学品危害的首选方案。在满足使用性能的前提下，可选用无毒或低毒的化学品替代有毒有害的化学品，选用可燃化学品替代易燃化学品。例如，涂料溶剂选用低毒的甲苯替代有毒的苯，胶黏剂溶剂选用脂肪烃替代芳香烃等。

（2）变更

由于化学品的替代品有限，更多时候需要从技术角度进行工艺变更来消除或降低化学品危害。例如乙醛的制备，原工艺是以乙炔为原料，以汞作催化剂，工艺变更后，是以乙烯为原料，通过氧化或氯化制乙醛，无需用汞催化，避免了汞危害。

（3）隔离

隔离是通过封闭、设置屏障等措施，避免作业人员直接暴露于有害环境中。

常用的隔离方法是将生产或使用的设备完全封闭起来，使工人在操作中不接触化学品。也可通过隔离生产设备与操作室来进行隔离操作，如把生产设备的管线、阀门、电控开关放在与生产地点完全隔离的操作室内。

（4）通风

通风是控制作业场所中有害气体、蒸气或粉尘最有效的措施。有效的通风可控制作业场所内的有害气体、蒸气或粉尘浓度低于临界安全浓度，保证人员的身体健康，防止火灾、爆炸事故的发生。

通风分局部排风和全面通风两种。

局部排风是通过笼罩污染源并抽出污染空气进行通风。局部排风所需风量小，经济有效并便于净化回收，如用于实验室中的通风橱、焊接室或喷漆室中可移动的通风管和导管。

全面通风也称稀释通风，是对作业场所进行换气，即通过提供新鲜空气置换污染空气，降低有害气体、蒸气或粉尘的浓度。全面通风所需风量大，而且不能净化回收。采用全面通风时需在厂房设计之初就考虑空气流向等因素。同时由于全面通风的目的是分散稀释污染物，而不是消除污染物，因此仅适用于低毒性作业场所，不适用于腐蚀性、污染物量大的作业场所。

（5）个体防护

当作业场所中有害化学品的浓度超标时，操作人员就必须使用合适的个体防护用品。个体防护不能降低或消除作业场所中的有害化学品，却是阻止有害物质进入人体的有效保护屏障。

个体防护用品包括头部防护器具、呼吸防护器具、眼防护器具、身体防护用品、手足防护用品等。

（6）保持卫生

保持卫生包括保持作业场所清洁和保持作业人员个人卫生两个方面。

保持作业场所清洁，包括对废物、逸出物加以适当处置，能有效地预防和控制化学品危害。

保持作业人员个人卫生，防止有害物质附着在皮肤上，防止通过皮肤渗入体内。

### 2. 化学品使用环境中火灾、爆炸事故的预防

（1）明火的控制

明火主要指生产过程中的加热用火、维修用火及其他火源。

① 加热用火的控制　加热易燃液体时应尽量避免采用明火，可采用蒸汽或其他加热载体。如必须采用明火，则设备应严格密闭、定期检验、防止泄漏。装置中明火加热设备的布置，应远离可能泄漏易燃气体或蒸气的工艺设备和贮罐区，并应布置在散发易燃物料设备的侧风向或上风向。如有两个以上的明火设备，应将其集中布置在装置的边缘。

② 维修用火的控制　有易燃易爆物料的场所应尽量避免用火作业。

如果因生产需要无法停工，应将待检修的设备或管道卸下移至远离易燃易爆的安全地点进行。对输送、储存易燃易爆物料的设备或管道进行检修时，应对相关部件进行彻底清除处理，用惰性气体吹扫置换，并经气体分析合格后方可用火。当检修的系统与其他设备管道连通时，应将相连的管道拆下断开或加盲板隔离。在加盲板处要挂牌并登记，防止易燃易爆物料窜入检修系统或因遗忘造成事故。

电焊地线破残时应及时更换修补，不能利用与生产设备有联系的金属构件作为电焊地线，以防止在电路接触不良时产生电火花。

③ 其他火源的控制　汽车、拖拉机、柴油机等机动车辆禁止在易燃易爆装置区域内行驶，必要时必须装火星熄灭器。

要防止易燃物料与高温设备、管道表面相接触。可燃物的排放口应远离高温表面。高温表面要有隔热保温措施。

油抹布、油棉纱等很容易自燃引起火灾，应放置在安全地点或装入金属桶内，及时外运。

严禁吸烟。烟头的温度可达 700～800℃，而且可以阴燃很长时间，因此石油化工企业的厂区内必须严禁吸烟，也严禁带火种。

（2）摩擦与撞击的预防

机器中轴承等转动部分的摩擦、铁器的相互撞击或铁器工具打击混凝土地面等，都可能产生火花。当管道或容器裂开物料喷出时，也可能因摩擦而起火。

为预防摩擦与撞击，轴承应保持良好的润滑，并经常清除周围的可燃油垢。凡是撞击的两部分，应是两种不同的金属，例如黑色金属与有色金属。撞击的工具材料应为青铜制或木榔头。不应穿带钉子的鞋进入易燃易爆区，更不能随意抛掷、撞击金属设备或管道。

（3）电气火花的控制

电气火花是设备或线路出现的电火花和电弧。

电气火花也是引起燃烧爆炸的一个重要火源，要注意电气设备的电压、电流、温升等参数不能超过允许值；做好电气设备和电线的绝缘检查，固定接头时保持良好的导电性能；保持电气设备清洁以避免电气设备绝缘性能降低。

（4）静电防护

生产过程中产生的静电火花也是常见的点火源。

为降低静电火花产生，做好静电控制和防护，管道等设备应尽可能光滑干净无棱角；在易发生火灾爆炸的场所或输送可燃物料的设备上，传动部位应尽可能采用直联轴传动，尽量减少皮带传输和异质齿轮传输；皮带传动时易摩擦起电，应使用防静电皮带；使用抗静电添

加剂、可靠接地避免静电积聚、采用导电地面、规定静电静置时间、装设缓和器、增加空气湿度、安装静电消除器等；尽量采用具有良好防静电性能的新材料、新工艺、新设备。

人体防静电方面应穿静电防护服，巡检时不准携带孤立的金属物品；配置静电释放接地拉手或扶手，通过触摸方式消除人体静电；戴导电或不易产生静电的手套，以消除或减少静电的危害等。

## 三、化学品事故的应急处置

### 1. 危险化学品泄漏的处理

危险化学品因具有毒害、腐蚀、爆炸、燃烧、助燃等风险，并且对人身体、设施、环境具有危害，因此对危险化学品的应急处置尤为重要，要做到"一防二撤三洗四治"（表 2-2）。

表 2-2 危险化学品的"一防二撤三洗四治"

| 步骤 | 具体做法 |
| --- | --- |
| 一防：防护 | ①呼吸防护：在确认发生毒气泄漏或危险化学品事故后，应马上用手帕、餐巾纸、衣物等随手可及的物品捂住口鼻，手头如有水或饮料，最好把手帕、衣物等浸湿，最好能及时戴上防毒面具、防毒口罩<br>②皮肤防护：尽可能及时穿戴防化服等防护装备，如无防护设备，则应穿戴手套、雨衣、雨鞋等，或用床单、衣物遮住裸露的皮肤<br>③眼睛防护：尽可能戴上各种防毒眼镜、防护镜或游泳用的护目镜等 |
| 二撤：撤离 | 判断毒源与风向，沿上风或上侧风路线，朝着远离毒源的方向撤离现场 |
| 三洗：洗消 | 到达安全地点后及时脱去被污染的衣服，并用流动的水冲洗身体，特别是曾经裸露的部分，防止皮肤吸入性中毒 |
| 四治：救治 | 迅速联系医疗机构对中毒人员进行救治。中毒人员在等待救援时应保持平静，避免剧烈运动，以免加重心肺负担致使病情恶化 |

### 2. 实验室安全事件的应急处理

（1）化学烧伤的救治

化学烧伤是指操作者的皮肤触及腐蚀性化学试剂所致的烧伤。这些试剂包括强酸、强碱、氧化剂和某些单质等。强酸类物质如氢氟酸及其盐、浓硫酸等，强碱类物质如碱金属的氢化物、碱金属的氢氧化物、浓氨水等，氧化剂如浓过氧化氢、过硫酸盐等，某些单质如溴、钠、钾等。

酸致伤时应立即用大量水冲洗，然后用 5% $NaHCO_3$ 溶液或稀氨水冲洗，最后再用水冲洗。

强碱致伤时应先用大量水冲洗，再用 2%醋酸溶液冲洗，最后用水冲洗；如果溅入眼内，则先用 2%硼酸溶液冲洗，再用水冲洗。

（2）烫伤（冻伤）的救治

烫伤（冻伤）是操作者身体直接触及高温、过冷物品所造成的皮肤烫伤（冻伤）。

高温烫伤后，应迅速脱离致伤源，保护受伤部位，并立即冷疗以迅速降低局部温度以避免深度烧伤。冷疗是指采用冷水冲洗、浸泡或湿敷。冷疗温度以控制在 10～15℃为宜，冷疗时间要 0.5～2h。若伤势较轻，可涂抹烫伤软膏、万花油或红花油；若伤势较重，不可涂烫伤软膏等油脂类药物，可撒上纯净的碳酸氢钠粉末，并立即送医治疗。

低温冻伤是指在化学实验中操作液氮、干冰等制冷剂时因操作不慎引发不同程度的冻伤事故。冻伤的应急处理是尽快脱离现场环境，快速恢复体温。应迅速对冻伤部位进行浸泡、局部热敷来复温，复温温度不宜超过42℃。

(3) 割伤的救治

割伤是操作者误操作导致身体某部位被割破或刺破的损伤，例如打破玻璃仪器等。

割伤处理时可先取出伤口内的异物，然后在伤口处抹上红药水，必要时撒上消炎粉或敷些消炎膏，并用绷带包扎。若伤口过大，应立即到医院医治。

(4) 中毒的救治

中毒是吸入有毒气体或误食有毒物而引起身体的不适反应。

若吸入气体中毒，应立即到室外呼吸新鲜空气。吸入少量氯气、溴气者，可用 $NaHCO_3$ 溶液漱口。

溅入口中尚未咽下的毒物应立即吐出来，并用水冲洗口腔；如已吞下则应根据毒物的性质服用解毒剂，并立即送医院急救。

(5) 触电的救治

在使用仪器过程中，切不可在手湿的情况下去插拔接头。触电时首先应迅速切断电源，如造成人员伤害的，应迅速对伤员进行抢救，同时向有关部门报告并保护现场。

(6) 火灾的防治

在实验室开展有机化学实验时，经常要用到火源，而且有机物大多易燃烧，在起火时，应迅速分析火势并采取相应措施，必要时要及时报火警。火势较小时应迅速组织灭火；火势较大或现场有易爆物品存在时应迅速组织人员撤离现场；有条件切断电源的，应迅速切断电源，防止事态扩展。

组织灭火时可根据表2-3中的经验原则，采取合适的灭火措施。

**表2-3 根据不同着火情况的灭火措施**

| 着火情况 | 灭火措施 |
|---|---|
| 小火 | 用湿抹布、石棉布或沙子覆盖燃烧物 |
| 油类、有机溶剂着火 | 切勿使用水灭火，小火用沙子或干粉覆盖灭火，大火用二氧化碳灭火器灭火 |
| 精密仪器、电器设备着火 | 首先切断电源，小火可用石棉布或湿抹布覆盖灭火，大火用四氯化碳灭火器灭火 |
| 活泼金属着火 | 用干燥的沙子覆盖灭火 |
| 衣服着火 | 迅速脱下衣服，用石棉覆盖着火处或卧地打滚灭火 |

### 3. 生产单位化学品事故的应急处理

生产单位的化学品事故一般是指一种或数种化学品意外释放造成的事故。事故发生初始阶段的正确处置是抑制事故扩大的关键节点，纯粹等待急救队或外界的援助会使微小事故变成大灾难，因此每个上岗人员都应按应急方案接受培训，使其在发生化学品事故时能及时采取正确的行动。

化学品事故的应急处理过程一般包括事故报警、紧急疏散、现场急救、溢出或泄漏处理和火灾控制等方面（见图2-1）。

**图2-1 化学品事故的应急处理过程**

（1）事故报警

报警是及时传递事故信息、通报事故状态、降低事故损失的关键环节。报警内容包括事故单位、事故发生的时间及地点、化学品名称和泄漏量、事故性质（外溢、爆炸、火灾）、危险程度、有无人员伤亡、报警人及联系方式。

当发生突发性危险化学品泄漏或火灾爆炸事故时，现场人员在做好自我防护的情况下，及时检查事故部位，并向有关人员报告和向“119”报警。如果是发生在企业内部，应报告当班负责人，同时向企业调度室报告；如果是发生在运输途中，则应向当地应急救援部门或“110”报警。

各主管单位在接到事故报警后，应迅速组织应急救援专业队伍快速实施救援，控制事故发展，救治伤员和组织群众撤离疏散，做好危险化学品的去除工作。救援队伍在救援过程中应注意保护事故现场，以便事故调查。

（2）紧急疏散

① 建立戒备区域　事故发生后，应根据化学品的泄漏扩散情况或火焰辐射热所涉及的范围建立戒备区，并在通往事故现场的主要干道上实行交通管制。戒备区域的边界应设警示标志并有专人戒备。除消防及应急处理人员外，其他人员禁止进入戒备区。泄漏溢出的化学品为易燃品时，区域内应严禁火种。

② 紧急疏散　迅速将与事故应急处理无关的人员从戒备区撤离，以减少不必要的人员伤亡。

紧急疏散时应注意：

a. 如事故物质有毒时，需佩戴个体防护用品，并采取相应的监护措施。

b. 应向上风向转移，不要在低洼处滞留；为使疏散工作顺利进展，每个车间应至少有两个畅通无阻的紧急出口，并有明显标志。

c. 明确专人引导和护送疏散人员到平安区，并在疏散或撤离的路线上设立哨位以指明方向。

d. 要查清是否有人留在污染区与着火区。

（3）现场急救

化学品对人体可能造成中毒、窒息、冻伤、烧伤等伤害。开展急救时，不论患者还是救援人员都需要进行适当的防护。

若当现场有人受到化学品伤害时，应迅速将患者带离现场至空气新鲜处，并根据患者情况进行急救处理，可参考表 2-4。经现场处理后，应迅速将患者护送至医院救治。

**表 2-4　化学品伤害急救措施**

| 伤害情况 | 急救措施 |
| --- | --- |
| 呼吸困难 | 呼吸困难时给氧，呼吸停顿时立即进行人工呼吸，心搏骤停时应立即进行心肺复苏 |
| 皮肤污染 | 立即脱去污染的衣服，用流动清水冲洗身体，冲洗要及时、彻底、反复数次；头面部烧伤时，要注意眼、耳、鼻、口腔的清洗 |
| 冻伤 | 迅速复温，复温的方法是采用 40～42℃恒温热水浸泡，使其体温提高至接近正常；在对冻伤的部位进行轻揉按摩时，应注意不要将伤处的皮肤擦破，以防感染 |
| 烧伤 | 将患者衣服脱去，用水冲洗降温，用清洁布覆盖创伤面，防止创伤面污染，不要随意把水疱弄破 |
| 口渴 | 适量饮水或含盐饮料 |

（4）溢出或泄漏处理

易燃化学品泄漏后若处理不当，随时都有可能转化为火灾、爆炸事故，而火灾、爆炸事故又常因泄漏事故蔓延而扩大，因此成功对化学品进行泄漏控制至关重要。进入泄漏现场进行处理时，相关人员必须有事件处理方案，并且对化学品的化学性质有充分的了解，同时配备必要的个人防护器具，并且严禁单独行动，要有监护人，必要时用水枪、水炮掩护。泄漏控制可细分为泄漏过程的控制和泄漏物的处置。

① 泄漏过程的控制　通过抑制化学品的溢出或泄漏可消除化学品的进一步扩散。在工厂调度室的指令下通过关闭有关阀门、停顿作业或通过采取改变工艺流程、物料走副线、局部停车、打循环、减负荷运行等方法消除扩散。容器发生泄漏后，应采取措施修补和堵塞裂口，制止化学品的进一步泄漏，堵漏能否成功取决于接近泄漏点的危险程度、泄漏孔的尺寸、泄漏点处实际的或潜在的压力、泄漏物质的特性等因素。

② 泄漏物的处置　泄漏被控制后，及时将现场泄漏物进行覆盖、收容、稀释、处理，使泄漏物得到安全可靠的处置，防止二次事故的发生。主要有围堤堵截、稀释与覆盖、收容（集）、废弃四种方法，见表2-5。

表2-5　泄漏物处置措施

| 泄漏物处置措施 | 具体描述 |
| --- | --- |
| 围堤堵截 | 泄漏化学品为液体时，为避免泄漏到地面上时蔓延扩散导致难以收集处理而进行的筑堤堵截或引流至平安地点；<br>对于贮罐区发生液体泄漏时，要及时关闭雨水阀，防止物料沿明沟外流 |
| 稀释与覆盖 | 为减少大气污染可采用水枪或消防水带向有害物蒸气云喷射雾状水，加速气体向高空扩散，使其在平安地带扩散，但也会因此产生大量被污染水，因此需疏通污水排放系统；<br>向可燃物施放大量水蒸气或氮气也可起破坏燃烧条件的作用；<br>为降低液体的泄漏化学品向大气蒸发的速度，可用泡沫等物品覆盖外泄的物料，在其外表形成覆盖层，抑制其蒸发 |
| 收容（集） | 泄漏量大时可尽量选用隔膜泵将泄漏的物料抽入容器或槽车；<br>泄漏量小时可用沙子、吸附材料、中和材料等吸收剂进行中和 |
| 废弃 | 将收集的泄漏物运至废物处理场所进行处置的过程；<br>可用消防水冲洗剩下的少量物料，冲洗水排入含油污水系统进行处理 |

（5）火灾控制

危险化学品容易发生火灾、爆炸事故，但不同的化学品以及在不同情况下发生火灾时，其正确的扑救方法差异很大。同时由于化学品本身及其燃烧产物大多具有较强的毒害性和腐蚀性，极易造成人员中毒、烧伤。因此，扑救危险化学品火灾是一项极其重要又非常危险的工作。

从事化学品生产、使用、储存、运输的人员和消防救护人员平时应熟悉和掌握化学品的主要危险特性及其相应的灭火措施，并定期进行消防演习，加强面对紧急事态的应变能力，掌握有关消防设施、人员的疏散程序和危险化学品灭火的特殊要求等内容。例如，选择正确的灭火器和灭火方法、及时切断泄漏源、冷却保护、拦截导流、堵漏隔离等。

化学品事故的特点是发生突然、扩散迅速、持续时间长、涉及面广。发生化学品事故若应急处理不当，易引起二次灾害。因此，各企业应制订和完善化学品事故应急方案，并定期对每个职工进行培训教育，提高职工应对突发性灾害的应变能力和自我保护意识，减少伤亡。

（6）伤害防护

发生化学品泄漏、污染、爆炸事故后，抢救人员在应急处置中要注意做好自我防护，避免造成化学品伤害事故。

# 项目二　化学基础计算

**【案例导入】科学食品配方助力健康中国**

有媒体报道奶粉企业因奶粉中被检测出含有禁止添加的“香兰素”而被重罚，这让许多消费者对婴幼儿配方食品安全产生了极大的疑虑。香兰素是一种重要的香料和食品添加产品，其香味可能会增加婴幼儿的食欲，在0～6个月宝宝奶粉中添加香兰素后会引偏婴幼儿的味觉，产生偏食，因此禁止添加。较大婴儿和幼儿配方食品中可以使用香兰素等香料，但生产企业应严格按照冲调比例折算成配方食品中的使用量。

随着我国对食品安全特别是婴幼儿配方食品质量的日益重视，在“健康中国”的战略背景下，国家卫生健康委员会组织开展了为期5年的婴幼儿配方食品新国标的研究制定，即《食品安全国家标准　较大婴儿配方食品》（GB 10766—2021）和《食品安全国家标准　幼儿配方食品》（GB 10767—2021）。新国标在蛋白质、碳水化合物、微量元素以及可选择成分等部分做出了更明确严格的规定，在安全性方面要求更加严格，更能保障婴幼儿配方食品的安全和科学。

## 一、化学品的计量单位

原子的实际质量很小，例如，一个氢原子的实际质量为$1.674\times10^{-27}$kg，一个氧原子的实际质量为$2.657\times10^{-26}$kg，一个$^{12}C$原子的实际质量为$1.993\times10^{-26}$kg。由此可见，计算时如果使用原子的实际质量会非常麻烦。国际规定采用原子量进行计算。

原子量最早由英国科学家道尔顿提出，他认为“同一种元素的原子有相同的质量，不同元素的原子有不同的质量”。现在通过质谱仪测定各核素的原子质量及其在自然界的丰度后，可以确定各元素的原子量。我国张青莲教授等测定的铟（In）、锑（Sb）、铱（Ir）及铕（Eu）的原子量值被国际原子量委员会采用为国际标准，说明我国原子量测定的精确度已达到国际先进水平。

### 1. 原子量和分子量

元素是具有相同质子数的一类单核粒子的总称，具有确定质子数和中子数的一类单核粒子称为核素。

原子量（$A_r$）定义为元素的平均原子质量与一个处于基态的$^{12}C$中性原子静质量的1/12之比，原子量的国际基本单位是1。

**【例】**

$$A_r(H)=1.0079$$

$$A_r(O)=15.999$$

分子量（$M_r$）定义为物质的分子或特定单元的平均质量与一个处于基态的$^{12}C$中性原

子静质量的 1/12 之比。

**【例】**

$$M_r(H_2O)=18.0148\approx18.01$$

$$M_r(NaCl)=58.443\approx58.44$$

### 2. 物质的量及其单位

为了表示结构单元的群体并使其达到可以计量的目的，1971 年第十四届国际计量大会决定增设基本物理量——物质的量（符号为 $n$），并规定其基本单位为摩尔（符号为 mol）。每摩尔任何物质（微观粒子基本单元，如原子、分子、离子等微观粒子及其特定组合体等）含有 $6.02\times10^{23}$ 个微粒，该值为阿伏伽德罗常数，用 $N_A$ 表示。

1mol 粒子约为 $6.02\times10^{23}$ 个，这与日常生活中用来表达群体的“一打为 12 个”类似，均为表示一个特殊数量值的单位量。1mol 是系统中所含基本单元数与 12g $^{12}C$ 所含碳原子数（约 $6.02\times10^{23}$ 个）相等时，该系统的物质的量。

特别需要注意，使用“摩尔”这个单位时，必须同时用化学式表明具体的基本单元，如 1mol H、2mol $O_2$、3mol $Na^+$。某物质的基本单元数（$N$）与其物质的量（$n$）有如下关系：

$$N=nN_A \tag{2-1}$$

1mol H 表示有 $N_A$ 个氢原子，2mol $O_2$ 表示有 $2N_A$ 个氧气分子，3mol $Na^+$ 表示有 $3N_A$ 个钠离子。因此在使用摩尔这个单位时，一定要指明基本单位（以化学式表示），若只简单说“1mol 氢”，就难以断定是指 1mol 氢分子还是指 1mol 氢原子或 1mol 氢离子。

### 3. 摩尔质量

单位物质的量的物质所具有的质量称为摩尔质量，即 1mol 该物质的质量，符号为 $M$，常用单位为 g/mol。

$$M=\frac{m}{n} \tag{2-2}$$

式中，$m$ 为该物质的质量；$n$ 为物质的量。

从摩尔的含义可知，1mol 碳原子的质量是 12g。根据元素原子量的概念，可以推算出任何原子的摩尔质量，如可推导出氧原子的摩尔质量为 16g/mol。

微观粒子的摩尔质量，在以 g/mol 为单位时，其数值等于该粒子化学式中所有原子的原子量之和。

**【例】** 计算硫酸根离子（$SO_4^{2-}$）的摩尔质量。

**解：**

$$M(SO_4^{2-})=1\times M_r(S)+4\times M_r(O)=1\times32+4\times16=96$$

$$M(SO_4^{2-})=96g/mol$$

综上所述，任何物质的摩尔质量，以 g/mol 为单位时，其数值与该物质的分子量或原子量相同。

### 4. 摩尔体积

摩尔体积（$V_m$）被定义为单位物质的量的某种物质的体积，即 1mol 该物质的体积。

$$V_m=\frac{V}{n} \tag{2-3}$$

固态或液态物质彼此间的分子间隙小，可以认为是紧挨着的，它们的体积主要取决于分子的大小和数目，所以不同物质的摩尔体积各不相同。而气体的分子间距离远，分子间作用力可以忽略不计，这就决定了气体体积与其种类无关，而取决于其所在的温度和压强条件。例如，在标准状况下（$T=273.15\text{K}$，$p=101.325\text{kPa}$），任何理想气体的摩尔体积可近似认为是 22.4L/mol。

### 5. 物质的量浓度

物质的量浓度（$c_B$）被定义为混合物（主要指气体混合物或溶液）中某物质 B 的物质的量（$n_B$）除以混合物的体积（$V$），简称浓度。

$$c_B=\frac{n_B}{V} \tag{2-4}$$

对溶液来说，即为单位体积溶液中所含溶质 B 的物质的量，其单位为摩尔每升（mol/L）。

例如，若 1L 的 NaOH 溶液中含有 0.1mol 的 NaOH，其浓度可表示为：$c(\text{NaOH})=0.1\text{mol/L}$。

**【例】** 若把 160.0g NaOH(s) 配制成 2.0L 的溶液，试计算该溶液的物质的量浓度。

**解：**

$$M_r(\text{NaOH})=22.99+16.00+1.01=40.00$$

$$M(\text{NaOH})=40.00\text{g/mol}$$

由式(2-2) 有

$$n(\text{NaOH})=\frac{m(\text{NaOH})}{M(\text{NaOH})}=\frac{160.00\text{g}}{40.00\text{g/mol}}=4.00\text{mol}$$

则

$$c(\text{NaOH})=\frac{n(\text{NaOH})}{V}=\frac{4.00\text{mol}}{2.0\text{L}}=2.0\text{mol/L}$$

### 6. 溶液的质量浓度

物质 B 的质量浓度 $\rho_B$（常用单位为 g/L）定义式为

$$\rho_B=\frac{m_B}{V} \tag{2-5}$$

式中，$m_B$ 为 B 的质量；$V$ 为该溶液的体积。

### 7. 物质的量浓度与质量浓度换算

物质的量浓度与质量浓度的换算关系为

$$\rho=cM \tag{2-6}$$

**【例】** 输液用葡萄糖（$C_6H_{12}O_6$）的浓度为 $c(C_6H_{12}O_6)=0.278\text{mol/L}$，试计算其质量浓度。

**解：** $\rho(C_6H_{12}O_6)=c(C_6H_{12}O_6)\times M(C_6H_{12}O_6)=0.278\text{mol/L}\times180\text{g/mol}=50.040\text{g/L}$

### 8. 物质的量分数（摩尔分数）

物质的量分数也可称为摩尔分数。B 的摩尔分数定义为 B 的物质的量与混合物的物质的量之比，符号为 $x_B$，单位是 1，即

$$x_B=\frac{n_B}{\sum_i n_i} \tag{2-7}$$

式中，$n_B$ 为 B 的物质的量；$\sum_i n_i$ 为混合物总的物质的量。

例如，某溶液由溶质 B 和溶剂 A 两组分组成，则溶质 B 的摩尔分数为

$$x_B = \frac{n_B}{n_A + n_B}$$

式中，$n_B$ 为溶质 B 的物质的量；$n_A$ 为溶剂 A 的物质的量。

**【例】** 在含有 1mol $O_2$ 和 4mol $N_2$ 的混合气体中，分别求 $O_2$ 和 $N_2$ 的摩尔分数。

**解：**

$$x(O_2) = 1\text{mol}/(1+4)\text{mol} = 1/5$$

$$x(N_2) = 4\text{mol}/(1+4)\text{mol} = 4/5$$

**【例】** 将 7.00g 结晶草酸（$H_2C_2O_4 \cdot 2H_2O$）溶于 93.0g 水中，求溶液中草酸的摩尔分数 $x(H_2C_2O_4)$。

**解：** 结晶草酸的摩尔质量 $M(H_2C_2O_4 \cdot 2H_2O) = 126\text{g/mol}$，而 $M(H_2C_2O_4) = 90.0\text{g/mol}$

故 7.00 g 结晶草酸中草酸的质量为

$$m(H_2C_2O_4) = 7.00\text{g} \times (90.0\text{g/mol} \div 126\text{g/mol}) = 5.00\text{g}$$

即 7.00 g 结晶草酸中草酸的物质的量为

$$n(H_2C_2O_4) = 5.00\text{g} \div 90.0\text{g/mol} = \frac{5}{90}\text{mol}$$

溶液中水的质量为

$$m(H_2O) = 93.0\text{g} + (7.00\text{g} - 5.00\text{g}) = 95.0\text{g}$$

则，溶液中水的物质的量为

$$n(H_2O) = 95.0\text{g} \div 18.0\text{g/mol} = \frac{95}{18}\text{mol}$$

因此

$$x(H_2C_2O_4) = \frac{5}{90}\text{mol} / \left(\frac{5}{90} + \frac{95}{18}\right)\text{mol} = 0.0104$$

### 9. 质量分数

质量分数的符号为 $w_B$，单位是 1，定义式为

$$w_B = \frac{m_B}{m} \tag{2-8}$$

式中，$m_B$ 为物质 B 的质量；$m$ 为混合物的质量。

**【例】** 100g 溶液中含有 10g NaCl，求 NaCl 的质量分数。

**解：**

$$w(\text{NaCl}) = 10\text{g}/100\text{g} = 0.1$$

### 10. 体积分数

体积分数的符号为 $\varphi_B$，单位是 1，定义式为

$$\varphi_B = \frac{V_B}{V} \tag{2-9}$$

式中，$V_B$ 是纯物质 B 在某温度和压力下的体积；$V$ 是混合物中各组分的纯物质在该温度和压力下的体积之和。

体积分数常用于溶质为液体的溶液，近似计算时忽略混合过程中产生的体积变化，用溶质的体积除以溶液的体积。

【例】 纯乙醇 5mL 加水至 100mL 配制成乙醇溶液，求乙醇的体积分数。

解：
$$\varphi(C_2H_5OH)=5mL/100mL=5\%$$

## 二、化学反应的基础计算

### 1. 化学计量数和反应进度

(1) 化学计量数（$\nu$）

某化学反应方程式：
$$cC+dD \xlongequal{} yY+zZ$$

若移项表示：
$$0=-cC-dD+yY+zZ$$

随着反应的进行，反应物 C、D 不断减少，产物 Y、Z 不断增加，因此令 $-c=\nu_C$、$-d=\nu_D$、$y=\nu_Y$、$z=\nu_Z$，代入上式得：
$$0=\nu_C C+\nu_D D+\nu_Y Y+\nu_Z Z$$

可简化写出化学计量式的通式：
$$0=\sum\nu_B B \tag{2-10}$$

式中，B 表示包含在反应中的分子、原子或离子；$\nu_B$ 为数字或简分数，称为物质 B 的化学计量数。根据规定，反应物的化学计量数为负，而产物的化学计量数为正。这样，$\nu_C$、$\nu_D$、$\nu_Y$、$\nu_Z$ 分别为物质 C、D、Y、Z 的化学计量数。

【例】 合成氨反应 $N_2+3H_2 \rightleftharpoons 2NH_3$

移项： $0=-N_2-3H_2+2NH_3=\nu(N_2)N_2+\nu(H_2)H_2+\nu(NH_3)NH_3$

则 $\nu(N_2)=-1$、$\nu(H_2)=-3$、$\nu(NH_3)=2$，分别为该反应方程式中物质 $N_2$、$H_2$、$NH_3$ 的化学计量数。表明：反应中每消耗 1mol $N_2$ 和 3mol $H_2$ 必生成 2mol $NH_3$。

(2) 反应进度

为了表示化学反应进行的程度，规定了一个物理量——反应进度（$\xi$）。

对于化学计量方程式 $0=\sum\nu_B B$，其反应进度为
$$d\xi=\nu_B^{-1}dn_B \tag{2-11}$$

式中，$n_B$ 为 B 的物质的量；$\nu_B$ 为 B 的化学计量数。$\xi$ 的单位为 mol。可将式（2-11）改写为
$$dn_B=\nu_B d\xi \tag{2-12}$$

若将式（2-12）从反应开始时 $\xi_0=0$ 的 $n_B(\xi_0)$ 积分到 $\xi$ 时的 $n_B(\xi)$，可得：
$$n_B(\xi)-n_B(\xi_0)=\nu_B(\xi-\xi_0)$$

则：
$$\Delta n_B=\nu_B\xi \tag{2-13}$$

可见，随着反应的进行，任一化学反应各反应物及产物的改变量（$\Delta n_B$）均与反应进度（$\xi$）及各自的计量系数（$\nu_B$）有关。

对产物 B 而言，$\xi_0=0$ 时 $n_B(\xi_0)=0$，则有
$$n_B=\nu_B\xi \tag{2-14}$$

【例】 合成氨反应 $N_2+3H_2 \rightleftharpoons 2NH_3$

$\nu(N_2)=-1$，$\nu(H_2)=-3$，$\nu(NH_3)=2$，当 $\xi_0=0$ 时，若有足够量的 $N_2$ 和 $H_2$ 且 $n(NH_3)=0$，

根据 $\Delta n_B=\nu_B\xi$，$\xi=\Delta n_B/\nu_B$，$\Delta n_B$ 与 $\xi$ 的对应关系如下：

| $\Delta n(N_2)$ /mol | $\Delta n(H_2)$ /mol | $\Delta n(NH_3)$ /mol | $\xi$/mol |
|---|---|---|---|
| 0 | 0 | 0 | 0 |
| −1/2 | −3/2 | 1 | 1/2 |
| −1 | −3 | 2 | 1 |
| −2 | −6 | 4 | 2 |

可见对同一化学反应方程式来说，反应进度（$\xi$）的值与选用反应式中何种物质的量的变化进行计算无关。但是，同一化学反应如果化学反应方程式的写法不同（亦即 $\nu_B$ 不同），相同反应进度时对应各物质的量的变化会有区别。

**【例】** 合成氨反应 $N_2+3H_2 \rightleftharpoons 2NH_3$

当 $\xi$=1mol 时：

| 化学反应方程式 | $\Delta n(N_2)$/mol | $\Delta n(H_2)$/mol | $\Delta n(NH_3)$/mol |
|---|---|---|---|
| $\frac{1}{2}N_2+\frac{3}{2}H_2 \rightleftharpoons NH_3$ | −1/2 | −3/2 | 1 |
| $N_2+3H_2 \rightleftharpoons 2NH_3$ | −1 | −3 | 2 |

反应进度是计算化学反应中质量和能量变化以及反应速率时常用到的物理量。

### 2. 化学反应的计算

化学反应方程式是根据质量守恒定律，用元素符号和化学式表示化学变化中质和量关系的式子。

**【例】** 氢氧化钠与硫酸发生中和反应，生成硫酸钠和水。化学反应方程式可表示为：

$$2NaOH+H_2SO_4 = Na_2SO_4+2H_2O$$

经配平的反应方程式表明，化学反应中各物质的物质的量之比等于其化学式前系数之比。根据该反应方程式，可以根据已知反应物的量计算生成物的理论产量，或通过指定产量计算所需反应物的量。

物质的量和摩尔是化学上常用的物理量及单位，并由它们导出了摩尔质量、气体摩尔体积、物质的量浓度及相应的单位。在根据化学反应方程式进行计算时，运用摩尔及其导出单位十分方便。

根据方程式进行计算时，一般应按下列步骤进行：

① 正确写出反应式并配平。

② 根据题意和求解需要，在有关化学式下面写出物质有关的量。

③ 列出比例式计算。

**【例】**

| | $2H_2$ | + | $O_2$ | = | $2H_2O$ |
|---|---|---|---|---|---|
| 结构单元（$N$）之比 | 2 | : | 1 | : | 2 |
| 物质的量（$n$）之比 | 2mol | : | 1mol | : | 2mol |
| 质量（$m$）之比 | 4g | : | 32g | : | 36g |
| 气体体积（$V_0$）之比 | 44.8L | : | 22.4L | | |

**【例】** 中和 1L 0.5mol/L NaOH 溶液，需用 1mol/L $H_2SO_4$ 溶液的体积为多少？生成 $Na_2SO_4$ 质量为多少？

**解：** 设需要硫酸体积为 $x$，生成 $Na_2SO_4$ 的质量为 $y$

| $2NaOH$ | + | $H_2SO_4$ | = | $Na_2SO_4$ | + | $2H_2O$ |
|---|---|---|---|---|---|---|
| 2mol | | 1mol | | 142g | | |
| 1L×0.5mol/L | | $x$×1mol/L | | $y$ | | |

$$\frac{1L \times 0.5mol/L}{x \times 1mol/L} = \frac{2mol}{1mol}$$

$$x = 0.25L$$

又有

$$\frac{2mol}{1L \times 0.5mol/L} = \frac{142g}{y}$$

得

$$y = 35.5g$$

答：需 1mol/L $H_2SO_4$ 溶液的体积为 0.25L；生成 $Na_2SO_4$ 质量为 35.5g。

## 三、化学品的取用

### 1. 化学药品取用原则

首先，化学药品取用应遵循"三不"原则：一是不能用手接触药品；二是不要把鼻孔凑到容器口去闻药品的气味；三是不得尝任何药品的味道。

其次，应注意节约药品，应该严格按照实验规定的用量取用药品。

最后，为确保使用安全，实验剩余的药品既不能放回原瓶，也不要随意丢弃，更不要拿出实验室，要放入指定的容器内。

### 2. 固体药品的取用

固体药品通常保存在广口瓶里，用药匙或纸槽取用。

固体药品的称量一般采用天平，目前以电子天平居多。

### 3. 液体药品的取用

液体药品通常盛放在细口瓶中。广口瓶、细口瓶等都经过磨砂处理，目的是增强容器的气密性。液体药品的定量取用根据取用量的大小和精确程度需采用不同的方式，具体见表 2-6。

**表 2-6 液体药品的取用方法**

| 取用要求 | 取用方法与注意事项 |
| --- | --- |
| 较多的不定量液体 | 直接倾倒。注意事项如下：<br>①细口瓶的瓶塞必须倒放在桌面上，防止药品腐蚀实验台或污染试剂<br>②瓶口必须紧挨试管口缓慢倒入，防止药液损失<br>③细口瓶贴标签的一面必须朝向手心处，防止药液洒出腐蚀标签<br>④倒完液体后，要立即盖紧瓶塞，并把瓶子放回原处，标签朝向外面，防止药品潮解、变质 |
| 较少的不定量液体 | 使用胶头滴管 |
| 一定量的液体 | 使用量筒。注意事项如下：<br>①向量筒中倾倒液体接近所需刻度时，停止倾倒，余下部分用胶头滴管滴加药液至所需刻度线<br>②读数时量筒必须放平，视线要与量筒内液体的凹液面的最低处保持水平，再读出液体的体积（仰视读数偏小，俯视读数偏大） |
| 精确量的液体 | 使用移液管或吸量管，二者的作用均为移取一定体积的溶液。注意事项如下：<br>①使用前，移液管或吸量管应依次用洗液、自来水、蒸馏水洗至内壁不挂水珠为止，再用少量被量取的液体洗涤 2～3 次，洗净后放在移液管架上<br>②吸取时，用右手拇指和中指拿住移液管上端，将移液管插入待吸的液面下，左手拿洗耳球，压出洗耳球内的空气，将球的尖端对准移液管上口，然后慢慢松开左手指，使溶液吸入管内；待液面超过移液管刻度时，迅速移去洗耳球并用右手的食指按紧管口；将移液管提离液面，使管尖靠着容器壁，稍稍转动移液管，使液面缓缓下降至与刻度线相切，紧按食指使液体不再流出 |

续表

| 取用要求 | 取用方法与注意事项 |
| --- | --- |
| 精确量的液体 | ③放液时，将移液管移至接收溶液的容器中，使出口尖端靠着容器内壁，容器稍倾斜约40°，移液管应保持垂直，松开食指，使溶液顺壁流下，待溶液流尽后，再等约15s，取出移液管。移液管若标有"吹"字，最后一滴要用洗耳球吹出 |

### 4. 一定浓度溶液的配制

配制溶液的基本程序：计算—称量（量取）—溶解—转移—定容。

（1）计算

配制一定浓度的溶液，应先根据溶质的摩尔质量和溶液体积计算所需溶质的质量。如此计算出来的是纯溶质的质量，若溶质含有结晶水，则应将结晶水计算进去。若溶质是浓溶液，则用浓溶液的浓度和密度计算出所需浓溶液的质量。也可把浓溶液的量换算成体积，再量取该体积的浓溶液，稀释至所需体积。

（2）容量瓶的使用

配制一定体积、一定浓度溶液的量器为容量瓶。容量瓶颈部的刻度线表示在所指温度下，当瓶内液体到达刻度线时，其体积恰好与瓶上所注明的体积相等。容量瓶的使用注意事项见表2-7。

表 2-7 容量瓶的使用注意事项

| 容量瓶的使用 | 注意事项 |
| --- | --- |
| ①检漏 | a. 使用前需先检查容量瓶是否漏水；<br>b. 检查的方法是：加自来水至标线附近，盖好瓶塞后，用左手食指按住瓶塞，其余手指拿住瓶颈标线以上部分，右手用指尖托住瓶底边缘。将瓶倒立2min，如不漏水，将瓶直立，转动瓶塞180°后，再倒立2min，如不漏水洗净后即可使用 |
| ②洗涤 | a. 先用自来水冲洗容量瓶至瓶壁不挂水珠后，再用蒸馏水荡洗3次后备用；<br>b. 若用自来水不能洗净，需用洗液洗涤，再依次用自来水冲洗、蒸馏水荡洗；<br>c. 容量瓶为带刻度的玻璃仪器，为防止玻璃在高温下变形，不许将容量瓶烘干或加热 |
| ③溶液配制 | a. 将精确称量的试剂放入小烧杯中，加少量蒸馏水，搅拌使之完全溶解后，沿玻棒把溶液转移到容量瓶中（注意：若固体试剂需加热溶解，或物质溶解时放热，切不可使用直接溶入容量瓶的方法）；<br>b. 用蒸馏水洗涤小烧杯3～4次，将洗涤液完全转入容量瓶中，加蒸馏水至容量瓶体积的2/3，按水平方向旋摇容量瓶数次，使溶液大体混匀；<br>c. 继续加蒸馏水，接近标线时，可用滴管逐滴加水至溶液的弯液面与标线相切为止；<br>d. 最后旋紧瓶塞，用食指压住瓶塞，另一只手托住容量瓶底部，倒转容量瓶，加以摇荡，以保证溶液充分混合均匀 |

（3）溶液的稀释配制

溶液的稀释是指在浓溶液中加入一定量的溶剂，得到所需浓度的溶液的过程。

溶液稀释的计算原则是稀释前后溶液中溶质的物质的量不变，即稀释定律。

$$c_1V_1=c_2V_2 \tag{2-15}$$

把已知浓度为$c_1$的浓溶液稀释成待配制浓度为$c_2$、体积为$V_2$的溶液，根据上式计算出浓溶液的所需量$V_1$，然后加水稀释至一定量即可。溶液的稀释配制主要采用移液管和容量瓶进行配制，具体操作方法同表2-6和表2-7。

## 学习思维导图

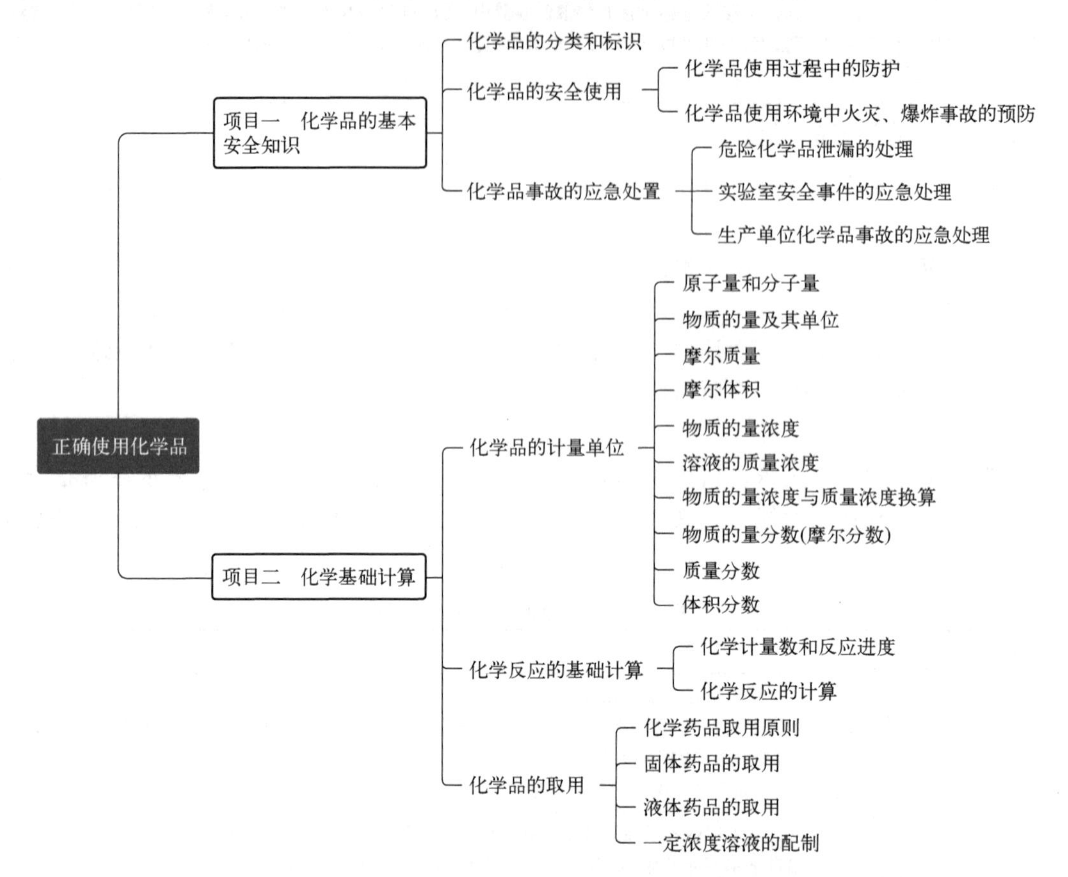

## 习题

1. 查阅资料，分析化工和危险化学品生产安全事故典型案例并说明其警示作用。
2. 查阅资料，举例说明如何通过工艺变更消除或降低化学品危害。
3. 总结化学品使用环境中火灾、爆炸事故的预防措施。
4. 总结化学品使用环境中着火的处理措施。
5. 总结生产单位化学品事故的应急处理措施。
6. 计算有机物三聚氰胺的摩尔质量。
7. 将 11.7g NaCl 溶于水后得到 2L 的溶液，计算该 NaCl 溶液物质的量浓度。
8. 用体积分数为 0.95 的药用酒精 600mL，计算可配制体积分数为 0.75 的消毒酒精的体积。
9. 将 4g NaOH 溶于水配制成 250mL 溶液，计算该溶液的物质的量浓度。
10. 配制 0.154mol/L 生理盐水 2L，计算需要 NaCl 的质量。
11. 配制 1 g/L 的新洁尔灭消毒液 1000mL，计算所需 50g/L 新洁尔灭消毒液的体积。
12. 计算中和 0.5mol NaOH 所需的 $H_2SO_4$ 的质量。
13. 将 750mL 酒精加水配成 1000mL 医用酒精溶液，计算该酒精溶液中酒精的体积分数。

14. 市售浓盐酸的质量分数 $w$ 为 0.365，浓盐酸溶液的密度 $\rho$ 为 1.19kg/L，试计算该浓盐酸的物质的量浓度。

15. 配制 1000mL 0.1mol/L HCl 溶液，计算所需 12mol/L 浓盐酸的体积。

16. 计算完全中和 16g NaOH 所需的 $H_2SO_4$ 的质量。

17. 将 20.00g 结晶草酸（$H_2C_2O_4 \cdot 2H_2O$）溶于 500.0g 水中，求溶液中草酸的摩尔分数 $x(H_2C_2O_4)$。

18. 我国药典规定，大量输液用的葡萄糖（$C_6H_{12}O_6$）注射液的规格是 0.5L 溶液中含结晶葡萄糖（$C_6H_{12}O_6 \cdot H_2O$）25g，计算此注射液中含有的 $C_6H_{12}O_6$ 的质量浓度。

# 模块三

## 认识物质结构

【学习目标】

1. 能根据元素周期表查阅各元素相关的参数。

2. 能解释元素周期表中元素性质的递变规律。

3. 能区分离子键、共价键等化学键的特征。

4. 能分析分子的极性并用于指导溶剂的选择。

5. 能分析分子间作用力和氢键的作用，并由此分析、推断物质熔沸点等性质。

6. 能理解化学反应速率及影响反应速率的因素。

7. 能理解化学平衡及影响化学平衡的因素。

8. 建立宏观世界的物质性质与微观世界的物质结构之间的联系，培养科学探索精神，提高科学素养。

9. 感受化学微观结构之美，培养对化学科学的热爱。

10. 树立中国科技自信。

# 项目一　元素周期表的认识与应用

**【案例导入】中国近代化学的启蒙者——徐寿**

1869 年，俄国化学家门捷列夫提出元素周期表，第一次科学系统地揭示了元素内在的周期性规律。在西方化学科学飞速发展的时代，当时中国的有识之士也开始着手将现代化学知识引入中国，例如将元素周期表引入中国的清代著名科学家徐寿（1818—1884 年）。徐寿创造的独特“音译命名法”顺利解决了元素周期表的中文化问题。时至今日，我们在学习元素周期表时见到“氯、溴、碘、锌”等字样，不仅读音一望而知其究竟是气态、液态还是固态，而且其属于金属或非金属也是一目了然。这种科学的译名原则是徐寿对中国近代化学史的重大贡献，他也由此被公认为中国近代化学的启蒙者。

徐寿是中国近代的科学先驱，他不仅是中国在 *Nature* 杂志上发表论文的第一人、中国第一艘机动轮船（黄鹄号）的总设计师，他所译的《化学鉴原》（1871 年）、《化学鉴原续编》等书籍更是对近代化学在中国的传播发展起到了重要作用。

为了让国人更好地学习科学技术知识，1875 年徐寿与友人创建了格致书院，开设了矿物、电务、测绘、工程、汽机、制造等科教科目，并定期举办科学讲座。同年，徐寿创办发行了我国第一种科学技术期刊——《格致汇编》，对近代科学技术的传播起到了重要的作用。

徐寿的一生都在致力于近代科学技术的传播和教导，不求功名利禄，勤勤恳恳地吸收和传播国外先进的科学技术，对我国近代科学的发展进步做出了不朽的贡献。

## 一、物质结构单元

自然界中数百万种单质和化合物，都是由一百多种元素的原子按照一定的组成和结构形成的，由于物质的结构和组成不同，其性质也就千差万别。宏观物质的物理、化学性质与微观的物质结构及组成有着密切的联系。

原子结构是物质内部结构和性质的基础，原子是由原子核和带负电荷的电子组成的。在发生化学反应时，原子核并不发生变化，只涉及核外电子运动状态的改变，因此研究原子核外电子的运动状态和规律是认识分子结构及性质的基础。

### 1. 原子

原子是由带正电的原子核和带负电的核外电子所构成的，原子核又可分为质子和中子。原子核所带电量（即核电荷数）取决于原子核内的质子数。元素按原子的核电荷数由小到大排列的次序称为原子序数。据此，对于同一元素的原子来说：

$$原子序数=核电荷数(Z)=核内质子数=核外电子数$$

由于电子的质量十分微小，原子的质量主要集中在原子核上。将原子核内的质子数（$Z$）和中子数（$N$）相加，就可以得到原子的质量数（又称核子数），即

$$质量数(A)=质子数(Z)+中子数(N)$$

要表示某种原子，一般是将元素的原子序数写在元素符号的左下角，将质量数写在左上角。这种表示方法称为原子标记法，如$^{27}_{13}Al$。

原子是化学变化中的最小粒子，它在化学反应中的种类和数目都没有变化，改变的只是

原子核外电子（特别是外层电子）的运动状态和分布。

### 2. 离子

金属钠与非金属氯反应生成氯化钠时，Na 原子最外层的 1 个电子转移到 Cl 原子的最外层，使 2 个原子都形成带电荷的粒子，如图 3-1 所示。

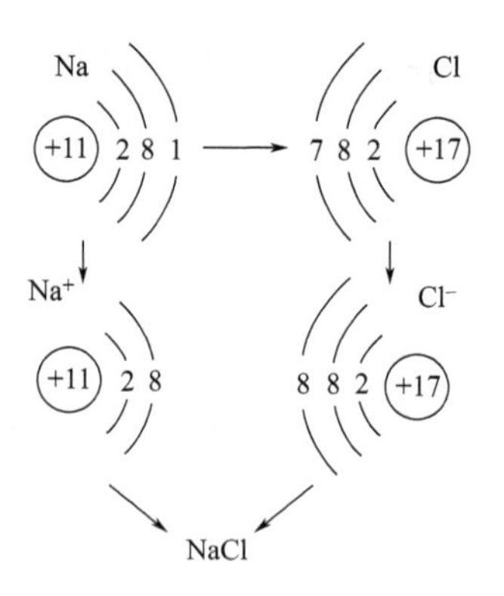

图 3-1 氯化钠形成示意图

带电荷的粒子被称为离子，带正电的称阳离子，带负电的称阴离子，彼此间存在着静电引力。由阴、阳离子相互吸引而构成的化合物叫作离子化合物，如 KCl、$MgCl_2$ 等。带电荷的原子团也叫离子，例如硫酸根离子（$SO_4^{2-}$）、铵根离子（$NH_4^+$）等，由它们构成的化合物也是离子化合物，如 $(NH_4)_2SO_4$。离子化合物在溶于水或受热熔融时又可离解为自由移动的阴、阳离子，此时它具有良好的导电性能。

### 3. 分子

分子是保持物质化学性质的最小粒子，它的形成可用氢气分子的形成为例来说明，如图 3-2 所示。

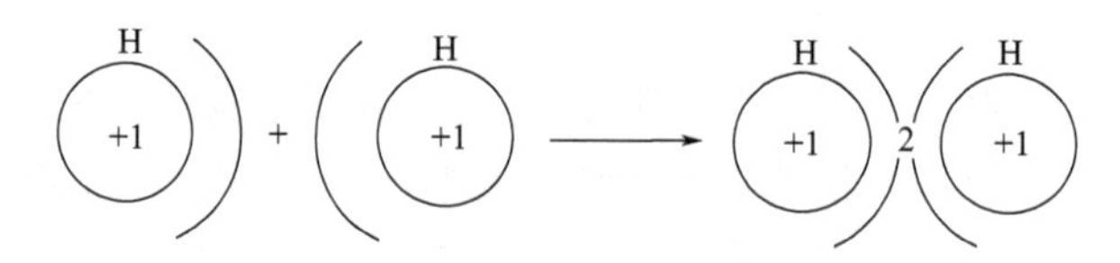

图 3-2 氢原子以共用电子对结合形成氢分子

氢原子核外只有 1 个电子，当 2 个氢原子在一定条件下接近时，均有获得电子达到稳定结构的倾向。由于 2 个氢原子争夺电子的能力相同，最终通过各贡献 1 个电子组成共用电子对。共用电子对同时吸引 2 个原子核，使 2 个氢原子形成氢分子。

## 二、元素周期表与元素周期律

元素周期律是指元素以及由元素形成的单质与化合物的性质，随着原子序数（核电荷数）的递增，呈周期性的变化。元素周期律总结和揭示了元素性质从量变到质变的特征和内在依据。

### 1. 元素周期表的结构

元素周期性的图表形式称为元素周期表，见书后彩插。

（1）周期

元素周期表共分 7 个周期。第 1 周期只有 2 种元素，为特短周期；第 2 周期和第 3 周期各有 8 种元素，为短周期；第 4 周期和第 5 周期各有 18 种元素，为长周期；第 6 周期和第 7 周期各有 32 种元素，为特长周期。

每一周期中的元素随着原子序数的递增，总是从活泼的碱金属开始（第 1 周期例外），逐渐过渡到稀有气体为止，而且周期数等于核外电子层数。

（2）族

元素周期表中共有 18 个纵列，分为 8 个主族和 8 个副族。

① 主族元素　罗马数字旁加 A 表示主族，而且主族数等于最外层电子数。第ⅧA 族（也称 0 族）元素为稀有气体元素。

② 副族元素　罗马数字旁加 B 表示副族。副族的排列不是由低到高，而是按ⅢB～ⅧB、ⅠB、ⅡB 顺序排列。第ⅧB 族也称为第Ⅷ族。

### 2. 元素周期律

从化学的观点来看，决定原子得失电子能力的主要因素是原子的电子层结构、原子的核电荷数和原子半径的大小。对于电子层数相同（同周期）的元素，随着原子序数的递增，最外层电子数、元素原子半径和元素的化合价呈周期性变化。

（1）原子半径

各元素的两个原子以共价键结合时，其核间距离的一半定义为该元素的共价半径，例如把 Cl—Cl 分子的核间距的一半（99pm）定义为 Cl 原子的共价半径。图 3-3 列出周期表中各元素的原子半径。

从图 3-3 中可知，其变化规律为：同一周期，从左到右原子半径逐渐减小；同一主族，从上到下原子半径逐渐增大。

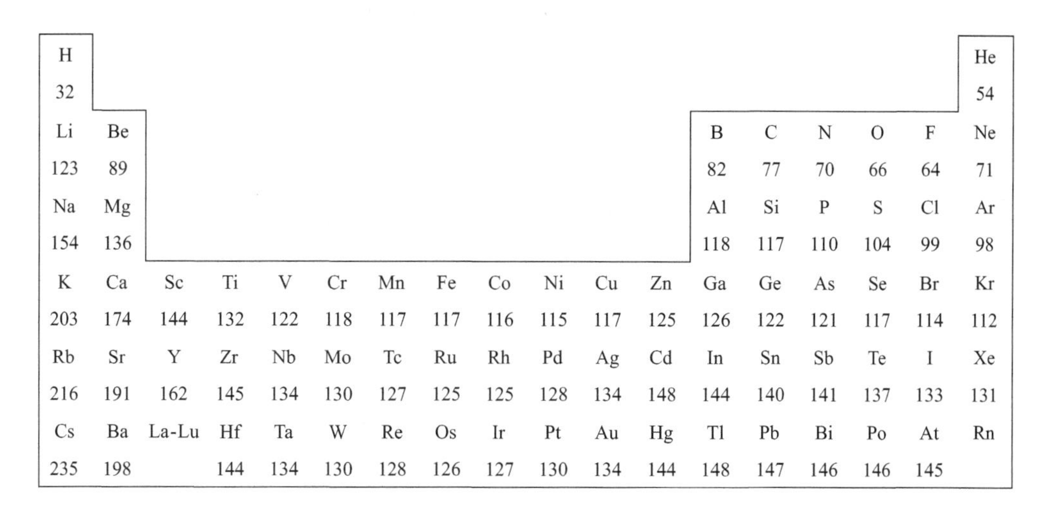

| | | | | | | | | | | | | | | | | | |
|---|---|---|---|---|---|---|---|---|---|---|---|---|---|---|---|---|---|
| H<br>32 | | | | | | | | | | | | | | | | | He<br>54 |
| Li<br>123 | Be<br>89 | | | | | | | | | | | B<br>82 | C<br>77 | N<br>70 | O<br>66 | F<br>64 | Ne<br>71 |
| Na<br>154 | Mg<br>136 | | | | | | | | | | | Al<br>118 | Si<br>117 | P<br>110 | S<br>104 | Cl<br>99 | Ar<br>98 |
| K<br>203 | Ca<br>174 | Sc<br>144 | Ti<br>132 | V<br>122 | Cr<br>118 | Mn<br>117 | Fe<br>117 | Co<br>116 | Ni<br>115 | Cu<br>117 | Zn<br>125 | Ga<br>126 | Ge<br>122 | As<br>121 | Se<br>117 | Br<br>114 | Kr<br>112 |
| Rb<br>216 | Sr<br>191 | Y<br>162 | Zr<br>145 | Nb<br>134 | Mo<br>130 | Tc<br>127 | Ru<br>125 | Rh<br>125 | Pd<br>128 | Ag<br>134 | Cd<br>148 | In<br>144 | Sn<br>140 | Sb<br>141 | Te<br>137 | I<br>133 | Xe<br>131 |
| Cs<br>235 | Ba<br>198 | La-Lu | Hf<br>144 | Ta<br>134 | W<br>130 | Re<br>128 | Os<br>126 | Ir<br>127 | Pt<br>130 | Au<br>134 | Hg<br>144 | Tl<br>148 | Pb<br>147 | Bi<br>146 | Po<br>146 | At<br>145 | Rn |

| La | Ce | Pr | Nd | Pm | Sm | Eu | Gd | Tb | Dy | Ho | Er | Tm | Yb | Lu |
|---|---|---|---|---|---|---|---|---|---|---|---|---|---|---|
| 187.7 | 182.4 | 182.8 | 182.1 | 181.0 | 180.2 | 204.2 | 180.2 | 178.2 | 177.3 | 176.6 | 175.7 | 74.6 | 194.0 | 173.4 |

**图 3-3　元素周期表的半径（pm）**

（2）金属性和非金属性

一般说来，如果原子较易失去电子成为阳离子，则显金属性；如果原子较易得到电子成为阴离子，则显非金属性。

在同一周期中，各元素的核外电子层数虽然相同，但是从左到右，随着核电荷数的增多，最外层电子数依次增多，原子核对最外层电子的吸引力逐渐增强，因此使得原子半径逐渐变小，原子失去电子的能力逐渐减弱，而获得电子的能力逐渐增强。因此，在元素周期表中，从左到右，元素的金属性逐渐减弱，非金属性逐渐增强。

**【例】** 实验可观测到：Na 与冷水剧烈反应，Mg 与热水缓慢反应，而 Al 与沸水也几乎不作用。金属性由强到弱为 Na＞Mg＞Al。

同一主族的元素，由于最外层电子数相同，所以性质相似，但是从上到下，随着核电荷数的增多，电子层数相应地逐渐增多，原子半径也逐渐增大，原子核对最外层电子的吸引力逐渐减弱，所以失去电子的能力逐渐增强，获得电子的能力逐渐减弱。因此，在元素周期表中，从上到下，元素的金属性逐渐增强，非金属性逐渐减弱。

**【例】** 实验可观测到：$F_2$ 与 $H_2$ 可爆炸式地反应，$Cl_2$ 与 $H_2$ 点燃或光照即可剧烈反应，$Br_2$ 与 $H_2$ 需在 200℃时才缓慢进行，而 $I_2$ 与 $H_2$ 的反应需在更高温度下才能缓慢进行且生成的 HI 很不稳定，同时发生分解。非金属性 F＞Cl＞Br＞I。

氟是已知元素中非金属性最强的元素。

（3）电负性

元素的电负性（$\chi$）是指元素原子在分子中对电子吸引能力的大小。电负性越小，金属性越强，非金属性越弱。例如，当 A 和 B 两种原子结合成 AB 分子时，若 B 的电负性大，则生成的分子为 $A^+B^-$ 分子；若 A 的电负性大，则生成的分子为 $B^+A^-$ 分子。因此，电负性的大小可作为原子形成正或负离子倾向的量度，是元素金属性和非金属性的综合量度标准。

元素电负性的标度和计算方法很多。鲍林（Pauling）根据热力学数据和键能，指定氟的电负性为 4.0，通过相比较计算其他元素的相对电负性数值，如图 3-4 所示。

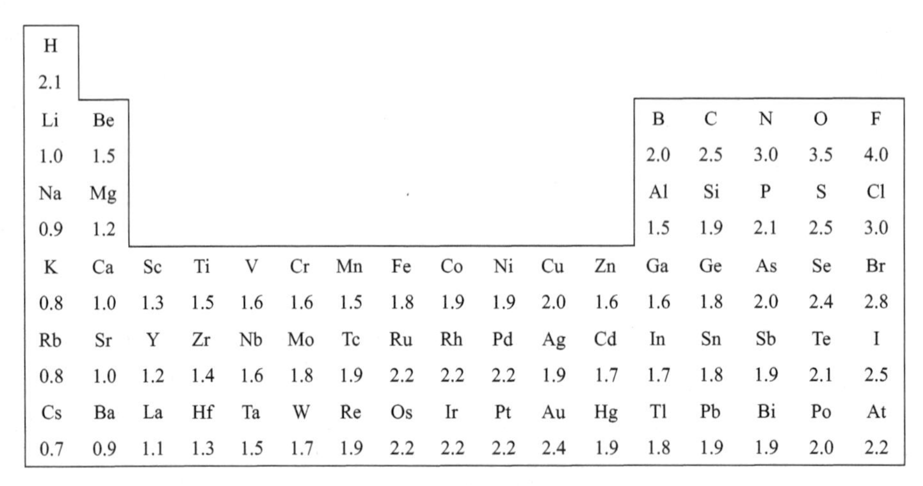

| H | | | | | | | | | | | | | | | | |
|---|---|---|---|---|---|---|---|---|---|---|---|---|---|---|---|---|
| 2.1 | | | | | | | | | | | | | | | | |
| Li | Be | | | | | | | | | | | B | C | N | O | F |
| 1.0 | 1.5 | | | | | | | | | | | 2.0 | 2.5 | 3.0 | 3.5 | 4.0 |
| Na | Mg | | | | | | | | | | | Al | Si | P | S | Cl |
| 0.9 | 1.2 | | | | | | | | | | | 1.5 | 1.9 | 2.1 | 2.5 | 3.0 |
| K | Ca | Sc | Ti | V | Cr | Mn | Fe | Co | Ni | Cu | Zn | Ga | Ge | As | Se | Br |
| 0.8 | 1.0 | 1.3 | 1.5 | 1.6 | 1.6 | 1.5 | 1.8 | 1.9 | 1.9 | 2.0 | 1.6 | 1.6 | 1.8 | 2.0 | 2.4 | 2.8 |
| Rb | Sr | Y | Zr | Nb | Mo | Tc | Ru | Rh | Pd | Ag | Cd | In | Sn | Sb | Te | I |
| 0.8 | 1.0 | 1.2 | 1.4 | 1.6 | 1.8 | 1.9 | 2.2 | 2.2 | 2.2 | 1.9 | 1.7 | 1.7 | 1.8 | 1.9 | 2.1 | 2.5 |
| Cs | Ba | La | Hf | Ta | W | Re | Os | Ir | Pt | Au | Hg | Tl | Pb | Bi | Po | At |
| 0.7 | 0.9 | 1.1 | 1.3 | 1.5 | 1.7 | 1.9 | 2.2 | 2.2 | 2.2 | 2.4 | 1.9 | 1.8 | 1.9 | 1.9 | 2.0 | 2.2 |

图 3-4 元素原子的电负性

从图 3-4 中可知，其变化规律为：同一周期自左至右，电负性增大（副族元素有些例外）；同族自上至下，电负性依次减小，但副族元素后半部分，自上至下电负性略有增加。

# 项目二 微观化学结构

**【案例导入】中国科学家首次直接观察氢键**

氢键是自然界中最重要、存在最广泛的分子间相互作用形式之一，对物质的性质有至关重要的影响，例如 $H_2O$ 因存在氢键使熔沸点提高，在常温下为液态，而 $H_2S$ 在常温下为气态。

2013 年，中国科学家通过利用改进的非接触原子力显微镜，在世界上首次“拍”到氢键的“照片”，得到了分子间氢键的真实空间图像（图 3-5），为“氢键的本质”这一化学界争论了 80 多年的问题提供了直观的证据。这不仅将人类对微观世界的认识向前推进了一大步，而且对功能材料及药物分子的设计有重要意义。该成果的取得也得益于中国科研人员在科研仪器与技术方面的艰苦努力，特别是独立研制原子力显微镜的核心部件“高性能 qPlus 型力传感器”，使得该仪器的关键技术指标达到该领域的最高水平，为在分子、原子尺度上的研究提供了更精确的方法。

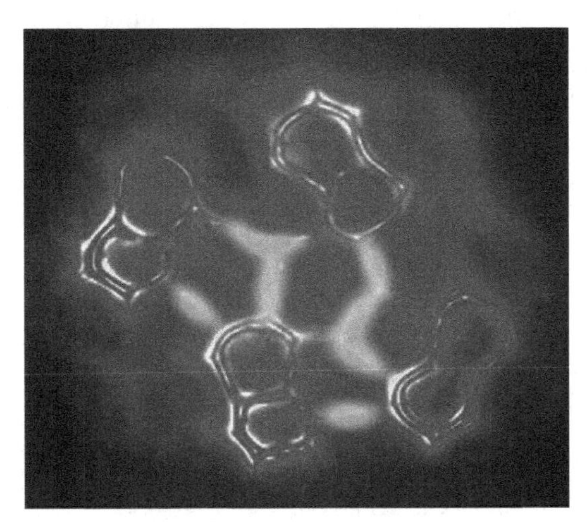

**图 3-5　国家纳米科学中心研究员裘晓辉团队**
**利用原子力显微镜技术实现了对分子间局域作用的直接成像**

## 一、化学键

物质中的原子并不是简单地堆积在一起，而是通过某种强烈的作用力结合在一起，这种强烈的作用力就称为化学键。化学键主要有离子键、共价键和金属键三种。化学键的类型、作用力的强弱是决定分子结构、物质性质的非常重要的因素。

### 1. 离子键

原子之间相互作用达到稀有气体的电子构型有两种方式——原子转移或共用电子。

当电负性较小的金属原子与电负性较大的非金属原子发生反应时，很容易发生电子的转移。电子从电负性小的原子转移到电负性大的原子，从而形成了阳离子和阴离子。阴、阳离子间靠静电作用而形成的化学键称为离子键。由离子键形成的化合物称为离子化合物。

**【例】** LiF 的成键过程

$$\underset{\text{电子转移}}{Li\curvearrowright\ddot{\underset{..}{F}}:} \longrightarrow \underset{\text{氦(He)的构型}}{Li^{+}} + \underset{\text{氖(Ne)的构型}}{F^{-}} \longrightarrow \underset{\text{离子键}}{Li^{+}\ F^{-}}$$

由电子的转移生成的阴、阳离子带有相反的电荷，它们相互吸引形成离子键。离子的结构特征由离子的电荷、离子的电子层构型和离子的半径三个因素决定，从而影响离子型化合物的性质。

**【例】** 铁元素能形成 $Fe^{2+}$、$Fe^{3+}$ 两种离子：$Fe^{3+}$ 在溶液中能跟 $SCN^{-}$ 作用生成血红色

的 $Fe(SCN)_3$，而 $Fe^{2+}$ 则不发生这种反应；$Fe^{3+}$ 在水溶液里呈黄色，$Fe^{2+}$ 在水溶液里却呈浅绿色。

【例】 AgCl 不能溶于水，而 KCl 能溶于水。

### 2. 共价键

两个电负性相等或相差较小的原子可通过共用电子对使分子中各原子具有稳定的稀有气体的原子结构。原子间这种靠共用电子对结合的化学键叫共价键，由共价键形成的化合物叫共价化合物。

【例】 共价化合物： $H_2$　$Cl_2$　$O_2$　$N_2$　HCl

共价键表示： H—H　Cl—Cl　O═O　N≡N　H—Cl

共价键在有机化合物中是最普遍存在的键。在共价键里，原子之间是通过电子共用而不是转移来实现稀有气体电子构型的。

【例】 $H_2$ 的成键过程

$$H\cdot + \cdot H \longrightarrow \underset{\text{电子共用}}{H:H}$$

### 3. 共价键特征

在有机化合物分子中，原子与原子之间一般是以共价键的形式连接起来的。价键理论认为，共价键的形成可以看作是原子轨道的重叠或电子配对的结果，两原子轨道重叠越多，两核间电子云越密集，则系统能量降低越多，所形成的共价键越牢固，这称为原子轨道最大重叠原理。如图 3-6 所示为氢分子的共价键形成原理。

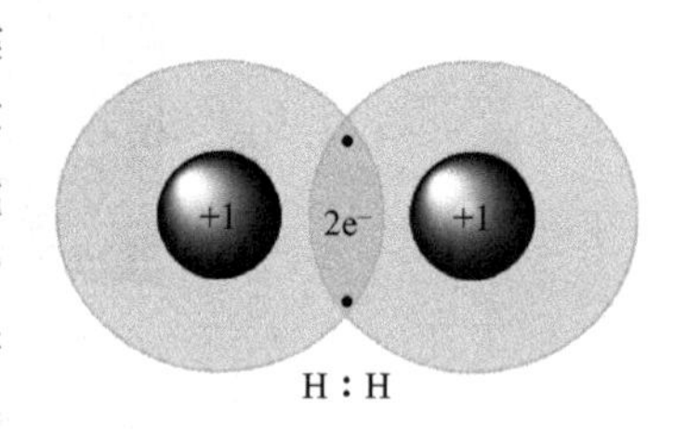


图 3-6　氢分子的共价键

如图 3-7 所示，共价键的成键方式有两种：一种是沿着原子轨道对称轴的方向“头碰头”地重叠，形成的共价键称为 σ 键；另一种是原子轨道的对称轴相互平行，原子轨道从侧面“肩并肩”地重叠，形成的共价键称为 π 键。

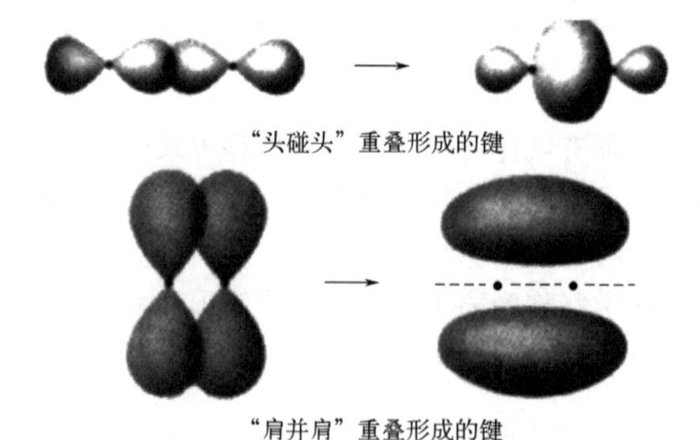


图 3-7　共价键的成键示意图

共价键可用 Lewis 结构式表示，每一个价电子用一个圆点表示，形成共价键的一对电子用一对圆点或一个短横线（—）表示。

【例】 氢气（$H_2$）的 Lewis 结构如下。每一个氢贡献一个电子，总共给出两个电子。

H:H　或　H—H

【例】 甲烷（$CH_4$）的 Lewis 结构如下。每一个氢贡献一个电子，每一个碳贡献四个电子，总共给出八个电子，碳原子周围围绕八个电子的结构称为八隅体。

$$\begin{array}{c}H\\H{:}\ddot{\underset{\cdot\cdot}{C}}{:}H\\H\end{array}\quad 或\quad \begin{array}{c}H\\|\\H—C—H\\|\\H\end{array}$$

【例】 乙烷（$C_2H_6$）的 Lewis 结构如下。乙烷的每个碳原子核周围有八个电子环绕，而氢原子核周围有两个电子环绕，两个碳原子共用一对电子，而每个氢原子与一个碳原子共用一对电子。

$$\begin{array}{c}H\ H\\H{:}\ddot{\underset{\cdot\cdot}{C}}{:}\ddot{\underset{\cdot\cdot}{C}}{:}H\\H\ H\end{array}\quad 或\quad \begin{array}{c}H\quad H\\|\quad\ |\\H—C—C—H\\|\quad\ |\\H\quad H\end{array}$$

原子上没有参与共用的价电子称为非成键电子，一对非成键电子被称为孤对电子。氧原子、氮原子和卤素（F、Cl、Br、I）通常在它们的稳定化合物里会保留孤电子对。孤对电子的存在有助于确定该化合物的反应活性。

【例】 孤对电子

$$\begin{array}{c}H\\|\\H—C—\ddot{N}—H\\|\quad\ |\\H\quad H\end{array}\qquad\begin{array}{c}H\quad H\\|\quad\ |\\H—C—C—\ddot{O}{:}\\|\quad\ |\quad\ |\\H\quad H\quad H\end{array}\qquad\begin{array}{c}H\\|\\H—C—\ddot{\underset{\cdot\cdot}{Cl}}{:}\\|\\H\end{array}$$

甲胺中的氮原子有一对孤对电子　乙醇中的氧原子有两对孤对电子　氯甲烷中的氯原子有三对孤对电子

两个原子之间共用一对电子的共价键称为单键，用单短线（—）表示一个单键；共用两对电子的共价键称为双键，用双短线（═）表示一个双键；共用三对电子的共价键称为叁键，用三短线（≡）表示一个叁键。

【例】 双键

乙烯（$C_2H_4$）是一个具有碳碳双键的有机化合物，两个原子之间共用 4 个（两对）电子形成八隅体；

甲醛（HCHO）是一个具有碳氧双键的有机化合物，两个原子之间共用 4 个（两对）电子形成八隅体。

$$\begin{array}{c}H\ H\\H{:}\ddot{C}{::}\ddot{C}{:}H\end{array}\qquad \begin{array}{c}H\qquad\quad H\\ \diagdown\quad\diagup\\C{=}C\\ \diagup\quad\diagdown\\H\qquad\quad H\end{array}\qquad\qquad \begin{array}{c}H\\H{:}\ddot{C}{::}\ddot{\underset{\cdot\cdot}{O}}\end{array}\qquad \begin{array}{c}H\\ \diagdown\\C{=}\ddot{\underset{\cdot\cdot}{O}}\\ \diagup\\H\end{array}$$

乙烯　　甲醛

【例】 叁键

乙炔（$C_2H_2$）有一个碳碳叁键，两个原子之间共用 6 个（三对）电子形成八隅体结构；

乙腈（$CH_3CN$）有一个碳氮叁键，两个原子之间共用 6 个（三对）电子形成八隅体结构。

$$H{:}C{\vdots\vdots}C{:}H\qquad H—C{\equiv}C—H\qquad\qquad \begin{array}{c}H\\H{:}\ddot{\underset{\cdot\cdot}{C}}{:}C{\vdots\vdots}N{:}\\H\end{array}\quad \begin{array}{c}H\\|\\H—C—C{\equiv}N{:}\\|\\H\end{array}$$

乙炔　　乙腈

在中性有机化合物里，碳在正常情况下都是形成四个键，氮一般形成三个键，氧一般形成两个键，而氢和卤素通常只形成一个键。一般共价键模式如表 3-1 所示。

表 3-1 一般共价键模式

| 一般共价键模式 | —C—（四键）<br>碳 | —N̈—（三键）<br>氮 | —Ö—<br>氧 | —H<br>氢 | —C̈l:<br>卤素 |
|---|---|---|---|---|---|
| 化合价 | 4 | 3 | 2 | 1 | 1 |
| 孤对电子数/对 | 0 | 1 | 2 | 0 | 3 |

4. 共价键参数

共价键参数是表示共价键特征的物理量，如键长、键能、键角和键的极性。

（1）键长

键长是成键原子两核间的平均距离。两原子形成同型共价键的键长越短，键越稳定。

（2）键能

键能是共价键强弱的量度。一般键能越大，共价键强度越大。成键时放出能量，断键时吸收能量。表 3-2 列举了常见共价键的键长和键能。

表 3-2 一些共价键的键长（$L$）和键能（$E$）

| 共价键 | $L$/pm | $E$/(kJ/mol) | 共价键 | $L$/pm | $E$/(kJ/mol) | 共价键 | $L$/pm | $E$/(kJ/mol) |
|---|---|---|---|---|---|---|---|---|
| H—H | 74 | 436 | Cl—Cl | 199 | 243 | N—N | 145 | 159 |
| H—F | 92 | 570 | Br—Br | 228 | 193 | N≡N | 110 | 946 |
| H—Cl | 127 | 432 | I—I | 267 | 151 | C—H | 109 | 414 |
| H—Br | 141 | 366 | C—C | 154 | 346 | N—H | 101 | 389 |
| H—I | 161 | 298 | C=C | 134 | 602 | O—H | 96 | 464 |
| F—F | 141 | 159 | C≡C | 120 | 835 | S—H | 134 | 368 |

（3）键角

键角是同一个原子形成的相邻两个键间的夹角，键角是决定分子构型的重要因素之一。分子构型由键角、键长决定，如 $H_2O$ 分子中的键角为 104°45′，故 $H_2O$ 分子为 V 形结构；$CO_2$ 分子中的键角为 180°，故 $CO_2$ 分子为直线形结构。

（4）共价键的极性

按共用电子对是否偏移，共价键可分为非极性共价键和极性共价键。

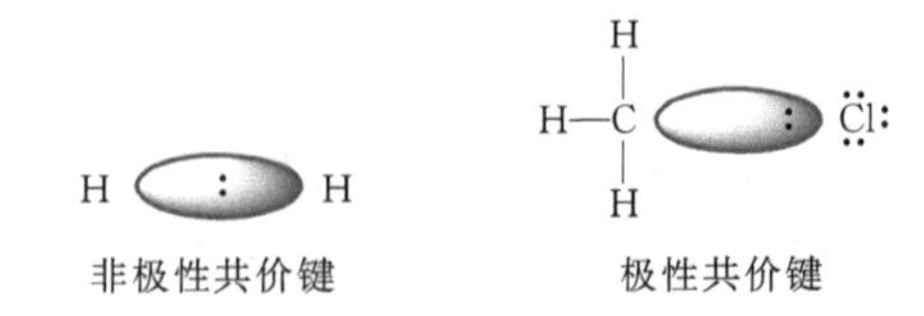

非极性共价键　　极性共价键

非极性共价键是指成键原子的电负性相同、共用电子对等量共享、键的正负电荷重心重合所形成的共价键。同种原子形成的共价键均是非极性共价键，如 $H_2$ 中的 H—H 键和乙烷中的 C—C 键。

极性共价键是指成键原子的电负性不同、共用电子对偏向电负性较大的原子、键的正负电荷重心不重合所形成的共价键。不同种的原子形成的共价键均是极性共价键，如 $NH_3$ 分子中的 N—H 键、$H_2O$ 分子中的 O—H 键等。

**【例】** 共价键的极性

当碳与氯成键的时候，由于氯原子的电负性较碳原子大，成键电子更强烈地偏向氯原子，使氯原子携带少量的负电荷，而碳原子携带等量的正电荷，形成极性 C—Cl 键。极性键的表示方法为在成键原子上标记 $\delta^+$ 和 $\delta^-$，符号 $\delta^+$ 表示“少量正电荷”，符号 $\delta^-$ 表示“少量负电荷”。

$$\mathrm{H_3}\overset{\delta^+}{\mathrm{C}}-\overset{\delta^-}{\mathrm{Cl}}$$

氯甲烷

每一个键的极性可以用偶极矩 $\boldsymbol{\mu}$（单位为 D，$1\mathrm{D}=3.33563\times10^{-30}\mathrm{C\cdot m}$）来衡量，$\boldsymbol{\mu}=qd$（式中，$q$ 是正、负电荷中心所带的电量，C；$d$ 是正、负电荷中心之间的距离，m；$\boldsymbol{\mu}$ 是键的偶极矩，C·m）偶极矩越大，键的极性越强。表 3-3 列出了一些有机物中典型化学键的偶极矩。偶极矩的表示方法是用带十字的箭头指向负电荷较多的一端。

**表 3-3 常见共价键的偶极矩** 单位：$10^{-30}\mathrm{C\cdot m}$

| 键 | 偶极矩 $\mu$ | 键 | 偶极矩 $\mu$ | 键 | 偶极矩 $\mu$ |
|---|---|---|---|---|---|
| $\overset{+\!\!\!\longrightarrow}{\mathrm{C-N}}$ | 0.73 | $\overset{+\!\!\!\longrightarrow}{\mathrm{C-Br}}$ | 4.74 | $\overset{+\!\!\!\longrightarrow}{\mathrm{H-O}}$ | 5.04 |
| $\overset{+\!\!\!\longrightarrow}{\mathrm{C-O}}$ | 0.50 | $\overset{+\!\!\!\longrightarrow}{\mathrm{C-I}}$ | 4.17 | $\overset{+\!\!\!\longrightarrow}{\mathrm{C=O}}$ | 7.70 |
| $\overset{+\!\!\!\longrightarrow}{\mathrm{C-F}}$ | 4.64 | $\overset{+\!\!\!\longrightarrow}{\mathrm{H-C}}$ | 1.30 | $\overset{+\!\!\!\longrightarrow}{\mathrm{C\equiv N}}$ | 11.8 |
| $\overset{+\!\!\!\longrightarrow}{\mathrm{C-Cl}}$ | 4.90 | $\overset{+\!\!\!\longrightarrow}{\mathrm{H-N}}$ | 4.44 | | |

**【例】** 共价键的极性顺序

| $H_3C-CH_3$ | $H_3C-NH_2$ | $H_3C-OH$ | $H_3C-Cl$ | $H_3C-NH_3^+\cdot Cl^-$ |
|---|---|---|---|---|
| 乙烷 | 甲胺 | 甲醇 | 氯甲烷 | 氯化甲铵 |
| 非极性 | → | 极性增强 | → | 极性 |

## 二、共价分子的极性

每个分子都可看成由带正电的原子核和带负电的电子所组成的系统。整个分子是电中性的，但从分子内部电荷的分布看，可认为正负电荷各集中于一点，该点称为电荷重心。若正负电荷重心重合则为非极性分子，不重合则为极性分子。

### 1. 分子极性的衡量

分子的整体极性可以用分子偶极矩 $\boldsymbol{\mu}$ 来衡量。分子偶极矩的值是所有单独化学键偶极矩的向量和。化学键偶极矩的向量是反映化学键偶极矩的大小和方向的物理量，孤对电子对化学键的偶极矩和分子偶极矩也有贡献。当各键偶极矩对称时，偶极矩互相抵消，$\boldsymbol{\mu}=0$，该分子为非极性分子。当 $\boldsymbol{\mu}\neq0$ 时，该分子为极性分子，$\boldsymbol{\mu}$ 越大，分子极性越大。表 3-4 列出了常见有机物的偶极矩。

表 3-4 常见有机物的偶极矩 单位：$10^{-30}$ C·m

| 有机物 | HF | $H_2O$ | $SO_2$ | $NH_3$ | HCl | HBr | HI | $BF_3$ |
|---|---|---|---|---|---|---|---|---|
| 偶极矩 | 6.40 | 6.24 | 5.34 | 4.34 | 3.62 | 2.60 | 1.27 | 0 |

【例】 化学键偶极矩的大小和方向

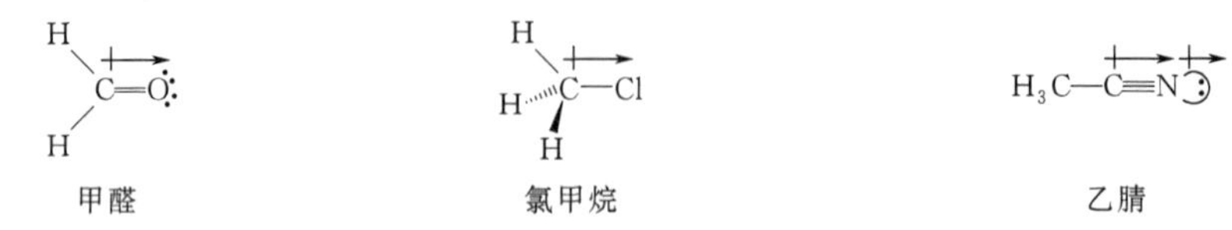

甲醛 氯甲烷 乙腈

$\mu=7.67\times10^{-30}$ C·m，极性分子 $\mu=6.34\times10^{-30}$ C·m，极性分子 $\mu=13.01\times10^{-30}$ C·m，极性分子

甲醛中只有一个强极性的 C═O 双键，氯甲烷中只有一个强极性的 C—Cl 单键，乙腈中只有一个强极性的 C≡N 叁键，这三个分子中的化学键偶极矩不能互相抵消，正负电荷重心不重合，均为极性分子。

二氧化碳 四氯化碳 顺式 1,2-二溴乙烯

$\mu=0$，非极性分子 $\mu=0$，非极性分子 $\mu=6.34\times10^{-30}$ C·m，极性分子

二氧化碳有两个强极性的 C═O 双键，但由于其分子的线形结构的对称性而使两个 C═O 双键的偶极矩在方向上互相抵消，分子偶极矩为 0，二氧化碳分子中正负电荷的重心重合，为非极性分子；四氯化碳有 4 个强极性的 C—Cl 单键，但由于其分子的正四面体结构的对称性而使 4 个 C—Cl 单键的偶极矩在方向上互相抵消，分子偶极矩为 0，四氯化碳分子中正负电荷的重心重合，为非极性分子。

虽然顺式 1,2-二溴乙烯有两个强极性的 C—Br 单键，但由于这两个极性键在同一侧，二者的偶极矩在方向上无法抵消，分子偶极矩不为 0，顺式 1,2-二溴乙烯分子中正负电荷的重心不重合，为极性分子。

### 2. 分子极性与溶解性

物质的溶解性与溶质、溶剂分子的极性有关。一般说来遵循“相似相溶”的原则，即极性物质溶解于极性溶剂，非极性物质溶解于非极性溶剂。例如，极性溶剂（如水、乙醇等）易溶解极性物质（如强酸等）；非极性溶剂（如苯、汽油、四氯化碳等）易溶解非极性物质（大多数有机物、$Br_2$、$I_2$ 等）；含有相同官能团的物质容易互溶，如含羟基（—OH）的水能溶解含有羟基的醇、酚、羧酸等。

【例】 分子极性在溶剂选择中的应用

溶剂提取法是提取中草药有效成分最常用最重要的方法，是根据中草药中各种化学成分的溶解性，选用适当的溶剂将有效成分从药材组织中尽可能溶解出来。

常见中药化学成分的极性分类如下：

极性较大的：苷类、生物碱盐、糖类、蛋白质、氨基酸、鞣质、小分子有机酸、亲水性色素。

极性较小的：游离生物碱、苷元、挥发油、树脂、脂肪、大分子有机酸、亲脂性色素。

常用于中药成分提取的溶剂按极性由弱到强的顺序列举如下：

石油醚<四氯化碳<苯<二氯甲烷<氯仿<乙醚<乙酸乙酯<正丁醇<丙酮<甲醇（乙醇）<水

除蛋白质、油脂和蜡外，其余成分在乙醇中皆有一定程度的溶解，因此乙醇是应用范围最广的一种溶剂。

## 三、分子间作用力和氢键

### 1. 分子间作用力

物质以任何形式存在时，分子之间都存在着一定的吸引力，这就是分子间作用力。由于这种力最早是由范德华（van der Waals）发现的，所以通常也称之为范德华力。它主要包括取向力、诱导力和色散力三种力。分子间作用力的作用能很小，一般为 2～20kJ/mol，不属于化学键范畴；分子间作用力的作用范围也很小，而且随分子之间距离增大而迅速减弱；同时，分子间作用力也不具有方向性和饱和性。

分子间作用力对物质的熔沸点等物理性质有很大的影响：同类型分子间的分子间作用力越强，物质的熔点、沸点越高。

**【例】** 物质的性质与分子间作用力之间的关系

| 物质分子 | $CH_4$ | $SiH_4$ | $GeH_4$ | $SnH_4$ |
|---|---|---|---|---|
| 分子量 | 小 | → | → | 大 |
| 变形性 | 小 | → | → | 大 |
| 色散力（分子间作用力） | 小 | → | → | 大 |
| 沸点/℃ | −162 | −112 | −88 | −52 |

按照上述递变规律类推，ⅤA、ⅥA、ⅦA 族元素的氢化物中 $NH_3$、$H_2O$、HF 的摩尔质量比其同族氢化物明显小，熔点、沸点应当比较低，但事实上它们的熔点、沸点却异常地高，说明这些分子间除分子间作用力之外，还存在另一种作用力，即氢键。

### 2. 氢键

氢键不是一个真正的键，而是一个极强的偶极-偶极引力。当 H 原子与电负性大、半径小的 X 原子以极性共价键结合后，由于 X 原子吸引电子能力大，使 H 原子显示较强的正电荷场，若再与另一个电负性大且有孤对电子的 Y 原子接近时，X 与 Y 之间会以氢为媒介生成一种特殊的分子间或分子内相互作用力，这种特殊的作用力称为氢键，用“···”示意为

$$X—H\cdots Y$$

X、Y 可以相同也可以不同，电负性大、半径小的原子一般为 F、O、N 等原子。因此，氢键的定义为：氢键是一种与 O、N 等电负性大的原子结合后形成的亲电性氢原子和一对未成键电子之间的分子间强作用力。

常见的有 $F—H\cdots F$，$O—H\cdots O$，$O—H\cdots F$，$N—H\cdots F$，$N—H\cdots O$。实验表明，C 和 N 以叁键或双键相连时 C 也能形成氢键，如 $N{\equiv}C—H\cdots O$。

**【例】** 甲醇和甲胺的氢键

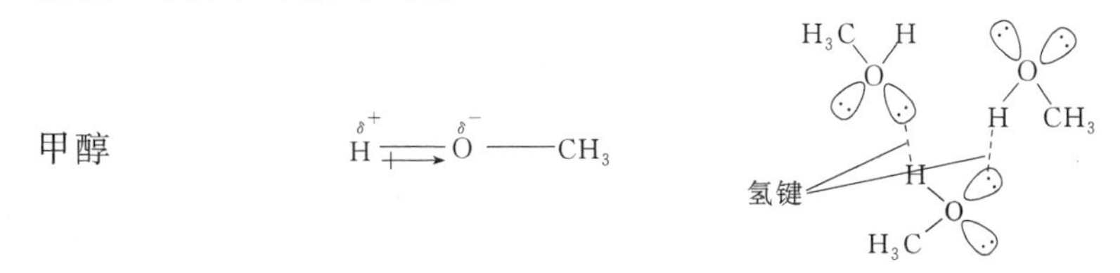

甲胺

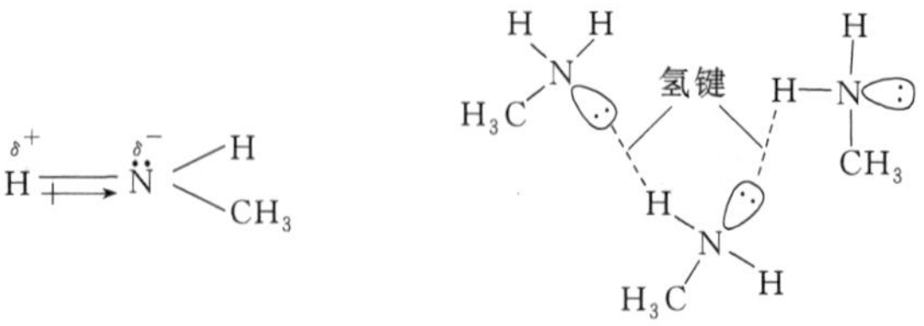

(1) 氢键的特征

氢键的键能一般小于42kJ/mol，比范德华力稍强，但仍比化学键弱得多。氢键的强弱与X、Y原子的电负性等因素有关。

氢键一般分为分子间氢键和分子内氢键两类。同分子或异分子间的氢键叫分子间氢键，如图3-8所示为氟化氢、氨水形成的分子间氢键。某些分子内部可形成分子内氢键，如硝酸、邻硝基苯酚及蛋白质、核酸等大分子中都有分子内氢键，如图3-9所示为邻硝基苯酚的分子内氢键。

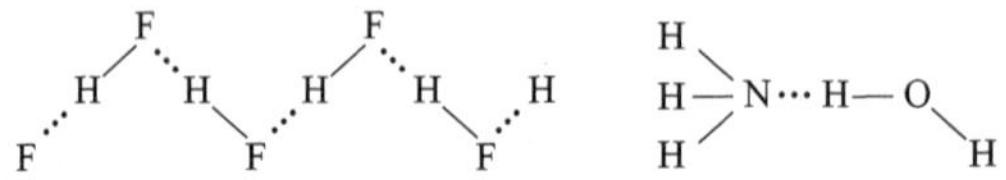

图3-8 分子间氢键

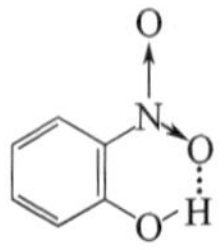

图3-9 分子内氢键

氢键具有饱和性，当H原子已经形成1个氢键后，不能再与第3个强电负性原子形成第2个氢键。分子间氢键具有方向性，形成分子间氢键的3个原子尽可能在一条直线上，这样X与Y之间距离最远、斥力较小，氢键稳定。但分子内氢键就不具有方向性。

(2) 氢键对物质性质的影响

① 结构相似的同系物质，分子间氢键的存在，会使熔沸点升高。

**【例】** 结构相似的同系物质因分子间氢键熔沸点升高。同系物质的熔沸点见表3-5。

表3-5 同系物质的熔沸点(标准大气压)

| 物质名称 | 熔点/℃ | 沸点/℃ | 物质名称 | 熔点/℃ | 沸点/℃ |
|---|---|---|---|---|---|
| $H_2O$ | 0 | 100 | HF | −83.4 | 19.5 |
| $H_2S$ | −85.5 | −60.4 | HCl | −114.2 | −85.1 |

② 同分异构体中，形成分子间氢键越多，熔沸点升高越明显。

**【例】** 化学式均为$C_2H_6O$的两种同分异构体，乙醇因含有O—H键形成大量的氢键，甲醚不含O—H键不能形成氢键。由于氢键的存在，乙醇的沸点比甲醚高100℃。$C_2H_6O$同分异构体的熔沸点见表3-6。

表3-6 $C_2H_6O$同分异构体的熔沸点(标准大气压)

| 化学式 $C_2H_6O$ | 熔点/℃ | 沸点/℃ | 氢键类型 |
|---|---|---|---|
| 乙醇 $CH_3—CH_2—OH$ | −114 | 78 | 分子间氢键 |
| 甲醚 $CH_3—O—CH_3$ | −141 | −25 | 无氢键 |

**【例】** 化学式均为$C_3H_9N$的三种同分异构体，三甲胺因没有N—H上的氢而不含有氢键，甲乙胺有一个N—H键，其沸点因氢键较三甲胺升高了34℃，丙胺有两个N—H键，

能形成更多的氢键，使沸点在这三种异构体中最高（见表3-7）。

表3-7 $C_3H_9N$同分异构体的熔沸点（标准大气压）

| 化学式$C_3H_9N$ | 沸点/℃ | 结构 | 氢键类型 |
| --- | --- | --- | --- |
| 三甲胺 | 3.5 | $H_3C—\ddot{N}—CH_3$（N上连$CH_3$） | 无氢键 |
| 甲乙胺 | 37 | $H_3CH_2C—\ddot{N}—CH_3$（N上连H） | 1个分子间氢键 |
| 丙胺 | 49 | $H_3CH_2CH_2C—\ddot{N}—H$（N上连H） | 2个分子间氢键 |

③ 同分异构体中，形成分子间氢键会使熔沸点升高，形成分子内氢键会使熔沸点降低。

**【例】** 硝基苯酚有两种同分异构体，邻硝基苯酚因形成分子内氢键，熔点仅为45℃，对硝基苯酚因形成分子间氢键，熔点为114℃，相比之下高出了69℃（见表3-8）。

表3-8 硝基苯酚同分异构体的熔沸点（标准大气压）

| 硝基苯酚 | 熔点/℃ | 结构 | 氢键类型 |
| --- | --- | --- | --- |
| 邻硝基苯酚 | 45 | （结构式：O、N、O…H、O） | 分子内氢键 |
| 对硝基苯酚 | 114 | ···H—O—⟨苯环⟩—N(=O)→O···H—O—⟨苯环⟩—N(=O)→O··· | 分子间氢键 |

④ 能与$H_2O$形成氢键的，在水中的溶解度一般较大。

凡溶质能与$H_2O$形成氢键的，如ROH、RCOOH、$RCONH_2$等，在水中的溶解度就较大。而碳氢化合物，如苯、甲烷等，不能和$H_2O$生成氢键，在水中的溶解度就很小。

**【例】** 硝基苯酚两种同分异构体在水中的溶解性与氢键的关系。同分异构体的溶解性见表3-9。

表3-9 硝基苯酚同分异构体的溶解性

| 硝基苯酚 | 溶解情况 | 氢键类型 |
| --- | --- | --- |
| 邻硝基苯酚 | 在水中的溶解度比在苯中的溶解度小 | 难与水形成氢键 |
| 对硝基苯酚 | 在水中的溶解度比在苯中的溶解度大 | 可与水形成氢键 |

液体的沸点高低与分子间作用力或氢键的类型密切相关。对于类型相似、摩尔质量相近的两种分子，如果分子能形成氢键，则主要考虑形成分子内氢键还是分子间氢键及单个分子能形成多少氢键。形成分子间氢键的、单个分子形成分子间氢键多的，分子间作用力强，沸点高。若分子间不能形成氢键，则考虑范德华力的类型及强弱，范德华力越强沸点越高。

物质的熔点、沸点、挥发性、溶解度、黏度等物理性质的大小都可以从分子间作用力和氢键的强弱得到解释。

# 项目三　化学反应速率与化学平衡

**【案例导入】《美丽化学》领略化学之美**

化学键是一切化学结构的基础，原子通过共价化学键结合成分子，正负离子通过离子键结合成离子晶体，金属原子通过金属键形成金属晶体。中国科学技术大学先进技术研究院制作原创数字科普项目《美丽化学》，目前有“化学反应”、“化学结构”和“重现化学”三个主题。其中，“化学反应”是采用高清摄影机捕捉化学反应中的美丽景象；“化学结构”是利用三维电脑动画和互动技术展示近年来在《自然》和《科学》等国际知名期刊中报道的美丽化学结构；“重现化学”则是通过微距摄影、高速摄影、延时摄影和红外热成像等特殊摄影技术重现化学之美。我们可以通过这些作品，一起进入奇妙的化学世界，领略独特的化学之美。

化学反应有两个重要的问题：一是化学反应进行的快慢问题，即化学反应速率；二是反应进行的完全程度，即化学平衡。在工业生产中为了提高生产效率，需要探究既能使反应速率加快又能使反应进行程度接近完全的途径，同时对具有不利影响的反应，如塑料、橡胶、纤维老化等，则需要采取适当的方法尽可能抑制其反应速率和反应完全程度。反应速率和化学平衡直接关系到产品的产量、质量以及设备的使用寿命，在工业生产和日常生活中具有非常重要的意义。

## 一、化学反应速率

化学反应种类繁多，快慢不同，快速反应如火药爆炸过程等瞬时反应，慢速反应如金属的腐蚀过程、橡胶的老化过程等，其反应时间则需要按年计算，而煤和石油的形成则需要经过几十万年的时间。

### 1. 化学反应速率的表示方法

衡量化学反应快慢的物理量称为化学反应速率，常用单位时间内某一反应物浓度的减少或某一生成物浓度的增加来表示，单位为 mol/(L·s) 等。一般来说，反应速率随着反应物浓度的降低而不断减慢，因此，化学反应速率又分为平均反应速率和瞬时反应速率。

（1）平均反应速率

平均反应速率是反应进程中某时间间隔内反应物质的浓度变化，即

$$\bar{v}_{\mathrm{B}}=\left|\frac{\Delta c_{\mathrm{B}}}{\Delta t}\right|$$

式中　$\bar{v}_{\mathrm{B}}$——用物质 B 表示的平均反应速率，mol/(L·s)；

$\Delta c_{\mathrm{B}}$——在反应时间间隔 $\Delta t$ 内物质 B 的浓度变化，mol/L；

$\Delta t$——时间间隔，s。

（2）瞬时反应速率

瞬时反应速率是反应进程中某时刻反应物质的浓度变化，即

$$v_{\mathrm{B}}=\left|\frac{\mathrm{d}c_{\mathrm{B}}}{\mathrm{d}t}\right|$$

式中 $v_B$——用物质 B 表示的瞬时反应速率，mol/(L·s)；

$dc_B$——在某反应时刻物质 B 的浓度变化，mol/L；

$dt$——微小的反应时间，s。

### 2. 有效碰撞与活化能

化学反应发生的必要条件是反应物的粒子间要发生碰撞，但不是分子间的每一次碰撞都能发生化学反应。碰撞后能发生反应的碰撞称为有效碰撞，而把发生有效碰撞的分子称为活化分子。单位体积内活化分子数占分子总数的百分比称为活化分子百分数。

物质内部蕴藏着化学能，在一定的温度下具有一定的平均能量 $E_{平均}$。活化分子具有的最低能量 $E_1$ 与分子的平均能量 $E_{平均}$ 之差称为活化能。活化能也可以看成是把平均能量的分子变成活化分子所需要的最低能量。

### 3. 化学反应速率的影响因素

(1) 浓度对化学反应速率的影响

在一定温度下，提高反应物的浓度可以加快反应速率。这个结论可以用活化分子概念加以解释。在一定温度下，对某一化学反应而言，反应物的活化分子百分数是一定的，而单位体积内反应物的活化分子数和反应物分子总数（即反应浓度）又成正比，所以当增加反应物的浓度时，单位体积内反应物的活化分子数也相应增多，从而增加了单位时间内反应物分子间的有效碰撞次数，使反应速率加快。

(2) 温度对化学反应速率的影响

提高温度可以加快反应速率。原因包括两个方面：一是温度升高时，分子热运动加快，单位时间内分子间的有效碰撞次数增加，使反应速率加快；二是温度升高使一些能量较低的分子获得能量成为活化分子，增加了反应物中活化分子的数量，大大地加快了反应的速率，这是主要原因。

实验发现，温度每升高 10℃，化学反应速率一般可增加到原来的 2～4 倍。

(3) 催化剂对化学反应速率的影响

催化剂是指在化学反应中，能显著改变化学反应速率，而本身在反应前后组成、数量和化学性质保持不变的物质。加快反应速率的叫正催化剂，减慢反应速率的叫负催化剂或抑制剂。催化剂具有特殊的选择性，不同反应要求不同的催化剂。

催化剂只能改变反应的历程，增大反应速率，不能使原本不发生反应的物质发生反应，也不能改变反应体系的始态和终态，它只是同等程度地降低正、逆反应的活化能，即同等程度地改变了正、逆反应的反应速率，因此不能改变平衡状态。

(4) 压力对化学反应速率的影响

压力对化学反应速率的影响主要表现在有气体参加的反应，在温度一定时，增大压力，气体反应物浓度增大，反应速率增大；反之降低压力，则反应速率减小。

对无气体参加的反应，由于压力对液体或固体浓度的影响很小，所以其他条件不变时压力对反应速率几乎无影响。

## 二、化学平衡

化学反应能否用于实际工业生产不仅取决于反应速率，更取决于反应进行的程度。不同反应进行的程度不同，有一些可以进行到底，然而大多数化学反应，特别是有机反应，进行到一定程度即达到平衡状态。

### 1. 化学平衡特征与平衡常数

(1) 化学平衡特征

在同一条件下既能向正反应方向进行又能向逆反应方向进行的反应称为可逆反应，在反应方程式中用符号"$\rightleftharpoons$"表示。在一定温度的密闭容器中，当可逆反应的正反应速率和逆反应速率相等时，体系所处的状态叫作化学平衡，如图 3-10 所示。

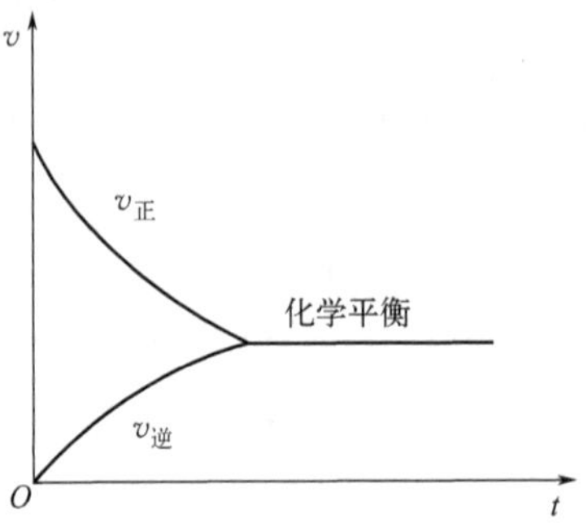


**图 3-10 化学平衡状态示意图**

化学平衡的特征如下：

① 恒温封闭体系中的可逆反应才能建立化学平衡，这是建立平衡的前提，化学平衡可以从正、逆两个方向达到。

② 化学平衡的最主要特征是 $v_{正}=v_{逆}$。

③ 在外界条件不变的情况下，可逆反应达到平衡时，体系内各物质的浓度不随时间而变化，这是平衡建立的标志。

④ 化学平衡是有条件的动态平衡，条件一旦改变，就会打破旧的平衡，而在新的条件下建立平衡。

(2) 平衡常数

在一定条件下，对于任何可逆反应 $mA+nB \rightleftharpoons pC+qD$ 达到平衡状态时，各物质的浓度保持恒定。大量的实验结论表明，在一定温度下，平衡体系中各物质间存在着定量关系，即各生成物浓度系数次方的乘积与反应物浓度系数次方的乘积的比值是一个常数，通常把这一常数叫作化学平衡常数，简称平衡常数，用 $K_a$ 表示，其关系式如下：

$$K_a=\frac{c_C^p c_D^q}{c_A^m c_B^n}$$

用 $c$ 表示平衡时反应方程式中各物质的物质的量浓度，单位为 mol/L；对于有气体参加的反应可以用平衡分压表示，单位为 Pa。

平衡常数 $K_a$ 是衡量反应进程的一个特征常数，$K_a$ 越大，表示反应进行的程度越高，反之 $K_a$ 越小，则表示反应进行的程度越低。对于确定的化学反应，反应平衡常数 $K_a$ 只与温度有关，不随浓度的变化而变化。

平衡常数 $K_a$ 的表达式和数值取决于反应方程式的书写形式。

**【例】** 同一反应，反应方程式的书写方式不同，其平衡常数也不相同。例如合成氨反应：

$$N_2+3H_2 \rightleftharpoons 2NH_3 \quad K_1=\frac{c_{NH_3}^2}{c_{N_2} c_{H_2}^3}$$

$$\frac{1}{2}N_2+\frac{3}{2}H_2 \rightleftharpoons NH_3 \quad K_2=\frac{c_{NH_3}}{c_{N_2}^{\frac{1}{2}} c_{H_2}^{\frac{3}{2}}}=K_1^{\frac{1}{2}}$$

**【例】** 有机反应的平衡常数书写

$$CH_3COOH+C_2H_5OH \rightleftharpoons CH_3COOC_2H_5+H_2O \quad K_a=\frac{c_{CH_3COOC_2H_5} c_{H_2O}}{c_{CH_3COOH} c_{C_2H_5OH}}$$

### 2. 化学平衡的影响因素

对于化学反应而言，在一定条件下反应达到的极限就是该条件下的平衡状态。但化学平衡不是不可移动的，当外界条件发生改变时，化学平衡就会被破坏，并在新的外界条件下继续反应直至建立新的平衡，即化学平衡移动。引起化学平衡移动的外界条件主要是浓度、温度、压力等。

（1）浓度对化学平衡的影响

在一定温度下，当一个可逆反应达到平衡后，若改变反应物或生成物的浓度，会引起平衡移动。例如可逆反应：

$$m\mathrm{A}+n\mathrm{B}\rightleftharpoons p\mathrm{C}+q\mathrm{D}$$

在任意条件下，各生成物浓度系数次方的乘积与反应物浓度系数次方的乘积的比值称为浓度商，以 $Q_{\mathrm{c}}$ 表示，即

$$Q_{\mathrm{c}}=\frac{c_{\mathrm{C}}^{p}c_{\mathrm{D}}^{q}}{c_{\mathrm{A}}^{m}c_{\mathrm{B}}^{n}}$$

当 $Q_{\mathrm{c}}=K_{\mathrm{a}}$ 时，体系处于平衡状态，对应各物质的浓度为平衡浓度。

体系平衡后，增大反应物的浓度或减小生成物的浓度，则 $Q_{\mathrm{c}}<K_{\mathrm{a}}$，平衡向右移动。

体系平衡后，增大生成物的浓度或减小反应物的浓度，则 $Q_{\mathrm{c}}>K_{\mathrm{a}}$，平衡向左移动。

总之，增大（或减小）某物质（生成物或反应物）的浓度，平衡就向着减小（或增大）该物质浓度的方向移动。

（2）温度对化学平衡的影响

物质发生化学反应时，往往伴随着放热和吸热的现象。放出热量的反应称为放热反应，吸收热量的反应称为吸热反应。对于一个可逆反应来说，如果正反应是放热反应，那么逆反应是吸热反应，而且放出的热量和吸收的热量相等。

当可逆反应达平衡以后，若改变温度，对正逆反应速率都有影响，但影响程度不同。例如对一个吸热反应而言，升高温度时平衡向吸热方向移动，降低温度时平衡向逆反应方向进行。

（3）压力对化学平衡的影响

对于有气体参加的反应来说，在温度不变的条件下，总压力的改变会引起气体物质浓度成比例改变，例如，压力增大使容器内气体体积缩小，气体的浓度增大，引发平衡移动。

当反应达到化学平衡时，如果可逆反应两边气体分子总数不等，则增大或减小反应的总压力都会使平衡发生移动。因为在温度不变的条件下，总压力的改变会引起气体物质浓度成正比例的变化。压力增大使容器内气体体积缩小，单位体积内气体分子数增多，即气体的浓度增大，引起平衡发生移动。因此，对于有气态物质参加的反应来说，压力对平衡的影响实质上就是浓度对平衡的影响。

因此，对气体反应物和气体生成物分子数不等的可逆反应来说，在其他条件不变时，增加总压力使平衡向气体分子数减少的方向移动；降低总压力，平衡向气体分子数增多的方向移动。

将浓度、温度、压力等外界条件对化学平衡的影响概括起来，可以得到一个普遍的规律：任何已达到平衡的体系，如果所处的条件发生改变，则平衡向着削弱或解除这些改变的方向移动。这个规律称为平衡移动原理。

## 学习思维导图

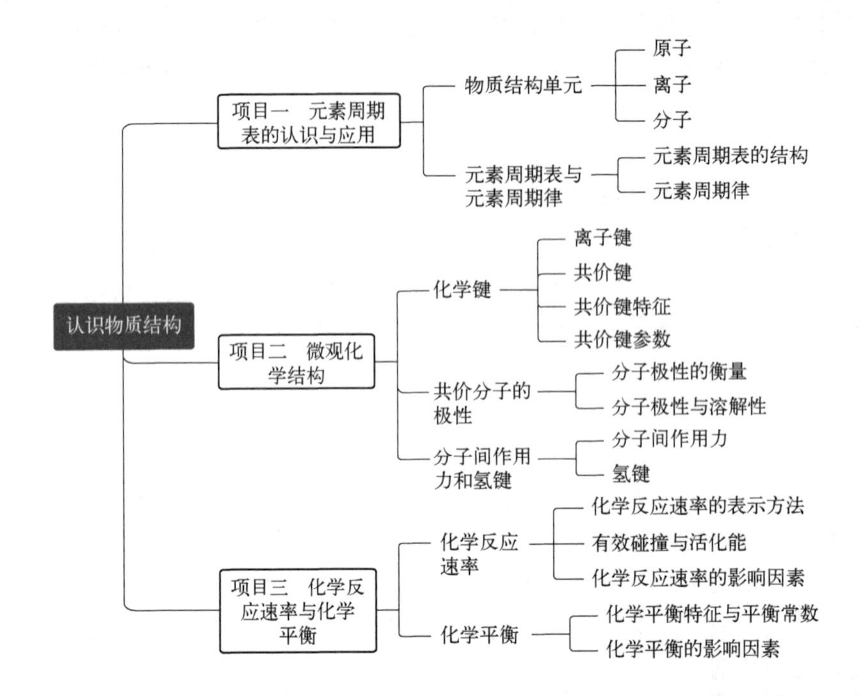

## 习题

1. 不定项选择题

(1) 下列各组元素性质递变规律不正确的是（　　）。

A. Li、Be、B 原子随原子序数的增加最外层电子数依次增多

B. P、S、Cl 元素最高正价依次增高

C. N、O、F 原子半径依次增大

D. Na、K、Rb 的金属性依次增强

(2) 原子序数 11～17 号的元素，随核电荷数的递增而逐渐变小的是（　　）。

A. 电子层数　　B. 最外层电子数

C. 原子半径　　D. 元素最高化合价

(3) 下列物质含有离子键的是（　　）。

A. NaCl　　B. $CO_2$　　C. $CH_4$　　D. $CH_3CH_2OH$

(4) 下列物质为离子化合物的是（　　）。

A. $Na_2CO_3$　　B. $(NH_4)_2SO_4$　　C. $NH_4Cl$　　D. $CH_3Cl$

(5) 下列物质含有共价键的是（　　）。

A. NaCl　　B. $K_2SO_4$　　C. $CH_4$　　D. $CCl_4$

(6) 下列物质为非极性分子的是（　　）。

A. HCl　　B. $CCl_4$　　C. $NH_3$　　D. $BF_3$

(7) 下列物质为极性分子的是（　　）。

A. 甲醛　　B. 二氧化碳　　C. 四氯化碳　　D. 乙腈

(8) 根据相似相溶原理，碘单质比较适合溶解于（　　）。

A. $H_2O$　　B. HF　　C. $CH_3Cl$　　D. $CCl_4$

(9) 升高温度使反应速率加快的主要原因是（　　）。

A. 温度升高，分子碰撞更加频繁

B. 温度升高，可以使平衡右移

C. 活化分子的百分数随温度的升高而增加

D. 反应物分子所产生的压力随温度升高而增大

(10) 下列哪一种改变能使任何反应达到平衡时的产物增加（　　）。

A. 升高温度　　B. 加入催化剂

C. 增加起始反应物浓度　　D. 增加压力

2. 问答题

(1) 查元素周期表，分别说明 C、N、O 三种元素的原子序数、核外电子数和原子量。

(2) 比较 O、S、As 三种元素的电负性强弱和原子半径大小。

(3) 比较 Na、Mg、Al 三种元素的金属性强弱。

(4) 比较 F、Cl、Br、I 四种元素的非金属性强弱。

(5) 试根据键长和键能推断比较 $F_2$、$Cl_2$、$Br_2$、$I_2$ 四种物质的反应活性。

(6) 试分析氨基酸的极性，并推断提取氨基酸可选择三氯甲烷、乙醚、水、乙醇中的哪几种溶剂。

(7) 比较 HF、HCl 的沸点，并说明理由。

(8) 比较 $CH_3—CH_2—CH_2—CH_2—OH$、$CH_3—CH_2—O—CH_2—CH_3$ 的沸点，并说明理由。

(9) 比较丙醇、丙二醇、丙三醇的沸点，并说明理由。

(10) 比较乙醇和乙醚在水中的溶解度，并说明理由。

(11) 反应 $N_2+3H_2 \rightleftharpoons 2NH_3+Q$ 达到平衡时，如果

①增加压力；②增加 $N_2$ 的浓度；③减少 $NH_3$ 的浓度；④升高温度；⑤加入催化剂。平衡是否会破坏？向何方向移动？简述理由。

# 模块四

## 有机化学基础

【学习目标】

1. 能说明有机化学的学习范畴和有机化合物的特点。

2. 能对有机物进行分类。

3. 能用结构简式表示有机化合物并说明同分异构体的区别。

4. 能指出有机化合物的典型官能团。

5. 能说明有机化学的基本反应类型。

6. 能简要说明目前石油天然气的炼制流程。

7. 初步认识石油产业链的发展情况。

8. 培养学生归纳总结能力和自主学习意识。

9. 培养团队精神和合作能力。

10. 培养爱国主义精神与民族自豪感，树立为中华民族伟大复兴而努力奋斗的坚定决心。

# 项目一　有机物的结构形式

**【案例导入】青蒿素的发现：传统中医献给世界的礼物**

中国科学家屠呦呦于 2015 年 10 月 5 日因发现治疗疟疾新型药物青蒿素和双氢青蒿素（图 4-1）而获得诺贝尔生理学或医学奖，该药物可以有效降低疟疾患者的死亡率。作为该奖第 1 位中国获得者和第 12 位女性获得者，屠呦呦 60 多年致力于中医药研究实践，带领团队攻坚克难，为中医药科技创新和人类健康事业做出了重要贡献。她在卡罗林斯卡医学院发表的题为“青蒿素的发现：传统中医献给世界的礼物”的演讲中分享了她的科研经验：一是明确目标、坚定信念，这是成功的前提；二是学科交叉、信息支撑和文献启示，这是成功的基础；三是团队精神、无私合作，这是科学发现转化落地的加速器。

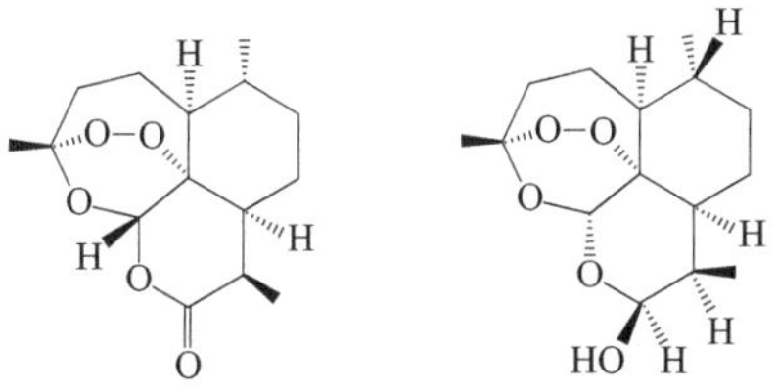

青蒿素　　双氢青蒿素

**图 4-1　青蒿素的化学结构**

耄耋之年，屠呦呦依然矢志研究青蒿素的深层机制，功成名就后的她仍坚守初心、砥砺拼搏、默默奉献，这种高尚的品德正是我们需要学习的。

## 一、有机物的特点及分类

### 1. 有机化学的研究范畴

最初有机化学是研究从生命体组织中萃取出来的物质及天然产物的科学，例如糖、尿素、淀粉以及植物油等化学物质。随着有机化学的研究发展，现代科学家已经能利用无机化合物合成制备有机化合物，合成的产物可用于生产药物、橡胶、农药、涂料等。

有机化合物（简称有机物）与人类生活密切相关，除了脂肪、氨基酸、蛋白质、糖类等生命基础物质外，还包括药物、鞋服材料（如棉花、染料、纤维、皮革等）、能源（石油、天然气等）。当前有机化学有两个研究方向。一是天然有机化学，主要研究天然有机化合物的组成、合成、结构和性能。以青蒿素的研究为例，工艺研究是针对从青蒿中提取青蒿素（半萜内酯物质）这一过程的研究，性能研究则明确了青蒿素能抗疟疾是由于分子中的过氧结构，改性研究是进一步对抗疟疾这一功能进行增效。二是有机合成方面，主要研究从简单化合物或单质经化学反应合成有机化合物（如染料、药物、橡塑原料等）。

### 2. 有机物的特点

与无机化合物相比，有机化合物一般具有如下特点：

① 易燃烧。多数有机化合物易于燃烧，如汽油、酒精等。

② 熔沸点较低。这是由于大多数有机化合物为共价化合物，分子间作用力较小。许多

有机化合物在常温常压下为气体、液体。常温下为固体的有机化合物熔点也很低，一般不超过 300℃。

③ 热稳定性差。一般有机化合物的热稳定性差，受热易分解，多数在 200～300℃时即逐渐分解。

④ 易溶于有机溶剂而不易溶于水。根据“相似相溶”原则，由于多数有机化合物极性较弱或无极性，一般难溶或不溶于强极性的溶剂水，而易溶于极性接近的有机溶剂。

⑤ 化学反应慢，副反应多。有机化合物的化学反应多需经历共价键的断裂和形成，与无机物相比反应速率慢。此外有机反应常常有副产物出现，需注意选择最佳反应条件，尽量减少副产物产生。

以上是多数有机化合物的共同理化特性，但也有许多特例。例如，有机物 $CCl_4$ 不仅不能燃烧，而且还可用作灭火剂。

### 3. 有机物的分类

有机化合物的分类方法主要有两种：一种是按碳架分类；另一种是按官能团分类。

（1）按碳架分类

按碳架分类如图 4-2 所示。

- 有机化合物
  - 开链化合物(脂肪族化合物)
  - 环形化合物
    - 碳环化合物
      - 脂肪族化合物
      - 芳香族化合物
    - 杂环化合物
      - 脂杂环化合物
      - 芳杂环化合物

**图 4-2 按碳架分类的各有机物之间的关系**

**【例】** 按碳架分类的有机化合物（表 4-1）

**表 4-1 按碳架分类的有机化合物**

| 化学物质 | 命名 | 按碳架分类 |
| --- | --- | --- |
| $CH_3CH(CH_3)-CH_2CH_3$ | 2-甲基丁烷 | 开链化合物 |
| $H_2C=CH-CH=CH_2$ | 1,3-丁二烯 | 开链化合物 |
| $H_2C(OH)-CH(OH)-CH_2(OH)$ | 1,2,3-丙三醇(甘油) | 开链化合物 |
|   | 环丙烷 | 碳环化合物(脂肪族化合物) |
|   | 苯 | 碳环化合物(芳香族化合物) |
| O | 环氧乙烷 | 杂环化合物(脂杂环化合物) |
| 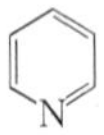 N | 吡啶 | 杂环化合物(芳杂环化合物) |

（2）按官能团分类

在化学反应过程中，经常以几个原子作为一个整体来参加反应，这个整体称为原子基团(简称原子团或基团)。一个有机化合物分子可以由多个基团组成，其中特别容易发生反应并因此决定该类有机化合物的主要化学性质的原子或基团称为官能团。

有机化合物按官能团分类的情况见表 4-2。

表 4-2 一些常见的有机化合物类别及其官能团

| 化合物类名 | 官能团结构 | 官能团名称 | 化合物类名 | 官能团结构 | 官能团名称 |
|---|---|---|---|---|---|
| 烯烃 | $>C=C<$ | 碳碳双键 | 醚 | $-\overset{|}{\underset{|}{C}}-O-\overset{|}{\underset{|}{C}}-$ | 醚基 |
| 炔烃 | $-C\equiv C-$ | 碳碳叁键 | 过氧化物 | $-O-O-$ | 过氧基 |
| 卤代烃 | —X(F、Cl、Br、I) | 卤素原子 | 醛 | $-\overset{O}{\overset{\|}{C}}-H$ | 醛基 |
| 醇 | —OH | 羟基 | 酮 | $-\overset{O}{\overset{\|}{C}}-$ | 羰基 |
| 酚 | —Ar—OH | 羟基 | 磺酸 | $O=\overset{O}{\overset{\|}{\underset{OH}{\underset{|}{S}}}}-$ | 磺(酸)基 |
| 硫醇 | SH | 巯基 | 羧酸 | $-\overset{O}{\overset{\|}{C}}-OH$ | 羧基 |
| 硫酚 | —Ar—SH | 巯基 | 酰卤 | $-\overset{O}{\overset{\|}{C}}-X$ | 酰卤基 |
| 酸酐 | $-\overset{O}{\overset{\|}{C}}-O-\overset{O}{\overset{\|}{C}}-$ | 酸酐基 | 亚胺 | $>C=N-R$ | 亚氨基 |
| 酯 | $-\overset{O}{\overset{\|}{C}}-OR$ | 酯基 | 硝基化合物 | $-N(=O)\rightarrow O$ | 硝基 |
| 酰胺 | $-\overset{O}{\overset{\|}{C}}-N<^{R_1①}_{R_2①}$ | 酰胺基 | 腈 | $-C\equiv N$ | 氰基 |
| 胺 | $-N<^{R_1①}_{R_2①}$ | 氨基 | | | |

① $R_1$、$R_2$ 可以是氢也可以是烃基，$R_1$、$R_2$ 可以相同也可以不同。

## 二、有机物的化学式

化学式用来表示组成有机化合物分子的原子种类、数目和连接方式。

### 1. 有机物的结构式和结构简式

分子内各原子的连接顺序和连接方法叫作分子结构，表示分子结构的化学式叫作结构式。结构式比较完整地表示了有机化合物的分子组成。在结构式的基础上，省略表示键的短线（C 与 C 之间的双键、叁键不能省略），即结构简式。

**【例】** 有机化合物的结构式和结构简式举例（表 4-3）

表 4-3 有机化合物的结构式和结构简式举例

| 化合物 | 结构式 | 结构简式 |
|---|---|---|
| 乙烷 | $H-\underset{H}{\underset{|}{\overset{H}{\overset{|}{C}}}}-\underset{H}{\underset{|}{\overset{H}{\overset{|}{C}}}}-H$ | $CH_3CH_3$ |

续表

| 化合物 | 结构式 | 结构简式 |
| --- | --- | --- |
| 异丁烷 | H H H<br>H—C—C—C—H<br>H   H<br>H—C—H<br>H | $(CH_3)_3CH$ |
| 正己烷 | H H H H H H<br>H—C—C—C—C—C—C—H<br>H H H H H H | $CH_3(CH_2)_4CH_3$ |
| 乙醚 | H H   H H<br>H—C—C—O—C—C—H<br>H H   H H | $CH_3CH_2OCH_2CH_3$<br>或 $CH_3CH_2—O—CH_2CH_3$ |
| 乙醇 | H H<br>H—C—C—O—H<br>H H | $CH_3CH_2OH$ |
| 异丙醇 | H<br>H O H<br>H—C—C—C—H<br>H H H | $(CH_3)_2CHOH$ |
| 二甲胺 | H   H<br>H—C—N—C—H<br>H H H | $(CH_3)_2NH$ |
| 2-丁烯 | H   H H<br>H—C—C═C—C—H<br>H H   H | $CH_3CH═CHCH_3$ |
| 乙腈 | H<br>H—C—C≡N<br>H | $CH_3CN$ 或 $CH_3C≡N$ |
| 乙醛 | H O<br>H—C—C—H (C═O)<br>H | $CH_3CHO$ 或 $CH_3\overset{O}{\overset{\Vert}{C}}H$ |
| 丙酮 | H O H<br>H—C—C—C—H (C═O)<br>H   H | $CH_3COCH_3$ 或 $CH_3\overset{O}{\overset{\Vert}{C}}CH_3$ |

续表

| 化合物 | 结构式 | 结构简式 |
| --- | --- | --- |
| 乙酸 | 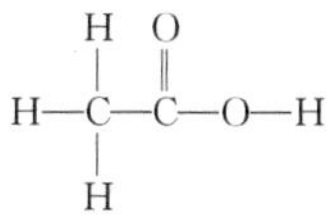 H O<br>H—C—C—O—H<br>H | $CH_3COOH$ 或 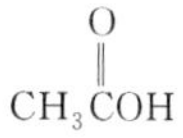 $CH_3\overset{O}{\overset{\Vert}{C}}OH$ |

2. 有机物的键线式

键线式是有机物化学结构的另一种简化写法。键线式用线表示键，两条线的交界处和线的始端和末端表示碳原子，需写出氮、氧和卤素，氢原子通常不写，除非它们连在需要写出来的原子上。

**【例】** 有机化合物的键线式结构举例（表 4-4）

**表 4-4 有机化合物的键线式结构举例**

| 化合物 | 结构简式 | 键线式 |
| --- | --- | --- |
| 己烷 | $CH_3(CH_2)_4CH_3$ |  |
| 2-己烯 | $CH_3CH=CHCH_2CH_2CH_3$ | 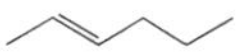 |
| 3-己醇 | $CH_3CH_2CH(OH)CH_2CH_2CH_3$ | 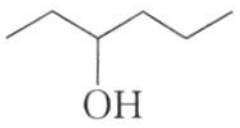 OH |
| 2-环己烯酮 | 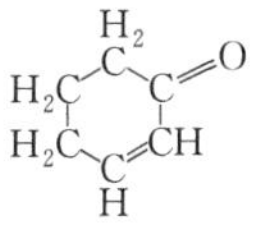 $H_2$ C=O, $H_2C$, $H_2C$, CH, H | 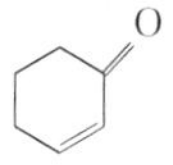 O |
| 2-甲基环己醇 | 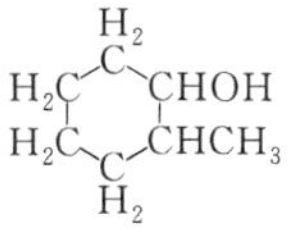 $H_2$, $H_2C$, CHOH, $H_2C$, $CHCH_3$, $H_2$ | 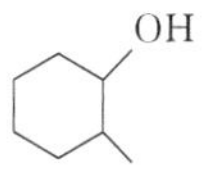 OH |
| 烟酸 | 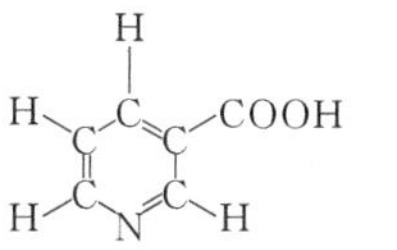 H, H, COOH, H, N, H | 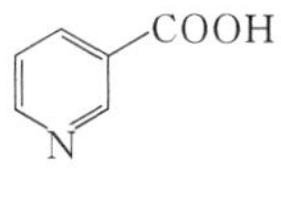 N COOH 或 N O OH 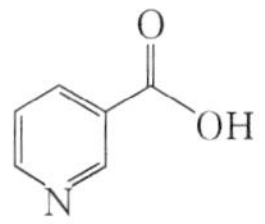 |

## 三、有机物的同分异构体

同分异构体是指具有相同分子式而具有不同结构的有机物。同分异构体根据其异构类型的不同可分为构造异构体和立体异构体两大类。

构造异构体是指因分子中原子的连接次序不同或者键合性质不同引起的异构。

立体异构体是指分子中原子或原子团互相连接次序相同，但空间排列不同引起的异构。

**【例】** 常见的同分异构体类型举例（表 4-5）

表 4-5 常见的同分异构体类型举例

| 分子式 | 同分异构体 | 异构类型 |
|---|---|---|
| $C_4H_{10}$ | $CH_3CH_2CH_2CH_3$ (正)丁烷；$CH_3CH(CH_3)CH_3$ 异丁烷 | 构造异构体(碳架异构体) |
| $C_5H_{12}$ | $CH_3CH_2CH_2CH_2CH_3$ (正)戊烷；$CH_3CH(CH_3)CH_2CH_3$ 异戊烷；$CH_3C(CH_3)_2CH_3$ 新戊烷 | 构造异构体(碳架异构体) |
| $C_3H_8O$ | $CH_3CH_2CH_2OH$ 正丙醇；$CH_3CH(OH)CH_3$ 异丙醇 | 构造异构体(位置异构体) |
| $C_2H_6O$ | $CH_3CH_2OH$ 乙醇；$CH_3OCH_3$ 甲醚 | 构造异构体(官能团异构体) |
| $C_4H_8$ | $H_3C(H)C{=}C(H)CH_3$ 顺式 2-丁烯；$H_3C(H)C{=}C(CH_3)H$ 反式 2-丁烯 | 立体异构体(几何异构体、顺反异构体) |

# 项目二 认识有机反应

**【案例导入】以中国人命名的有机化学人名反应**

中国著名化学家黄鸣龙利用醛、酮、氢氧化钠和肼的水溶液将羰基还原成亚甲基，将原来的还原过程由 3～4d 缩短为 3～4h。该有机合成方法称为黄鸣龙法。黄鸣龙法是第一个以中国人命名的有机化学人名反应！

黄鸣龙出生于 1898 年，是中国化学界的一面旗帜。据他女儿回忆，黄鸣龙老先生常说："一个人不能为科学而科学，应该为人民为祖国做出贡献。"他非常重视自己的专业和科研工作与实际需要的结合，为我国有机化学的发展和甾体药物工业的建立以及科技人才的培养做出了突出贡献。

随着中国有机化学事业的日新月异，越来越多中国科学家发现的有机反应被冠名。

史一安不对称环氧化（Shi asymmetric epoxidation）反应是利用过硫酸氢钾复合物（Oxone）或过氧化氢作氧化剂，以果糖或者葡萄糖等衍生的手性酮作催化剂，对各类非官能团化的烯烃进行的不对称环氧化反应，是少数的几个完全由中国人名命名的经典有机反应之一。

Roskamp-Feng 反应是四川大学化学学院冯小明教授以手性氮氧-$Sc(OTf)_3$（三氟甲基磺酸钪）络合物催化剂实现的首例催化不对称 Roskamp 反应，这是首个中国科学家在中国本土所做的工作被冠以中国人名的反应，入选 2011 年度"中国高等学校十大科技进展"。

视频 4-1
认识有机反应

## 一、有机反应的定义与分类

### 1. 有机反应的定义

有机反应是指在一定的条件下促使有机物分子中的成键电子重新分布，伴随着旧键的断裂和新键的形成，使原有分子的原子组合发生变化，形成新的分子。

对有机反应中微观粒子变化过程的描述称为反应机理。反应机理是在总结很多实验事实后提炼出来的，能解释同类型原子的反应过程，并预测反应的发生。在表述反应机理时，必须指出电子的流向，并规定用箭头（⌒）表示成对电子的转移，用鱼钩箭头（⌒）表示单电子的转移。

**【例】** 成对电子的转移：氰基取代季铵盐的反应（亲核取代反应）

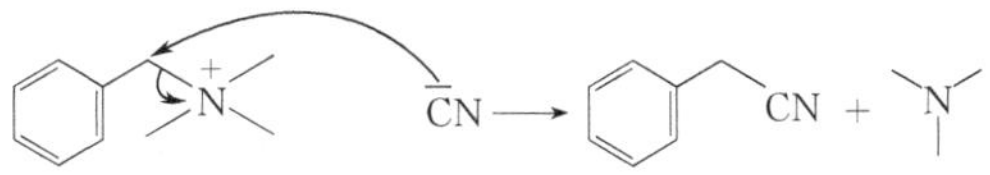

**【例】** 单电子的转移：对溴甲苯的氯化反应（自由基反应）

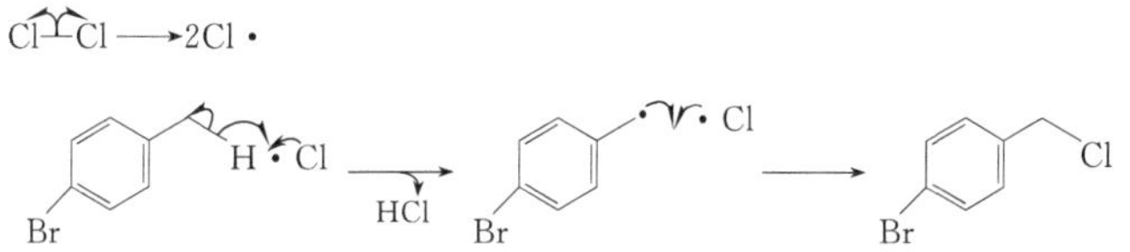

$$Cl—Cl \longrightarrow 2Cl\cdot$$

当新的实验事实无法用原有机理解释时，需提出新的反应机理。反应机理是有机结构理论的一部分。

### 2. 有机反应的分类

有机反应的分类方式主要有两种。

① 按反应时化学键断裂和生成的方式分，有机反应可分为自由基型反应、离子型反应和协同反应。自由基型反应是指反应过程由分子经过均裂产生自由基而引发的反应；离子型反应是指反应过程由分子经过异裂生成离子而引发的反应；协同反应是指在反应过程中旧键的断裂和新键的形成都相互协调地在同一步骤中完成的反应。

② 按反应物和生成物的结构关系分，有机反应可分为酸碱反应、取代反应、加成反应、消除反应、重排反应、氧化还原反应、缩合反应等。

可将两种分类方式结合起来进行更细的分类。如取代反应是指有机物分子中的某个原子或基团被其他原子或基团所置换的反应。若取代反应是按共价键均裂的方式进行的，则称其为自由基取代反应。若取代反应是按共价键异裂的方式进行的，则称其为离子型取代反应。再根据被取代原子的性质类型进一步分为亲电取代反应和亲核取代反应。如图 4-3 所示。

## 二、常见有机反应类型

### 1. 自由基型反应

化学键断裂时成键的一对电子平均分给两个原子或基团，即：

$$A:B \longrightarrow A\cdot + B\cdot$$

这种断裂方式称为均裂。均裂时生成的原子或基团带有一个孤电子，用黑点表示，带有

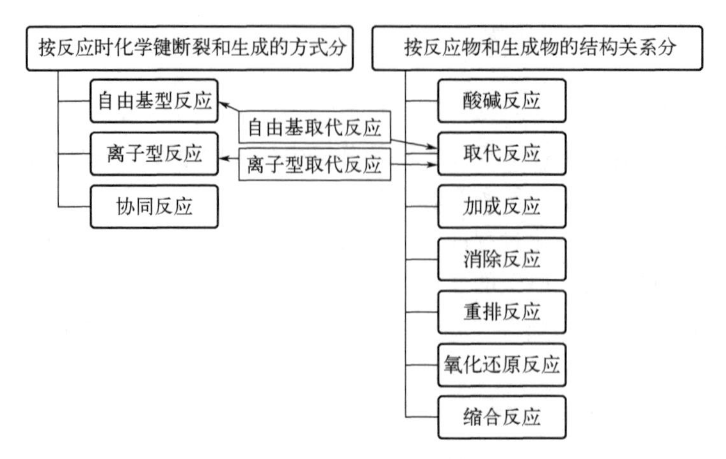


图 4-3 有机反应分类

孤电子的原子或原子团称为自由基（或游离基）。自由基是电中性的，它是活性中间体的一种，多数只有瞬间寿命。

分子经过均裂产生自由基而引发的反应称为自由基型反应。

**【例】** 通过均裂形成自由基的反应

$$Cl:Cl \longrightarrow Cl\cdot + Cl\cdot$$

$$2Cl\cdot + H_3C:H \longrightarrow H_3CCl + HCl$$

$Cl\cdot$、$H_3C\cdot$、$\cdot H$ 分别称为氯自由基、甲基自由基和氢自由基。

### 2. 离子型反应

化学键断裂时成键的一对电子完全为某一原子或基团所占有，即：

$$A:B \longrightarrow A^+ + B^-$$

这种断裂方式称为异裂。异裂产生正离子和负离子。有机反应中的碳正离子和碳负离子也是活性中间体的一种，只有瞬间寿命。

分子经过异裂生成离子而引发的反应为离子型反应。

**【例】** 通过异裂形成碳正离子和氯负离子的反应

$$(CH_3)_3C:Cl \longrightarrow (CH_3)_3C^+ + Cl^-$$

根据反应试剂的类型不同，离子型反应又可分为亲电反应和亲核反应两类。

亲电试剂是电子对受体，在反应过程中倾向于与电负性粒子结合。因为电子是电负性的，所以“亲电”即是指亲“电负性”。决速步由亲电试剂进攻而发生的反应称为亲电反应，即：

$$\underset{\text{亲电试剂}}{HBr} + R\overset{\delta^+}{C}H{=}\overset{\delta^-}{C}H_2 \xrightarrow{\text{慢}} R\overset{+}{C}H{-}CH_3 + Br^- \xrightarrow{\text{快}} \underset{\underset{Br}{|}}{RCH}CH_3 \quad \text{亲电反应}$$

亲核试剂是电子对供体，在反应过程中倾向于与电正性粒子结合。因为原子核是电正性的，所以“亲核”即是指亲“电正性”。决速步由亲核试剂进攻而发生的反应称为亲核反应，即：

$$\underset{\text{亲核试剂}}{\bar{C}N} + R\overset{\delta^+}{C}H_2{-}\overset{\delta^-}{Cl} \longrightarrow RCH_2CN + Cl^- \quad \text{亲核反应}$$

### 3. 协同反应

在反应过程中旧键的断裂和新键的形成相互协调地在同一步骤中完成的反应称为协同反应。协同反应往往有一个过渡态，是一种基元反应，即：

过渡态

# 项目三　认识石油天然气

**【案例导入】石油精神持续激励中国石油人提高能源自给率**

化学工业所需要的碳氢化合物原料，绝大多数来自石油和天然气。石油化学工业以甲烷、乙烯、丙烯、丁二烯、苯、甲苯、二甲苯 7 种化合物为基本原料。但在这 7 种化合物中，除了甲烷是天然产物之外，乙烯、丙烯和丁二烯需从石油提取物经蒸汽裂解得来，苯、甲苯和二甲苯则需从重组汽油或裂解汽油中抽取分离得来。

新中国成立之初，我国石油工业基础十分薄弱，1949 年原油产量仅 12 万吨，国内消费的石油基本上依靠进口。石油是工业的“血液”，为了甩掉“贫油国”的帽子，以“铁人”王进喜为代表的大庆石油工人，在当时极其困难的条件下，以“宁肯少活 20 年，拼命也要拿下大油田”的冲天豪情，仅用 3 年多的时间就夺取了大会战的胜利。70 多年来，大庆油田累计生产原油突破 25 亿吨，建成世界上最大的三次采油基地。大庆油田的开发建设，创造了令世人瞩目的辉煌业绩，挺起了民族工业的脊梁，大长了中国人的志气！

“石油精神”激励一代又一代石油人干事创业，而如今中国的石油人正努力用我们自己的技术，持续提高能源自给率，保障国家能源安全。我国的煤炭储量相对石油资源更加丰富，将煤、天然气等非石油资源转化生产液体燃料和化学品是一个重要举措。在实施过程中，早前国际上通常采用传统的费-托合成技术，但该技术需用大量水制取氢气，同时产生的废水又会造成环境污染，而且并不能精准得到低碳烯烃产品。我国煤资源丰富的地区多处于干旱或半干旱地区，水资源的紧缺使费-托合成技术的利用更加困难。在这个背景下，中国科学院院士包信和发展了“煤经合成气直接制低碳烯烃”技术，提出“纳米限域催化”概念，以全新的催化体系高效率制取低碳烯烃，省去了耗水耗能的水煤气变换和中间产物合成步骤，同时实现节水、节能、减排。该技术获得 2020 年国家自然科学奖一等奖，为我国保障能源安全，支撑碳达峰、碳中和战略目标提供了新的高效低碳煤化工技术路径。

视频 4-2
石油的炼制

## 一、天然气

### 1. 天然气的来源及组成

天然气是贮藏在地下的低分子量烃类化合物，可来自“气田”，也可来自油田开采石油时得到的“伴生气”。天然气含有少量 $C_5$（戊烷）及以上的成分，这些分子量较高的烃类化合物在开采时会凝结成液体，称为“凝结油”。根据凝结油的含量，可将天然气分为干气和湿气。此外，若天然气中含有较多的硫化氢和二氧化碳则称为酸性天然气。

表 4-6 为天然气组成的参考资料。天然气含有的主要烃类化合物成分依次为甲烷、乙烷、丙烷、丁烷、少量的戊烷和含碳量更高的烃类化合物，其中甲烷占 80%以上，其他的烃类化合物含量与分子量成反比。烃类化合物以外的成分有二氧化碳、硫化氢和氮。有的天然气中含有少量的氦，是氦气的唯一来源。

**表 4-6 天然气的组成** 单位：%（体积分数）

| 成分 | 天然气 | 伴生气 |
|---|---|---|
| 甲烷 | 70～95 | 50～86 |
| 乙烷 | 0.8～6 | 8～20 |
| 丙烷 | 0.2～2.2 | 2～11.5 |
| 丁烷 | 0～1 | 1～4.5 |
| 戊烷 | 0～0.7 | 0.3～2.1 |
| 硫化氢 | 0～15 | 0～2.8 |
| 二氧化碳 | 0～10 | 0～9.5 |
| 氮 | 0～26 | 0～0.05 |
| 氢 | 0～1.8 | — |
| 氦 | 微量 | — |

## 2. 天然气的性质

表 4-7 为天然气中所含的有机化合物的重要物理性质。天然气脱二氧化碳、硫化氢和水分之后即可用作燃料，占总产量的 94%。天然气一般是用管路输送，但有时需压缩成液化天然气（主要成分是甲烷）进行输送。气体的临界温度和压力代表液化的难易程度，反映液化输送的相对输送成本。另一种液化燃气为液化石油气（主要成分是丙烷和丁烷），其来源除了天然气外，还可以是炼油厂。

天然气也用作化学品，约占总生产量的 6%。

**表 4-7 天然气中主要成分的物理性质**

| 成分 | 化学式 | 相对密度 | 沸点/℃ | 热值/($kcal/m^3$) | 临界性质 | |
|---|---|---|---|---|---|---|
| | | | | | 温度/℃ | 压力/atm |
| 甲烷 | $CH_4$ | 0.554① | −161.5 | 9700 | −82.3 | 46.5 |
| 乙烷 | $C_2H_6$ | 1.049① | −88.6 | 15900 | 32.3 | 48.3 |
| 丙烷 | $C_3H_8$ | 1.562① | −42.1 | 20300 | 96.8 | 42.1 |
| 异丁烷 | $C_4H_{10}$ | 0.557 | −11.1 | 26000 | 13.5 | 36.5 |
| 丁烷 | $C_4H_{10}$ | 0.579 | −0.5 | 26000 | 152.3 | 37.0 |
| 戊烷 | $C_5H_{12}$ | 0.62 | 27.9 | 26000 | 187.8 | 32.9 |

① 与空气密度相比较。

注：1. 1kcal=4.184kJ。

2. 1atm=101325Pa。

## 二、石油

### 1. 石油的来源和组成

石油是指从地下开采出来的含 5 个碳以上的液态烃类化合物。它是目前用途最广泛的基本能源和化学原料来源。

石油的化学组成包括烷烃（直链的正烷烃、含支链的烷烃、高分子量的蜡）、芳香族化合物、环烷烃以及分子量大的沥青。根据产地不同，石油中可能含有硫和氮的化合物以及钒、钴、铜等金属。

石油的分布主要集中在中东和非洲，随着资源的日益枯竭，寻找替代石油的资源迫在眉睫。随着汽车的普及，汽油是炼油产品中价格最高、用量最多的产品。炼油厂的主要目标是生产最大量的汽油和提高汽油的品价。

### 2. 石油的炼制

石油的炼制主要包括分馏、裂解和重组三个过程。

（1）石油的分馏

石油的分馏是将开采所得的石油，依照各组分蒸气压的不同，用蒸馏的方法分开，在分离过程中不涉及化学变化。石油的分馏可分为常压分馏及减压分馏两类，其分馏过程如图 4-4 所示。

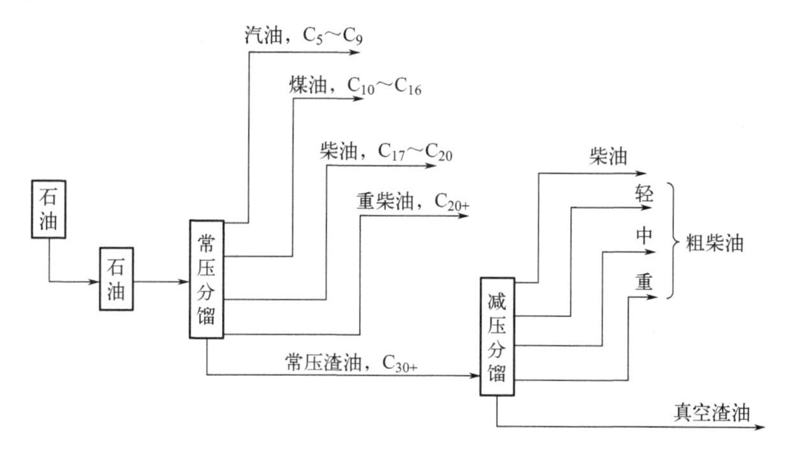


**图 4-4 常压分馏和减压分馏示意图**

石油在经过脱盐和脱水之后，先在加热炉内加热到 400℃左右，再进入分馏塔。在分馏塔中分子量较小的组分蒸气压低（即同一条件下沸点低），易受热蒸发，称为轻组分，在分馏塔中向上移动；反之，分子量较大或是碳数较高的重组分则在分馏塔中向下移动。根据沸点从低到高，分别蒸出汽油、煤油、柴油和渣油。渣油可用作燃料油或作为减压分馏的进料。减压分馏是利用随着外界压力降低物质的沸点也随之降低这一原理，在低压环境中通过较低的温度，将油渣中的轻组分进一步分离出来。减压分馏所得的产品，以粗柴油为主，也可得到少量的柴油。粗柴油可以进一步裂解或加工成其他石油产品，减压蒸馏塔底部的真空渣油可作为燃料油或沥青。

（2）石油的裂解

裂解是将大分子碳氢化合物切成小分子的过程。石油中汽油组分的含量仅 20%～25%，而汽油的需求量占石油产量的45%～50%，可将分馏后分子量高的组分通过裂解获得分子量低（含碳数为5～9）的汽油。

此外，作为重要化工原料的烯烃并不存在于自然界，可通过碳氢化合物裂解和烷类脱氢等两种途径获得。在烯烃中，乙烯是需求量最大、售价最高的产品，一般由乙烯的产率来标定蒸汽裂解工厂的生产能力。

由于在裂解过程中加入水蒸气，故称之为蒸汽裂解，这是目前绝大多数烯烃的来源。蒸汽裂解过程如图4-5所示。原料和水蒸气一同进入裂解炉中加热裂解，经急速冷却后取出裂解汽油和塔底油。其余部分再经过依次脱去甲烷、氢气和乙烷后取出乙烯，然后脱丙烷后取出丙烯，最后取出混合 $C_4$。

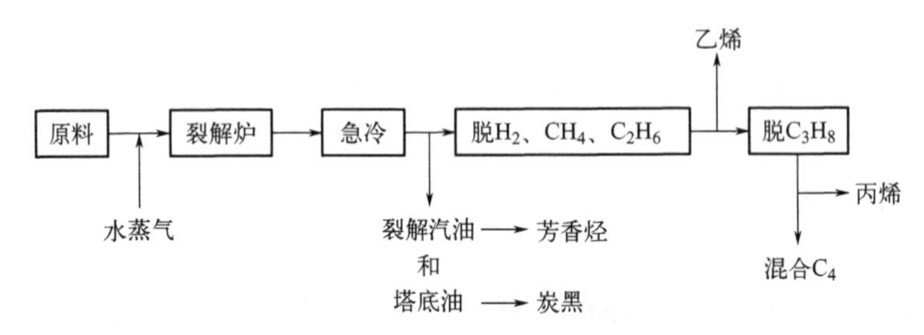


图 4-5 蒸气裂解过程示意图

$C_4$ 的成分中含有丁烷、异丁烷、1-丁烯、异丁烯、顺式2-丁烯、反式2-丁烯、1,2-丁二烯和1,3-丁二烯。其中异丁烯和丁二烯是合成橡胶工业最主要的原料。在混合 $C_4$ 中加入极性溶剂，由于极性溶剂与烷、烯、二烯分子间的作用力不同，蒸气压便不相同，一般是丁烷>丁烯>丁二烯。因此对溶有混合 $C_4$ 的溶剂进行分馏，即可将丁二烯从丁烷和丁烯中分出，这种方法称为萃取蒸馏。用于丁二烯萃取的溶剂主要有糠醛、乙腈、二甲基甲酰胺等。

裂解汽油中含有的40%～50%的芳香烃，是除重组汽油之外芳香烃的另一个主要来源。塔底油是制造炭黑的原料。

(3) 石油的重组

为了改进汽油的品质，增加油料中所含芳香族化合物的量，需要对原油进行重组。芳香族化合物的生产需经历重组、溶剂萃取、分馏、吸附分离和异构化等过程，如图4-6所示。

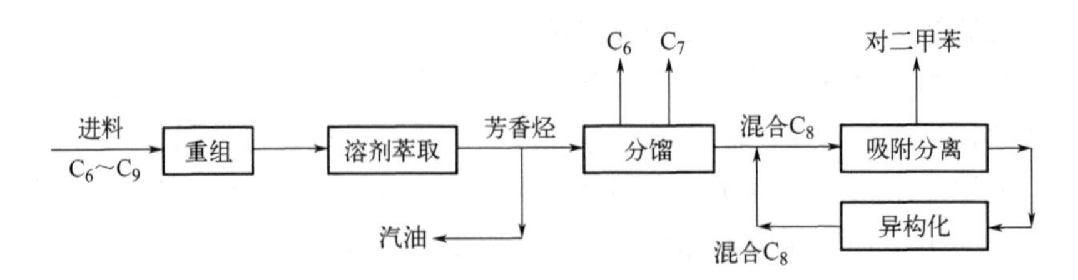


图 4-6 芳香族化合物的生产过程示意图

石油的重组是以 $C_5$～$C_9$ 的轻油，利用催化剂进行芳构化、异构化、加氢裂化、缩合生焦四种重组反应，可将芳香烃的含量从8.0%增加到66.1%。石油的重组过程产生大量的氢气，这也是炼油厂中氢气的主要来源。石油的重组反应举例如图4-7所示。

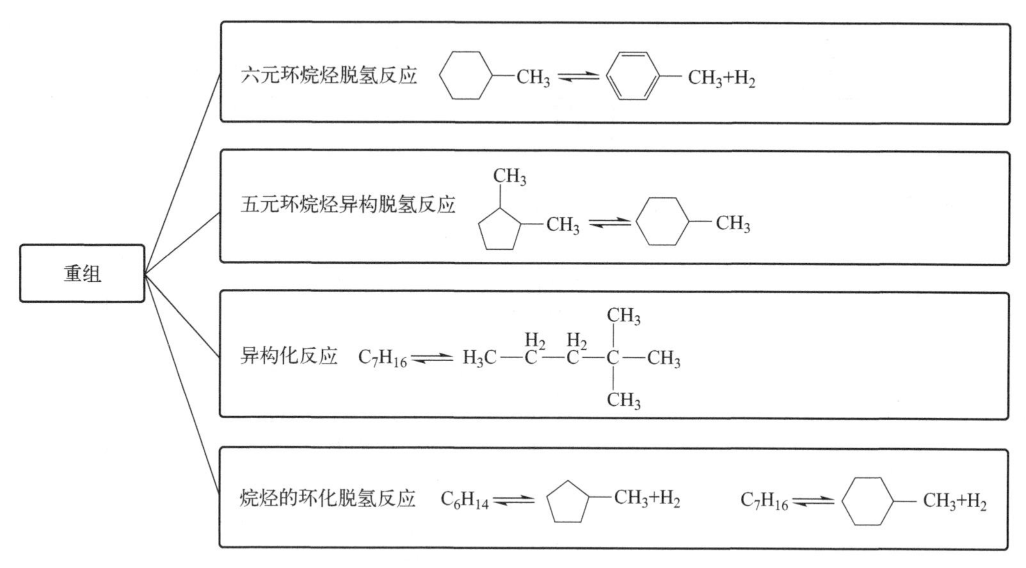


图 4-7 石油的重组反应

溶剂不同对烃类化合物的溶解度不同，利用这些溶剂将芳香族化合物从重组后的石油中分离出来的程序称为溶剂萃取。为便于芳香烃和溶剂分离，用于萃取的溶剂沸点比芳香烃沸点高 60℃以上，主要有环丁砜、醇醚类、$N$-甲基吡咯烷酮等。苯、甲苯和二甲苯的沸点相差巨大，可以用分馏的方法分离。二甲苯的三种同分异构体则采用冷冻结晶、吸附分离等方法进行分离。需求量不大的甲苯可通过异构化转化为需求量较大的二甲苯和苯。溶剂萃取芳香烃的分离过程如图 4-8 所示。

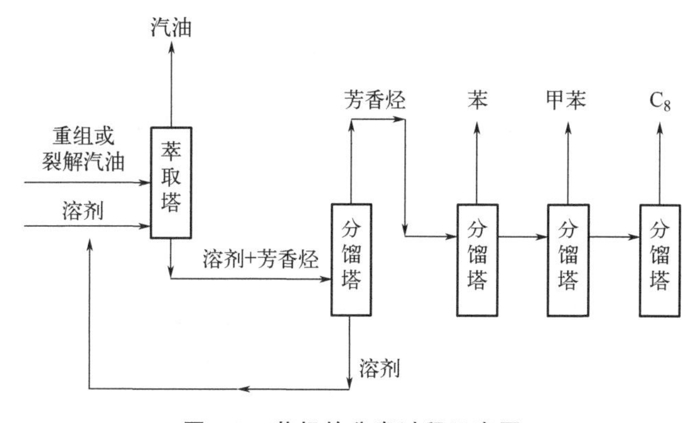


图 4-8 芳烃的分离过程示意图

## 三、认识石油化工产业链

石油化工行业按照产业链上下游划分，包括上游原料和中间体（石油开采行业、石油炼制行业），中游化学品（基础有机行业、高分子合成行业、高分子材料加工行业），下游产品应用于纺织业、航天工业、零件业、建材业、轮胎业、体育用品业、包装业等，具体如图 4-9 所示。

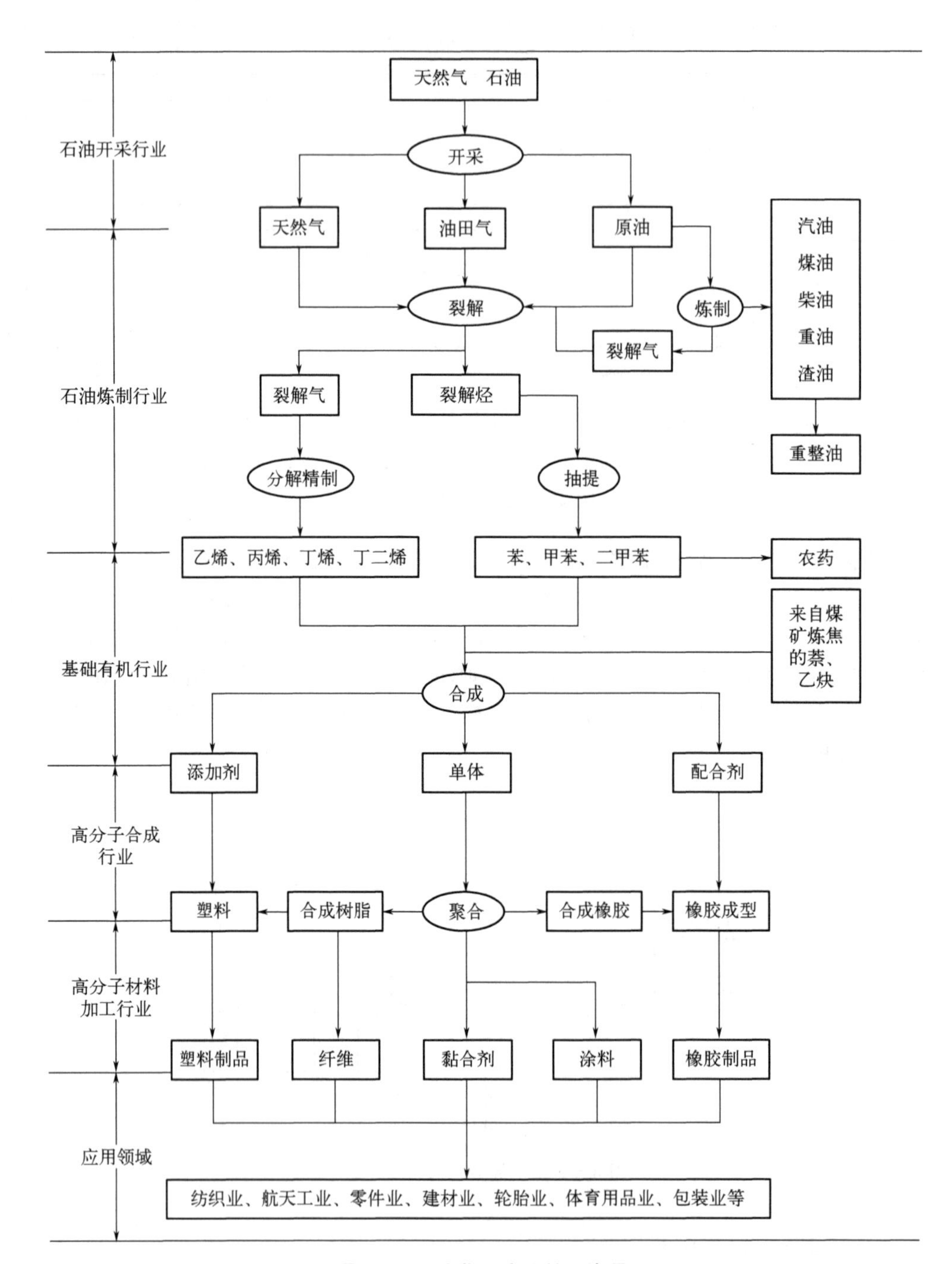


图 4-9　石油化工产业链示意图

## 学习思维导图

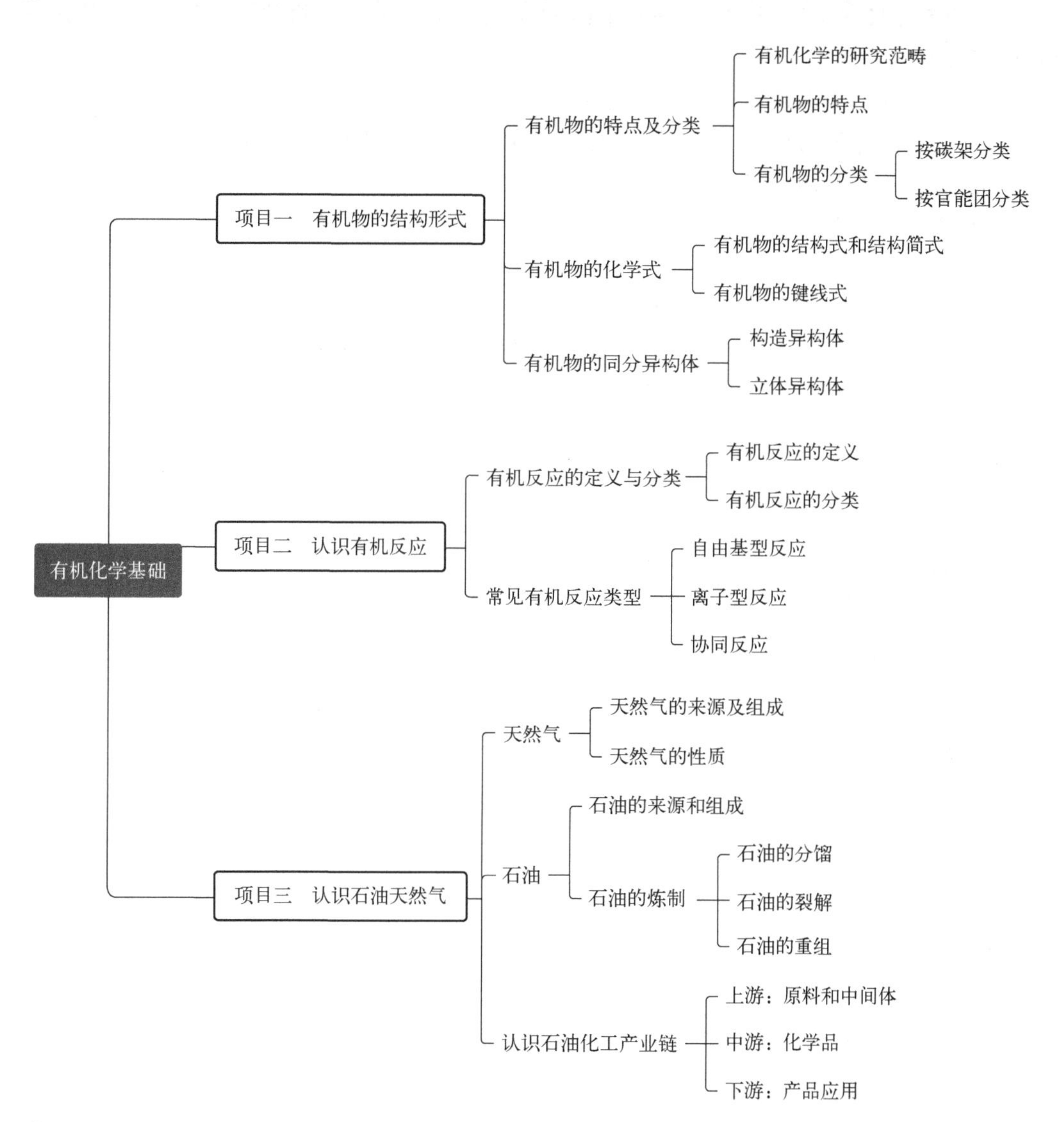

## 习题

1. 不定项选择题

(1) 下列关于有机化合物的特点描述正确的是（　　）。

A. 熔沸点高　　B. 热稳定性差

C. 易溶于有机溶剂　　D. 易燃烧

(2) 下列官能团中含有氧原子的是（　　）。

A. 醛基　　B. 羧基

C. 氰基　　D. 酰胺基

(3) 下列结构简式与名称相符的是（　　）。

A. $\cdot CH_3$（甲烷） B. $CH_4$（甲基）

C. $CH_3—CH_3$（乙烷） D. $CH_3CH_2—$（乙烷）

（4）已知 $CH_3—CH_3$ 和 $CH_3—$两个结构简式，两式中均有短线“—”，这两条短线所表示的意义是（ ）。

A. 前者表示一对共用电子对，后者表示一个未成对电子

B. 前者表示分子内只有一个共价单键，后者表示该基团内无共价单键

C. 都表示一对共用电子对

D. 都表示一个共价单键

2. 问答题

（1）下列各组化合物中，哪个沸点较高？说明原因。

① 庚烷与己烷 ② 壬烷与 3-甲基辛烷

（2）根据下列键线式写出结构简式。

① 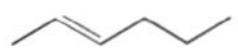 ②

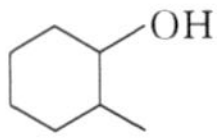

（3）写出下列化学式的所有同分异构体。

① $C_6H_{14}$ ② $C_3H_8O$

（4）写出下列物质各属哪一类化合物。

① 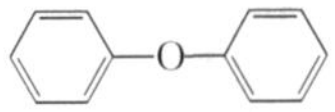 ②

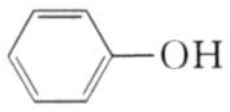

③ $CH_3CH_2CH_2NH_2$ ④ $CH_3CH_2COCH_2CH_3$

3. 分析总结

（1）总结石油炼制的过程。

（2）谈一谈对石油化工产业链的认识。

# 模块五

## C/H 有机化合物的认识和应用

【学习目标】

1. 能采用系统命名法和普通命名法对烷烃、环烷烃、烯烃、炔烃、芳香烃进行正确命名。

2. 能理解烷烃及环烷烃的结构。

3. 能对烷烃及环烷烃的物理、化学性质进行分析总结并推断具体烷烃的物理化学性质。

4. 能理解烯烃及炔烃的结构，能说出共轭结构的特征。

5. 能对烯烃及炔烃的物理、化学性质进行分析总结并推断具体烯烃及炔烃的物理化学性质。

6. 能理解芳香烃的结构。

7. 能对芳香烃的物理、化学性质进行分析总结并推断具体芳香烃的物理、化学性质。

8. 树立中国科技自信，强化科学强国理念。

9. 培养正确看待化工行业发展与经济发展的辩证关系。

10. 培养创新精神。

# 项目一 烷烃

**【案例导入】新型绿色能源——可燃冰**

可燃冰，顾名思义，即可燃烧的冰块，是水分子包裹甲烷为主的有机分子所形成的，燃烧后只生成二氧化碳和水，学名“天然气水合物”。

海洋深处的细菌在低氧环境中分解有机物产生甲烷，由于深海环境温度低且压力高，甲烷和其他碳氢化合物与水结合成水合物，由此产生可燃冰。可燃冰能量密度非常高，$1m^3$的可燃冰燃烧释放的能量相当于$164m^3$的天然气燃烧产生的能量，被誉为“未来的能源”。

全球可燃冰的储量是现有天然气、石油储量的两倍，中国南海可燃冰的资源量为700亿吨油当量，约为中国陆上石油、天然气资源量总量的二分之一。在人类日益为能源所困的情况下，可燃冰的开发具有广阔的应用前景，国际上也在该领域展开激烈竞争。日本于2013年和2017年在南海海槽开展了两次海上试采，皆因出砂等技术问题失败，美国也正在墨西哥湾开展可燃冰开采研究。

**视频 5-1 烷烃的结构**

2017年我国在南海首次成功开采可燃冰，实现了六大技术体系二十项关键技术的自主创新，具有里程碑的意义。未来如果能够大规模开采，这种储量丰富、高能量密度的能源将有助于缓解能源危机。

## 一、认识烷烃

### 1. 烷烃的定义

烷烃是仅由碳和氢两种元素组成、碳与碳之间均以单键相连的一大类化合物。分子中没有环的烷烃称为链烷烃，分子中含有环状结构的烷烃叫环烷烃。$C_1 \sim C_4$ 烷烃的结构式和结构简式见表5-1。

**表 5-1 $C_1 \sim C_4$ 烷烃的结构式和结构简式**

| 项目 | 甲烷 | 乙烷 | 丙烷 | 丁烷 |
|---|---|---|---|---|
| 结构式 | H<br>\|<br>H—C—H<br>\|<br>H | H H<br>\| \|<br>H—C—C—H<br>\| \|<br>H H | H H H<br>\| \| \|<br>H—C—C—C—H<br>\| \| \|<br>H H H | H H H H<br>\| \| \| \|<br>H—C—C—C—C—H<br>\| \| \| \|<br>H H H H |
| 结构简式 | $CH_4$ | $CH_3—CH_3$ | $CH_3—CH_2—CH_3$ | $CH_3—CH_2—CH_2—CH_3$ |

从表5-1可以看出，每增加一个碳原子，就相应地增加两个氢原子，因此可用 $C_nH_{2n+2}$ 来表示碳原子与氢原子的数目关系，该式称为烷烃的通式。两个烷烃之间的组成上相差 $CH_2$ 的整数倍，这种具有同一通式、组成上相差 $CH_2$ 及其整数倍的一系列化合物叫作同系列化合物。同系列中的各化合物互为同系物。例如，上述甲烷、乙烷、丙烷和丁烷属于同一系列，它们互为同系物，同系物具有相似的化学性质。

分子中含有碳环结构，而且性质与链烷烃相似的碳氢化合物，叫作环烷烃。环烷烃根据分子中碳环的数目可分为单环烷烃、双环烷烃和多环烷烃等，如表 5-2 所示。

**表 5-2　环烷烃的结构式**

| 项目 | 环己烷 | 十氢化萘 | 立方烷 |
|---|---|---|---|
| 结构式 |  |  |  |
| 分子式 | $C_6H_{12}$ | $C_{10}H_{18}$ | $C_8H_8$ |

## 2. 烷烃的命名

有机化合物种类繁多，目前多数采用普通命名法和国际纯粹与应用化学联合会（IUPAC）系统命名法对有机物进行命名。对于一些结构复杂的化合物，命名时也常用俗名。

（1）烷烃系统命名法

① 直链烷烃的命名　直链烷烃的名称用“碳原子数＋烷”来表示：当碳原子数为 1～10 时，依次用天干——甲、乙、丙、丁、戊、己、庚、辛、壬、癸来表示；碳原子数超过 10 时，用中文数字表示，如表 5-3 所示。

**【例】** 正烷烃的命名

**表 5-3　一些正烷烃的名称**

| 结构式 | 中文名 | 结构式 | 中文名 |
|---|---|---|---|
| $CH_4$ | 甲烷 | $CH_3(CH_2)_6CH_3$ | (正)辛烷 |
| $CH_3CH_3$ | 乙烷 | $CH_3(CH_2)_7CH_3$ | (正)壬烷 |
| $CH_3CH_2CH_3$ | 丙烷 | $CH_3(CH_2)_8CH_3$ | (正)癸烷 |
| $CH_3(CH_2)_2CH_3$ | (正)丁烷 | $CH_3(CH_2)_9CH_3$ | (正)十一烷 |
| $CH_3(CH_2)_3CH_3$ | (正)戊烷 | $CH_3(CH_2)_{13}CH_3$ | (正)十五烷 |
| $CH_3(CH_2)_4CH_3$ | (正)己烷 | $CH_3(CH_2)_{18}CH_3$ | (正)二十烷 |
| $CH_3(CH_2)_5CH_3$ | (正)庚烷 | $CH_3(CH_2)_{98}CH_3$ | (正)一百烷 |

② 支链烷烃的命名　有分支的烷烃称为支链烷烃。

a. 碳原子的级。以下面这一化合物为例，介绍碳原子的级。

```
         ①   ①
        CH3 CH3 H
    ① ④ |  ③|  ②|  ①
 H3C—C——C——C—CH3
        |   |   |
        CH3 H   H
        ①
```

该化合物中含有四种不同的碳原子，分别在化学式中用①②③④标出。其中：

标①的碳原子仅与另一个碳原子相连，称为一级碳原子（或称伯碳），用 1° C 表示，1° C 上的氢称为一级氢，用 1° H 表示。

标②的碳原子与另外两个碳原子相连，称为二级碳原子（或称仲碳），用 2° C 表示，2° C 上的氢称为二级氢，用 2° H 表示。

标③的碳原子与另外三个碳原子相连，称为三级碳原子（或称叔碳），用 3° C 表示，3° C 上的氢称为三级氢，用 3° H 表示。

标④的碳原子与另外四个碳原子相连，称为四级碳原子（或称季碳），用 4° C 表示。

b. 烷基的名称。烷烃去掉一个氢原子后剩下的部分称为烷基。烷基可以用普通命名法命名，也可以用系统命名法命名。

**【例】** 常见烷基的命名

甲烷、乙烷分子中只有一种氢，只能产生一种甲基和一种乙基；丙烷分子中有两个不同的氢，可以产生两种丙基；丁烷有两种异构体，每种异构体分子中都有两种不同的氢原子，所以能产生四种丁基，如表 5-4 所示。

**表 5-4 一些常见烷基的名称**

| 烷烃 | 相应的烷基 | 普通命名法 | 系统命名法 |
|---|---|---|---|
| 甲烷 $CH_4$ | $—CH_3$ | 甲基 | 甲基 |
| 乙烷 $CH_3CH_3$ | $—CH_2CH_3$ | 乙基 | 乙基 |
| 丙烷 $CH_3CH_2CH_3$ | $—CH_2CH_2CH_3$<br>$CH_3\underset{\vert}{C}HCH_3$ | (正)丙基<br>异丙基 | 丙基<br>1-甲基乙基 |
| (正)丁烷 $CH_3(CH_2)_2CH_3$ | $—CH_2CH_2CH_2CH_3$<br>$CH_3\underset{\vert}{\overset{1}{C}}H\overset{2}{C}H_2\overset{3}{C}H_3$ | (正)丁基<br>二级丁基或仲丁基 | 丁基<br>1-甲(基)丙基 |
| 异丁烷 $CH_3\underset{\underset{CH_3}{\vert}}{C}HCH_3$ | $\overset{3}{C}H_3\underset{\underset{CH_3}{\vert}}{\overset{2}{C}}H\underset{\vert}{\overset{1}{C}}H_2$<br>$\overset{2}{C}H_3\underset{\underset{CH_3}{\vert}}{\overset{\vert}{\overset{1}{C}}}CH_3$ | 异丁基<br>三级丁基或叔丁基 | 2-甲基丙基<br>1,1-二甲基乙基 |

c. 命名步骤。

首先，选主链（表 5-5）。

**表 5-5 主链的选取**

| 命名原则 | 【例】 | |
|---|---|---|
| 选取含有碳原子数最多的碳链作为主链，根据主链含碳原子个数称为“某烷” | 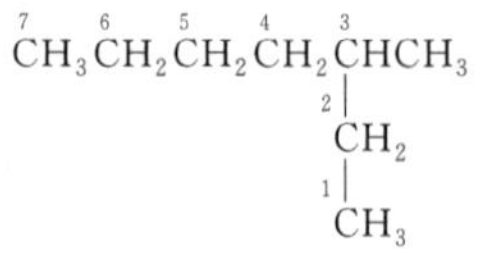 $\overset{7}{C}H_3\overset{6}{C}H_2\overset{5}{C}H_2\overset{4}{C}H_2\overset{3}{C}HCH_3$<br>$\vert$<br>$\overset{2}{C}H_2$<br>$\vert$<br>$\overset{1}{C}H_3$ | 3-甲基庚烷<br>（主链选最长的，是庚烷而不是己烷） |
| 分子中存在多条等长碳链时，应选取含有取代基数目最多的碳链作为主链 | 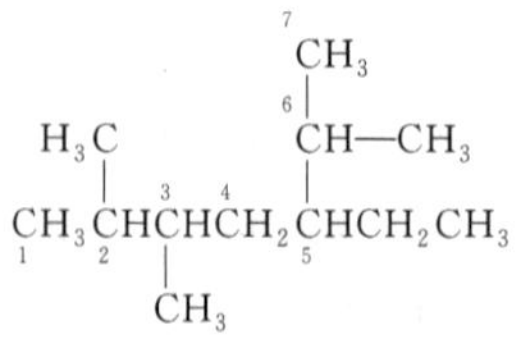 $\overset{7}{C}H_3$<br>$\vert$<br>$H_3C\quad\quad \overset{6}{C}H—CH_3$<br>$\vert\quad\quad\quad\vert$<br>$\overset{1}{C}H_3\overset{2}{C}H\overset{3}{C}H\overset{4}{C}H_2\overset{5}{C}HCH_2CH_3$<br>$\vert$<br>$CH_3$ | 2,3,6-三甲基-5-乙基庚烷<br>（不是 2,3-二甲基-5-异丙基庚烷） |

其次，定编号（表 5-6）。

**表 5-6 编号的确定**

| 命名原则 | 【例】 | |
|---|---|---|
| 从距离取代基最近的一端开始给主链编号，并确定取代基的位次 | — | — |

续表

| 命名原则 | 【例】 | |
|---|---|---|
| 当主链碳原子的编号有几种可能时，应按“最低系列”原则编号，即从小到大依次比较几种编号系列中表示取代基位次的数字，最先遇到较小数字的编号为最低系列 | 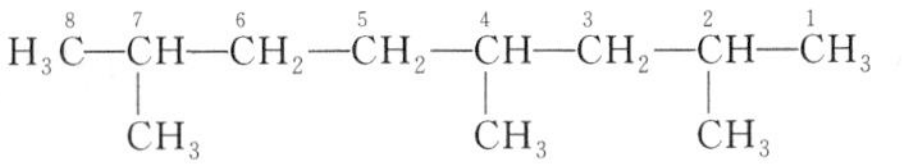 $\overset{8}{H_3C}-\overset{7}{CH}(CH_3)-\overset{6}{CH_2}-\overset{5}{CH_2}-\overset{4}{CH}(CH_3)-\overset{3}{CH_2}-\overset{2}{CH}(CH_3)-\overset{1}{CH_3}$ | 2,4,7-三甲基辛烷（不是 2,5,7-三甲基辛烷） |
| 大小两个不同的取代基处于主链两端相同的位置时，应给较优基团以较大的位次 | 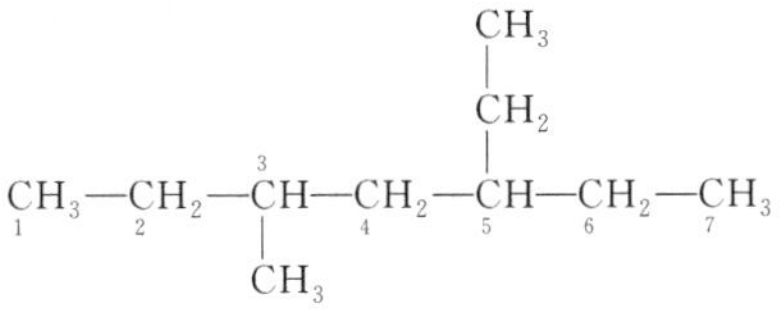 $\underset{1}{CH_3}-\underset{2}{CH_2}-\overset{3}{CH}(CH_3)-\underset{4}{CH_2}-\underset{5}{CH}(CH_2CH_3)-\underset{6}{CH_2}-\underset{7}{CH_3}$ | 3-甲基-5-乙基庚烷（不是 3-乙基-5-甲基庚烷） |

最后，写全称（表 5-7）。

**表 5-7 全称的确定**

| 命名原则 | 【例】 | |
|---|---|---|
| 取代基的位次、个数、名称写在母体名称的前面。位次数字和取代基名称之间用半字线“-”连接 | 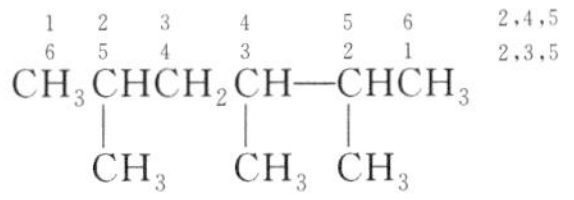 $CH_3CH(CH_3)CH_2CH(CH_3)-CH(CH_3)CH_3$（编号 1 2 3 4 5 6 / 6 5 4 3 2 1；取代基位次 2,4,5 / 2,3,5） | 2,3,5-三甲基己烷（不是 2,4,5-三甲基己烷） |
| 主链上有不同的取代基，则把取代基按“次序规则”排列，较优基团后列出 | | |
| 合并相同的取代基，逐个标出其位次，并用中文数字（二、三、四……）标明个数 | | |

③ 名称的基本格式　有机化合物系统命名的基本格式如下所示：

| 取代基 | + | 母体 |
|---|---|---|
| 取代基位置号＋个数＋名称 | | 官能团位置号＋名称 |
| （有多个取代基时，中文按顺序规则确定次序，小的在前，英文按英文字母顺序排列） | | （没有官能团时不涉及位置号） |

**【例】** 命名格式

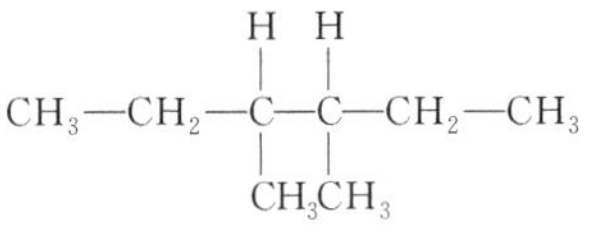

$$CH_3-CH_2-CH(CH_3)-CH(CH_3)-CH_2-CH_3$$

| 3,4- | 二 | 甲基 | 己烷 |
|---|---|---|---|
| 取代基位置号 | 取代基个数 | 取代基名称 | 母体名称 |

(2) 普通命名法

普通命名法对直链烷烃的命名与系统命名相同。

命名有支链的烷烃时，用正表示无分支，用异表示端基有 $(H_3C)_2CH-$ 结构，用新表示端基有 $CH_3C(CH_3)_2-$ 结构。

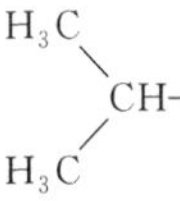

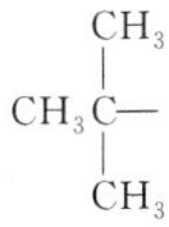

**【例】** 戊烷的三个同分异构体的普通命名

（正）戊烷　　异戊烷　　新戊烷

（3）俗名

通常是根据来源来命名。例如，甲烷产生于池沼里腐烂的植物，所以称为沼气。

### 3. 环烷烃的命名

只有一个环的环烷烃称为单环烷烃。环上没有取代基的环烷烃命名时只需在相应的烷烃前加环。

**【例】**

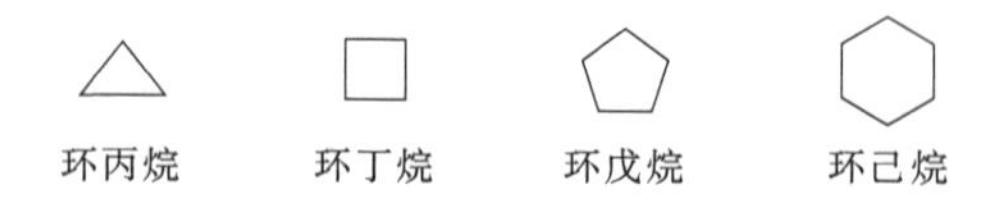


环上有取代基的单环烷烃命名分两种情况。

环上的取代基比较复杂时，应将链作为母体，将环作为取代基，按链烷烃的命名原则和命名方法来命名。

**【例】**

$CH_3CH_2CHCH_2CHCH_3$（C-2 上连 $CH_3$，C-4 上连环己基）

2-甲基-4-环己基己烷

当环上的取代基比较简单时，通常将环作为母体来命名。

**【例】**

环己基—$CH_2CH_3$

乙基环己烷

当环上有两个或多个取代基时，要对母体环进行编号，编号仍遵守最低系列原则。

**【例】**

$CH_3$、$CH_2CH_3$、$H_3C$（分别位于环的 1、2、4 位）

1,4-二甲基-2-乙基环己烷

## 二、烷烃、环烷烃的结构和性质

### 1. 烷烃的结构

甲烷是最简单的烃，在标准状态下甲烷是无色无味气体。甲烷是天然气的主要成分，也存在于有机物缺氧情况下分解产生的沼气中，主要作为燃料。

甲烷的化学式为 $CH_4$，甲烷碳原子的 4 个 $sp^3$ 杂化轨道分别和 4 个氢原子的 1s 轨道沿着对称轴的方向相互重叠形成 4 个完全等同的 C—H σ 键，如图 5-1 所示。

甲烷分子呈正四面体结构，如表 5-8 所示。C—H σ 键的键长均为 0.109nm，键角均为 109°28′。

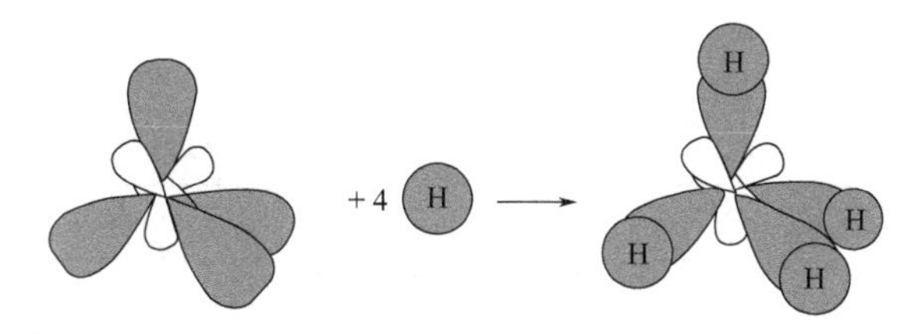


图 5-1　甲烷分子形成示意图

表 5-8　甲烷的结构

| 空间结构 | 3D 模型 | 电子式 | 结构式 |
| --- | --- | --- | --- |
| H, C—H, H, H（正四面体） |  | H:C:H（C 上、下各一个 H） | H—C—H（C 上、下各一个 H） |

其他烷烃分子中的碳原子以 $sp^3$ 杂化成键，分子结构与甲烷相似。成键的两个碳原子各以一个 $sp^3$ 杂化轨道沿着对称轴的方向相互重叠形成 C—C σ 键，键角也为 109°28′，键长 0.154nm，键能 345kJ/mol（C—H 键的键能为 413kJ/mol）。由于烷烃分子中碳原子都是 $sp^3$ 杂化成键的，故烷烃在空间的排列为锯齿形结构，乙烷和丁烷的结构如表 5-9 所示。

表 5-9　乙烷和丁烷的结构

| 乙烷结构式 | 乙烷 3D 模型 | 丁烷结构式 | 丁烷 3D 模型 |
| --- | --- | --- | --- |
| $CH_3—CH_3$ |  | $CH_3—CH_2—CH_2—CH_3$ |  |

## 2. 烷烃的物理性质

在室温下，含有 1～4 个碳原子的烷烃为气体。含有 5～16 个碳原子的烷烃为液体。其中较低沸点液体烷烃无色，有特殊气味；较高沸点液体烷烃为黏稠油状液体，无味。含有 17 个碳原子以上的正烷烃为固体，但直至含有 60 个碳原子的正烷烃（熔点 99℃），其熔点都不超过 100℃。

表 5-10 列举了一些烷烃和环烷烃的物理常数。

表 5-10　一些烷烃和环烷烃的物理常数

| 名称 | 分子式 | 沸点/℃ | 熔点/℃ | 相对密度 |
| --- | --- | --- | --- | --- |
| 甲烷 | $CH_4$ | −161.7 | −182.6 |  |
| 乙烷 | $C_2H_6$ | −88.6 | −172.0 |  |
| 丙烷(环丙烷) | $C_3H_8$($C_3H_6$) | −42.2(−32.7) | −187.1(−127.6) | 0.5005(0.6800) |

续表

| 名称 | 分子式 | 沸点/℃ | 熔点/℃ | 相对密度 |
| --- | --- | --- | --- | --- |
| 丁烷(环丁烷) | $C_4H_{10}$($C_4H_8$) | −0.5(−12.7) | −135.0(−80.0) | 0.5788(0.7030) |
| 戊烷(环戊烷) | $C_5H_{12}$($C_5H_{10}$) | 36.1(49.3) | −129.3(−93.9) | 0.6264(0.7457) |
| 己烷(环己烷) | $C_6H_{14}$($C_6H_{12}$) | 68.7(80.7) | −94.0(−6.6) | 0.6594(0.7786) |
| 庚烷(环庚烷) | $C_7H_{16}$($C_7H_{14}$) | 98.4(118.5) | −90.5(−12.0) | 0.6837(0.8098) |
| 辛烷(环辛烷) | $C_8H_{18}$($C_8H_{16}$) | 125.6(150.0) | −56.8(14.3) | 0.7028(0.8349) |
| 壬烷 | $C_9H_{20}$ | 150.7 | −53.7 | 0.7179 |
| 癸烷 | $C_{10}H_{22}$ | 174.0 | −29.7 | 0.7298 |
| 十一烷 | $C_{11}H_{24}$ | 195.8 | −25.6 | 0.7404 |
| 十二烷 | $C_{12}H_{26}$ | 216.3 | −9.6 | 0.7498 |
| 十七烷 | $C_{17}H_{36}$ | 303.0 | 22.0 | 0.7767 |
| 十八烷 | $C_{18}H_{38}$ | 308.0 | 28.0 | 0.7767 |
| 十九烷 | $C_{19}H_{40}$ | 330.0 | 32.0 | 0.7776 |
| 二十烷 | $C_{20}H_{42}$ | — | 36.4 | 0.7777 |
| 三十烷 | $C_{30}H_{62}$ | — | 66.0 | 0.7750 |
| 四十烷 | $C_{40}H_{82}$ | — | 81.0 | — |
| 六十烷 | $C_{60}H_{122}$ | — | 99.0 | — |

烷烃分子间作用力较小，克服这些作用力所需能量也较低，因此有机化合物的熔点、沸点一般不超过 300℃。正烷烃的沸点随碳原子个数的增加而升高，这是因为分子间的接触面（即相互作用力）增大，分子运动所需的能量也增大，沸点升高。在同分异构体中，分子结构不同，分子接触面积不同，相互作用力也不同，支链分子由于支链的位阻作用，其分子不能像正烷烃那样接近，分子间作用力小，沸点低。图 5-2 为分子间接触面积示意图。

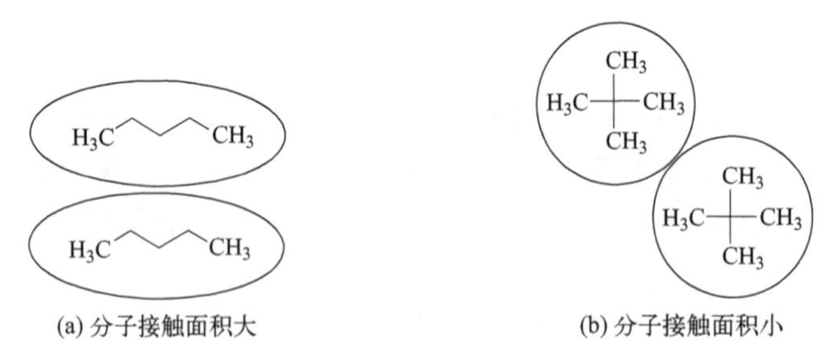


**图 5-2 分子间接触面积示意图**

固体分子的熔点也随分子量增加而升高，除了与质量大小及分子间作用力有关外，还与分子晶格堆积的紧密程度有关，分子对称性高，排列比较整齐，分子间吸引力大，熔点高。偶数碳原子的烷烃与奇数碳原子的烷烃相比，具有较高的对称性，分子晶格排列也较为紧密，分子间的作用力大一些。烷烃异构体中，一般直链烷烃的熔点较支链的高，但支链若使分子的对称性增加，其熔点反而会升高。

【例】 同分异构体熔沸点差异（表5-11）。

表5-11 $C_5$ 的同分异构体沸点

| 项目 | 正戊烷 | 2-甲基丁烷 | 2,2-二甲基丙烷 |
|---|---|---|---|
| 结构式 | $H_3C-CH_2-CH_2-CH_2-CH_3$ | $H_3C-CH_2-CH(CH_3)-CH_3$ | $H_3C-C(CH_3)_2-CH_3$ |
| 沸点/℃ | 36.1 | 25.0 | 9.0 |
| 熔点/℃ | −129.7 | −159.9 | −17.0 |

烷烃的密度随分子量增大而增大，这也是分子间相互作用力的结果，密度增加至一定数值后，分子量增大而密度变化很小。

与碳原子数相等的链烷烃相比，环烷烃的沸点、熔点和密度均要高一些。这是因为链形化合物可以比较自由地摇动，分子间“拉”得不紧，容易挥发，所以沸点低一些。由于这种摇动，比较难在晶格内做有次序的排列，所以熔点也低一些。由于没有环的牵制，链形化合物的排列也比环形化合物松散些，所以密度也低一些。

烷烃由于σ键极性很小，分子偶极矩为零，是非极性分子，根据相似相溶原则，烷烃可溶于非极性溶剂如四氯化碳、烃类化合物中，不溶于极性溶剂如水中。

### 3. 烷烃的化学性质

烷烃分子中的碳原子和氢原子是通过C—C σ键和C—H σ键结合而成，由于σ键比较牢固，分子中又没有官能团，这种结构特征决定了烷烃的化学性质比较稳定。在常温下，它与强酸、强碱和强氧化剂等大多数试剂不发生反应。但这种化学稳定性是有条件的，在适当条件下，如在高温或催化剂作用下，烷烃也能发生如下化学反应。

（1）氯化反应

烷烃分子中的氢原子被氯原子取代的反应叫氯代反应，也叫氯化反应。

$$R-CH_3 \xrightarrow{Cl_2} R-CH_2Cl + HCl$$

【例】 甲烷的氯化

甲烷在常温下与氯气并不发生反应，但在强光照射或高温下，则发生剧烈的甚至爆炸式反应。该反应产物为炭黑，但这种方法不能用来制造炭黑，工业上生成炭黑是利用天然气（主要成分为甲烷）或其他烃类经高温裂化而成（生成炭黑和氢气）。甲烷与氯气反应方程式如下：

$$CH_4 + 2Cl_2 \xrightarrow{\text{强烈阳光}} C + 4HCl$$

若控制好反应条件，如控制在光照（日光或紫外光）或加热（400～500℃）条件下，甲烷与氯气反应，甲烷分子中的氢原子可依次被氯原子取代，生成一氯甲烷、二氯甲烷、三氯甲烷（氯仿）和四氯化碳。

$$CH_4 + Cl_2 \xrightarrow{h\nu\text{ 或}\triangle} CH_3Cl + HCl$$

$$CH_3Cl + Cl_2 \xrightarrow{h\nu\text{ 或}\triangle} CH_2Cl_2 + HCl$$

$$CH_2Cl_2 + Cl_2 \xrightarrow{h\nu\text{ 或}\triangle} CHCl_3 + HCl$$

$$CHCl_3 + Cl_2 \xrightarrow{h\nu\text{ 或}\triangle} CCl_4 + HCl$$

**【反应机理】甲烷的氯化**

反应机理是反应物变为产物所经历的途径，也叫反应历程。

甲烷的氯化反应机理如下：

a. 氯气在光或热的作用下，氯分子离解成氯自由基（Cl·）：

$$Cl—Cl \longrightarrow Cl\cdot + Cl\cdot$$

b. 氯自由基夺取甲烷分子中的一个氢原子，生成氯化氢和甲基自由基（·$CH_3$）：

$$Cl\cdot + H—CH_3 \longrightarrow Cl—H + \cdot CH_3$$

c. 生成的·$CH_3$ 与氯分子反应，从氯分子中夺取一个氯自由基，生成一氯甲烷（$CH_3Cl$）和氯自由基（Cl·）：

$$\cdot CH_3 + Cl—Cl \longrightarrow H_3C—Cl + Cl\cdot$$

重复上述反应 b 和 c，则甲烷和氯反应全部生成氯甲烷。

d. 若氯自由基夺取的是氯甲烷分子中的氢原子，则生成氯化氢和氯甲基自由基：

$$H_3C—Cl + Cl\cdot \longrightarrow \cdot CH_2Cl + HCl$$

e. 氯甲基自由基再与氯反应，生成二氯甲烷和氯自由基：

$$\cdot CH_2Cl + Cl—Cl \longrightarrow CH_2Cl_2 + Cl\cdot$$

反应依次进行，可得三氯甲烷和四氯化碳。

f. 若两个自由基相遇，如氯原子和氯原子相遇，或氯原子与甲基自由基相遇，或甲基自由基与甲基自由基相遇等，则两个自由基结合，使反应体系中的自由基消失，反应将终止：

$$Cl\cdot + \cdot Cl \longrightarrow Cl—Cl$$
$$\cdot CH_3 + \cdot CH_3 \longrightarrow CH_3—CH_3$$
$$Cl\cdot + \cdot CH_3 \longrightarrow CH_3—Cl$$

总结：甲烷的氯化反应是自由基链反应，分三个阶段进行。

首先是自由基的产生，叫作链引发——反应式 a；

其次是自由基与反应物作用生成产物，叫作链增长——反应式 b～c 以及 d～e 等；

最后是两种自由基结合使反应终止，叫作链终止——反应式 f。

不同的氢原子被氯取代的难易程度不同，造成这种次序的原因与自由基稳定性有关。自由基的稳定性次序为：

$$(CH_3)_3C\cdot > \cdot CH(CH_3)_2 > \cdot CH_2CH_3 > \cdot CH_3$$

叔烷基自由基＞仲烷基自由基＞伯烷基自由基＞甲基自由基

**【例】** 在光或热的作用下，其他烷烃与氯发生氯化反应的产物较复杂。

$$CH_3CH_2CH_3 \xrightarrow[h\nu, 25℃]{Cl_2} \underset{45\%}{CH_3CH_2CH_2—Cl} + \underset{55\%}{CH_3\overset{\overset{Cl}{|}}{C}HCH_3}$$

$$CH_3\overset{\overset{CH_3}{|}}{C}HCH_3 \xrightarrow[h\nu, 25℃]{Cl_2} \underset{36\%}{CH_3\overset{\overset{CH_3}{|}}{C}HCH_2—Cl} + \underset{64\%}{CH_3\overset{\overset{CH_3}{|}}{\underset{\underset{Cl}{|}}{C}}CH_3}$$

**【例】** 洗涤剂十二烷基苯磺酸钠的原料之一——氯代十二烷的制备。

$$C_{12}H_{26} + Cl_2 \xrightarrow{120℃} C_{12}H_{25}Cl + HCl$$

**【例】** 工业上利用固体石蜡（$C_{10}$～$C_{30}$，平均链长 $C_{25}$）在熔融状态下通入氯气制备氯化石蜡。氯化石蜡是含氯量不等的混合物，可用作聚氯乙烯的增塑剂、润滑油的增稠剂、石油制品的抗凝剂及塑料与化学纤维的阻燃剂。

$$C_{25}H_{52}+7Cl_2 \xrightarrow{95℃} C_{25}H_{45}Cl_7+7HCl$$

（2）氧化反应

常温时，烷烃通常不与氧化剂反应，也不与氧气反应。但烷烃在空气中容易燃烧，当空气（氧气）充足时，生成二氧化碳和水，并放出大量的热能。

**【例】** 甲烷燃烧可放出大量热，使汽油、煤油和柴油可作为动力燃料。但燃烧不完全时则生成游离碳，常见的动力车尾所冒的黑烟就是油类燃烧不完全产生的游离碳。

$$CH_4+2O_2 \xrightarrow{\text{燃烧}} CO_2+2H_2O+891kJ/mol$$

（3）异构化反应

化合物由一种异构体转变成另一种异构体的反应，叫作异构化反应。异构化反应是可逆反应，支链异构体的多少与温度有关，温度低有利于生成支链烷烃。烷烃的异构化通常在酸性催化剂作用下进行，常用的催化剂有 $AlCl_3$、$AlBr_3$、$BF_3$、$SiO_2$-$Al_2O_3$ 和 $H_2SO_4$ 等。

异构化反应在石油工业中具有重要意义。例如，将直链烷烃异构化为支链烷烃可提高汽油的质量。又如，石蜡在适当条件下进行异构化可以得到黏度和适用温度较好的润滑油。

**【例】** 丁烷与 2-甲基丙烷的互为异构化。

$$CH_3—CH_2—CH_2—CH_3 \xrightleftharpoons{AlCl_3,HCl} CH_3—\underset{H}{\overset{CH_3}{\underset{|}{\overset{|}{C}}}}—CH_3$$

（4）裂化反应

常温下烷烃很稳定，但隔绝空气加热到一定温度就开始分解。

烷烃在无氧、高温下发生分解反应叫作裂化反应。反应时发生 C—C 键和 C—H 键断裂以及一些其他反应，生成低级烷烃、烯烃和氢等复杂的混合物。

$$CH_3CH_2CH_2CH_3 \xrightarrow{\triangle} \begin{cases} CH_3CH_2CH=CH_2+H_2 \\ CH_2=CH_2+CH_3CH_3 \\ CH_3CH=CH_2+CH_4 \end{cases}$$

裂化反应在工业上具有非常重要的意义。裂化反应根据反应条件的不同分为两类：在约 5MPa、500～600℃下进行的裂化反应称为热裂化；在常压、催化剂如硅酸铝存在下 400～500℃下进行的裂化反应称为催化裂化。目前世界上许多国家采用不同的石油原料进行裂解以制备乙烯、丙烯、丁二烯等化工原料，并常常以乙烯的产量来衡量一个国家的石油化学工业水平。

（5）环烷烃的开环加成反应

小环烷烃分子不稳定，容易开环，发生开环加成反应。但随成环碳原子数增多，其反应性能下降。

**【例】** 在催化剂作用下，环烷烃开环与两个氢原子结合生成烷烃。

$$\triangle + H_2 \xrightarrow[80℃]{Ni} CH_3CH_2CH_3$$

$$\square + H_2 \xrightarrow[200℃]{Ni} CH_3CH_2CH_2CH_3$$

$$\text{环戊烷} + H_2 \xrightarrow[300℃]{Ni} CH_3CH_2CH_2CH_2CH_3$$

【例】 环丙烷在常温下、环丁烷在加热条件下均与溴发生加成反应。

$$\text{环丙烷} + Br_2 \xrightarrow{室温} BrCH_2CH_2CH_2Br$$

$$\text{环丁烷} + Br_2 \xrightarrow{加热} BrCH_2CH_2CH_2CH_2Br$$

（6）环烷烃的取代反应

环戊烷或更大的环烷烃与卤素在加热条件下则发生取代反应。大环烷烃的化学性质与烷烃相似，发生取代反应时，一般得到一元取代物。

【例】 在加热或光照条件下，环烷烃与卤素发生自由基取代反应。

$$\text{环戊烷} + Cl_2 \xrightarrow[或加热]{光照} \text{环戊基}—Cl + HCl$$

$$\text{环己烷} + Br_2 \xrightarrow{加热} \text{环己基}—Br + HBr$$

## 三、烷烃的应用

### 1. 甲烷

沼气是由沼泽地或湖底冒出的气体，与地热、太阳能、核能并称为当代四大新能源。沼气的主要成分是甲烷，含量为50%～70%。甲烷是某些微生物在一定温度、湿度、pH值和缺氧的情况下使富含纤维的有机物质如秸秆、杂草、污泥、粪便等发酵而产生的。

### 2. 石油中的烷烃

烷烃不仅是燃料的重要来源，也是现代化学工业的原料。烃类溶剂广泛应用于工业及民用的各行业。它既可以当溶剂、稀释剂，又可以当助剂充分发挥产品效能，还可以在一些特定的化学反应中作介质和热载体，如表5-12所示。

**表5-12 烷烃的天然来源及用途**

| 馏分 | 组分 | 沸点范围/℃ | 用途 |
|---|---|---|---|
| 石油气 | $C_1$～$C_4$ | 30以下 | 燃料、化工原料 |
| 石油醚 | $C_5$～$C_6$ | 30～60 | 溶剂 |
| 汽油 | $C_7$～$C_9$ | 60～200 | 内燃机燃料、溶剂 |
| 航空煤油 | $C_{10}$～$C_{15}$ | 160～245 | 喷气式飞机燃料油 |
| 煤油 | $C_{11}$～$C_{16}$ | 175～270 | 燃料、工业洗涤油 |
| 柴油 | $C_{15}$～$C_{19}$ | 250～400 | 柴油机燃料 |
| 润滑油 | $C_{16}$～$C_{20}$ | 300以上 | 机械润滑 |
| 凡士林 | $C_{20}$～$C_{24}$ | 350以上 | 制药、防锈涂料 |
| 石蜡 | $C_{20}$～$C_{30}$ | 350以上 | 制皂、蜡烛、蜡纸、脂肪酸 |
| 沥青 | | 固体 | 防腐绝缘材料、铺路及建筑材料 |
| 石油焦 | | 固体 | 制电石、炭精棒，用于冶金工业 |

### 3. 饱和烃结构高分子材料

当饱和烃中的—$CH_2$—的数目足够多，使其分子量达到几千到几十万甚至几百万，该材料则称为高分子材料。具有饱和烃结构的典型高分子材料有聚乙烯和聚丙烯，化学性质非常稳定，除氧化性酸（如 $HNO_3$）外，它能耐大多数酸碱的侵蚀。在 60℃ 以下，不溶于任何溶剂，又因为它们的分子链中不含有极性基团，因此吸水性极低，电绝缘性优良。

聚乙烯由乙烯聚合而成，其结构是由重复的—$CH_2$—单元连接而成的，是结构最简单的高分子，也是应用最广泛的高分子材料。聚乙烯化学式中方括号内表示分子链结构由 $n$ 个该结构单元重复而成。

$$nCH_2=CH_2 \xrightarrow[\text{适当温度、压力}]{\text{催化剂}} \text{[}CH_2-CH_2\text{]}_n \quad \text{聚乙烯}$$

分子量达到 300 万～600 万的线型聚乙烯称为超高分子量聚乙烯（UHMWPE），它的强度足以用来制作防弹衣。

聚丙烯是由丙烯聚合而成的另一种具有饱和烃结构的高分子材料。聚丙烯做成的纤维称为丙纶，化学稳定性优良，耐酸和碱，有良好的耐腐蚀性。丙纶本身不吸湿，但有独特的芯吸作用，即水蒸气可通过毛细管进行传递。丙纶常用来制作运动服、过滤织物，也常与棉、黏胶纤维等混纺，制作服装面料、地毯等产品。

$$nCH_3-CH=CH_2 \xrightarrow[\text{适当温度、压力}]{Al(C_2H_5)_3\text{-}TiCl_4} \text{[}\underset{\underset{CH_3}{|}}{CH}-CH_2\text{]}_n \quad \text{聚丙烯}$$

# 项目二 烯炔烃

**【案例导入】催化剂发展推动低碳烷烃制备低碳烯烃**

乙烯、丙烯、丁二烯等低碳烯烃是重要的化工原料，主要用于生产聚合物（聚乙烯、聚丙烯等）、含氧化合物（乙二醇、乙醛、环氧丙烷等）以及化工中间体（乙苯、丙醛等）等，在高分子、农药、医药、精细化工等领域应用广泛。

在工业生产中，低碳烯烃主要来自石脑油的蒸汽裂解，该反应过程存在反应温度高（800℃）、能耗高、反应产物多且难分离、产能不能适应下游需要等问题。通过脱氢反应将低碳烷烃转化为同碳数的烯烃是烷烃高值化利用和烯烃原料多元化的重要途径。近年来，我国大连理工大学陆安慧教授课题组报道了六方氮化硼（h-BN）等非金属催化剂催化低碳烷烃氧化脱氢制低碳烯烃的科研成果，该催化剂表现出高效的催化活性和优异的烯烃选择性，在国际上形成了新的研究热点。

此外，我国拥有大量天然气、石油裂解气、煤层气、生物质分解气等低碳烷烃资源，但基本只作为低价值燃料使用，如果能将这些低碳烷烃高效转化为低碳烯烃，不仅可以解决我国低碳烯烃原料对石油资源依赖性强的问题，同时也可推动这些低碳烷烃的高值化利用。

## 一、认识烯烃和炔烃

### 1. 烯烃和炔烃的定义

（1）烯烃的化学式

分子中含有碳碳双键（C═C）的烃叫作烯烃，它的通式为 $C_nH_{2n}$，C═C 双键是烯烃的官能团。最简单的烯烃是乙烯（$CH_2=CH_2$）。常见的烯烃有：

$$\underset{\text{丙烯}}{CH_3CH{=}CH_2} \quad \underset{\text{1-丁烯}}{CH_3CH_2CH{=}CH_2} \quad \underset{\text{异丁烯（2-甲基丙烯）}}{H_3C{-}\underset{\displaystyle CH_3}{\underset{|}{C}}{=}CH_2} \quad \underset{\text{1,3-丁二烯}}{CH_2{=}CH{-}CH{=}CH_2}$$

（2）炔烃的化学式

分子中含有碳碳叁键（C≡C）的烃叫作炔烃，其通式为 $C_nH_{2n-2}$。碳碳叁键是它的官能团，炔烃系列中最简单的也是最重要的化合物是乙炔。常见的炔烃有：

$$\underset{\text{乙炔}}{H{-}C{\equiv}C{-}H} \quad \underset{\text{丙炔}}{H_3C{-}C{\equiv}C{-}H} \quad \underset{\text{1-丁炔}}{CH_3{-}CH_2{-}C{\equiv}CH} \quad \underset{\text{2-丁炔}}{H_3C{-}C{\equiv}C{-}CH_3}$$

### 2. 烯烃和炔烃的命名

（1）烯烃的命名

烯烃的命名以含有碳碳双键（C═C）的最长碳链作为主链，根据主链上所含碳原子的个数命名为某烯，把支链作为取代基来命名。

由于双键的存在，需指出双键的位置，并从靠近双键的一端开始，将主链中的碳原子依次编号。双键的位置以双键上位次最小的碳原子号数来表明，写在烯烃名称的前面。按照较优基团后列出的原则将取代基的位置、数目和名称写在烯烃名称的前面，如：

$$\underset{\text{2-乙基-1-戊烯}}{CH_2{=}C(C_2H_5)CH_2CH_2CH_3} \quad \underset{\text{5-甲基-2-己烯}}{CH_3CH{=}CHCH_2CH(CH_3)_2}$$

$$\underset{\text{2-甲基-3-己烯}}{H_3C{-}CH_2{-}CH{=}CH{-}\underset{\displaystyle CH_3}{\underset{|}{C}}HCH_3} \quad \underset{\text{2,4-二甲基-3-己烯}}{H_3C{-}\underset{\displaystyle CH_3}{\underset{|}{CH}}{-}CH{=}\underset{\displaystyle H_3C}{\underset{|}{C}}{-}CH_2{-}CH_3}$$

（2）炔烃的命名

炔烃的命名与烯烃类似，选择包含碳碳叁键（C≡C）的最长碳链为主链，并使叁键的位次处于最小，支链作为取代基。分子中同时存在双键和叁键的叫作烯炔，命名时选择含有双键、叁键的最长碳链为主链，从靠近不饱和键的一端开始，将主链中的碳原子依次编号。如果双键、叁键处于相同位次供选择时，则从靠近双键的一端开始编号。例如：

$$\underset{\text{1-丁烯-3-炔}}{HC{\equiv}C{-}CH{=}CH_2} \quad \underset{\text{5-甲基-2-辛烯-6-炔}}{CH_3C{\equiv}C{-}\underset{\displaystyle CH_3}{\underset{|}{C}}HCH_2CH{=}CHCH_3}$$

$$\overset{1}{C}H_3{-}\overset{2}{C}{\equiv}\overset{3}{C}{-}\underset{\displaystyle CH_3}{\underset{|}{\overset{4}{C}H}}{-}\overset{5}{C}H_2{-}\overset{6}{C}H_3 \quad \text{4-甲基-2-己炔}$$

$$\underset{\text{5-甲基-3-庚炔}}{\overset{7}{C}H_3\overset{6}{C}H_2\underset{\displaystyle CH_3}{\underset{|}{\overset{5}{C}}}H\overset{4}{C}{\equiv}\overset{3}{C}\overset{2}{C}H_2\overset{1}{C}H_3} \quad \underset{\text{3-戊烯-1-炔}}{\overset{5}{C}H_3\overset{4}{C}H{=}\overset{3}{C}H\overset{2}{C}{\equiv}\overset{1}{C}H}$$

## 二、烯烃的结构和性质

视频 5-2
烯烃的结构
和性质

### 1. 烯烃的结构

乙烯分子是平面结构，∠HCC 的夹角为 121.6°，∠HCH 的夹角为 116.7°。

杂化轨道理论认为：当碳原子以双键和其他原子结合时，最外层的四个未成对电子采取 $sp^2$ 杂化方式杂化成三个完全等同的 $sp^2$ 杂化轨道，余下一个 p 轨道不参与杂化。三个 $sp^2$ 杂化轨道互成 120°夹角在同一平面上，另一个 p 轨道保持原有的形状垂直于该平面并分布于上下两侧，如图 5-3 所示。

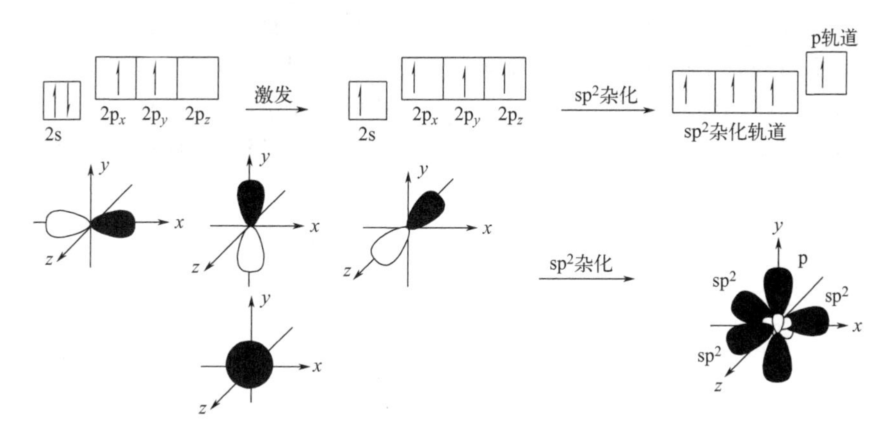


**图 5-3　$sp^2$ 杂化碳原子**

两个碳原子结合成乙烯时，彼此各用一个 $sp^2$ 杂化轨道在两核连线方向上以“头对头”方式重叠成 σ 键，其余两个 $sp^2$ 杂化轨道与氢原子结合。碳-碳之间各有一个未杂化的 p 轨道在三个 $sp^2$ 杂化轨道面的垂直方向上以“肩并肩”方式平行重叠形成第二个键，叫 π 键，如图 5-4 所示。因此，在 C═C 双键中，一个是 σ 键，一个是 π 键，两个不是等同的共价键，π 键的重叠程度不如 σ 键，所以 σ 键比 π 键稳定。

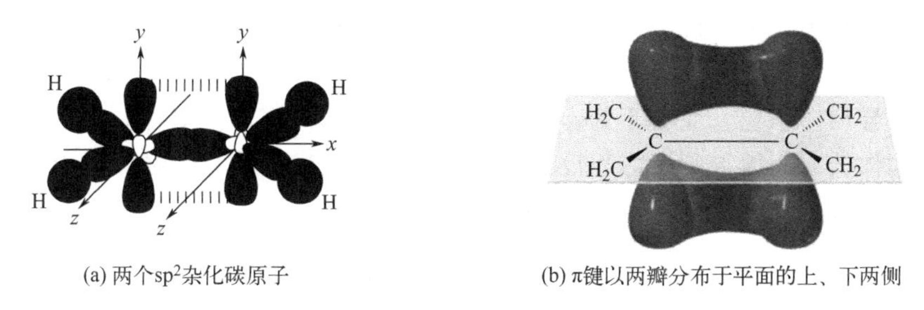


(a) 两个$sp^2$杂化碳原子　　(b) π键以两瓣分布于平面的上、下两侧

**图 5-4　乙烯分子形成示意图**

由于 π 键是与两个原子核连线垂直方向平行重叠的，如图 5-5 所示，所以 π 键的存在限制了碳碳双键的自由旋转，C═C 双键的两个碳原子距离比 C—C 单键更为靠近。结合得也更牢固。

(a) 乙烯　　(b) 丙烯

**图 5-5　乙烯和丙烯的 3D 结构图**

σ 键和 π 键的键能数据表明，σ 键较强，而 π 键较弱，因而 π 键较易断裂。此外，π 电子也不像 σ 电子那样集中在两个 C 原子核之间，而是分散在上下两方，故两个 C 原子核对 π 电子的“束缚力”较小，π 电子具有较大的流动性。在外界的影响下，例如当试剂进攻时，

π 键容易被极化断裂，发生加成反应。

正由于乙烯分子是平面形的，碳碳双键不能绕键轴自由转动。因此，当双键的两个碳原子各连有两个不同的原子或基团时，烯烃就会产生两种不同的空间排列方式。其中，两个相同的原子或基团处在碳碳双键同侧的为顺式，两个相同的原子或基团处在碳碳双键两侧的为反式。这种由于原子或基团在空间的排列方式不同所引起的异构现象叫作顺反异构，这两种异构体叫作顺反异构体。表 5-13 所示为 2-丁烯的两种构型。

**表 5-13　2-丁烯的两种构型**

| 结构式 | $H_3C$　　$CH_3$<br>C=C<br>H　　H | H　　$CH_3$<br>C=C<br>$H_3C$　　H |
|---|---|---|
| 3D 结构 | | |
| 顺反异构 | 顺式 | 反式 |

## 2. 烯烃的物理性质

烯烃的物理性质和烷烃很相似，四个碳以下的烯烃在常温下是气体，高级同系物是固体，烯烃密度比水小，不对称的烯烃有微弱的极性，不易溶于水，易溶于苯、乙醚、氯仿等有机溶剂。

对于顺反异构体来说，如 2-丁烯，由于反式异构体的几何形状对称，偶极矩为零，其沸点比顺式异构体低。而熔点则正好相反，结构对称的反式异构体分子在晶格中排列得较为紧密，熔点反而比顺式异构体高，见表 5-14。

**表 5-14　烯烃的物理常数**

| 名称 | | 化学式 | 沸点/℃ | 熔点/℃ | 密度/(g/cm³) |
|---|---|---|---|---|---|
| 乙烯 | | $CH_2=CH_2$ | −103.7 | −169.0 | 0.5660(−102℃) |
| 丙烯 | | $CH_3CH=CH_2$ | −47.4 | −185.2 | 0.5193 |
| 1-丁烯 | | $CH_3CH_2CH=CH_2$ | −6.3 | −185.3 | 0.5951 |
| 2-丁烯 | 顺式 | $H_3C$　　$CH_3$<br>C=C<br>H　　H | 3.7 | −138.9 | 0.6213 |
| | 反式 | $H_3C$　　H<br>C=C<br>H　　$CH_3$ | 0.9 | −105.5 | 0.6042 |
| 异丁烯 | | $H_3C-C=CH_2$<br>\|<br>$CH_3$ | −6.9 | −140.3 | 0.5942 |
| 1-戊烯 | | $CH_3CH_2CH_2CH=CH_2$ | 30.0 | −138 | 0.6405 |
| 1-己烯 | | $CH_3CH_2CH_2CH_2CH=CH_2$ | 63.3 | −139.8 | 0.6731 |
| 1-庚烯 | | $CH_3CH_2CH_2CH_2CH_2CH=CH_2$ | 93.6 | −119.0 | 0.6970 |

注：如无特别说明，表中密度均在 20℃ 下测得。

### 3. 烯烃的化学性质

烯烃的碳碳双键中，$\pi$ 键相对于 $\sigma$ 键受核作用力较小，容易受攻击而打开并与其他原子或基团形成两个 $\sigma$ 键，所以碳碳双键是烯烃的官能团。

在有机化合物分子中，与官能团直接相连的碳原子叫作 $\alpha$-碳原子，$\alpha$-碳原子上的氢原子叫作 $\alpha$-氢原子。例如，丙烯分子中有一个 $\alpha$-碳原子和三个 $\alpha$-氢原子。

$$H_2C{=}CH{-}CH_3$$

α-碳原子
官能团
α-氢原子

烯烃的化学性质主要表现在官能团 C═C 双键以及受 C═C 双键影响较大的 $\alpha$-碳原子上。

(1) 加成反应

C═C 双键中 $\pi$ 键不牢固，较易断裂，在双键的两个碳原子上各加一个原子或基团，形成两个 $\sigma$ 键，这种反应称为加成反应。

$$>C{=}C< + X{-}Y \longrightarrow -\underset{|}{\overset{X}{\overset{|}{C}}}-\underset{|}{\overset{Y}{\overset{|}{C}}}-$$

① 加氢　在催化剂的作用下，烯烃能与氢发生加成反应，叫催化加氢。常用的催化剂有镍、钯、铂等金属。

$$H_3C{-}HC{=}CH_2 + H_2 \xrightarrow{Pt} CH_3CH_2CH_3$$

凡是分子中含有碳碳双键的化合物，都可在适当条件下进行催化加氢。加氢反应是定量完成的，所以可以通过吸收氢的量来确定分子中含有碳碳双键的数目。烯烃的位置异构体和顺反异构体，加氢后都形成一种烷烃。

**【例】** 1-丁烯或 2-丁烯的顺式及反式异构体，加氢后都得到相同产物丁烷。

$$CH_3CH_2CH{=}CH_2 \xrightarrow{H_2/Ni} CH_3CH_2CH_2CH_3$$

$$\text{顺-2-丁烯}\ (H_3C)(H)C{=}C(CH_3)(H) \xrightarrow{H_2/Ni} CH_3CH_2CH_2CH_3$$

$$\text{反-2-丁烯}\ (H_3C)(H)C{=}C(H)(CH_3) \xrightarrow{H_2/Ni} CH_3CH_2CH_2CH_3$$

汽油中含有少量烯烃，性能不稳定，可通过催化加氢使烯烃转变为烷烃，从而提高汽油质量。液态油脂中含有少量烯烃，容易变质，可通过催化加氢将液态油脂转变为固态油脂，便于保存与运输。

② 与卤素加成　烯烃能与氯或溴发生加成反应，生成连二氯代烷或连二溴代烷。这是制备连二氯代烷和连二溴代烷最常用的一种方法。

**【例】** 工业上制备 1,2-二氯乙烷的方法之一如下。1,2-二氯乙烷为无色或淡黄色油状液体，沸点 83℃，相对密度 1.2550，难溶于水，易溶于醇、醚等有机溶剂，主要用作溶剂、萃取剂、熏蒸剂、洗涤剂等，被世界卫生组织国际癌症研究机构列入 2B 类致癌物。

$$H_2C{=}CH_2 + Cl_2 \xrightarrow[40℃]{FeCl_3} \underset{Cl}{H_2C}{-}\underset{Cl}{CH_2}$$

**【例】** 将丙烯通入溴的四氯化碳溶液中，溴的红棕色很快褪去，生成1,2-二溴丙烷。

$$H_3C-HC{=}CH_2+Br_2 \longrightarrow \underset{\text{Br}\quad\text{Br}}{CH_3\underset{|}{C}H\underset{|}{C}H_2}$$

红棕色　1,2-二溴丙烷(无色)

利用烯烃可使溴水褪色这一性质可鉴定分子中是否存在不饱和键。工业上可用此法来检验汽油、煤油中是否含有不饱和烃。

**【反应机理】烯烃加成机理**

烯烃与溴加成不是简单的溴分子分成两个溴原子同时加到双键的两个碳原子上，而是分步进行的。其反应历程是：

当溴与烯烃接近时，Br—Br间的电子受到烯烃π电子作用而极化，使靠近双键的溴原子相对呈现正电性，而另一个溴原子相对呈现负电性，分别以$\delta^+$和$\delta^-$表示。被极化的溴分子与烯烃形成π络合物，然后Br—Br键断裂，形成溴鎓离子的三元环中间体和溴负离子。

$$\begin{matrix}CH_2\\ \|\\ CH_2\end{matrix} + :\ddot{\underset{..}{Br}}-\ddot{\underset{..}{Br}}: \longrightarrow \left[\begin{matrix}CH_2\\ \|\\ CH_2\end{matrix}\rightarrow :\overset{\delta^+}{\ddot{\underset{..}{Br}}}-\overset{\delta^-}{\ddot{\underset{..}{Br}}}:\right] \longrightarrow \begin{matrix}CH_2\\ |\\ CH_2\end{matrix}\!\!>\overset{+}{Br} + Br^-$$

π络合物　　溴鎓离子

形成溴鎓离子这一步是决定反应速率的一步。机理表明反应是分两步进行，这可通过烯烃与溴在不同介质中进行反应来证明。

$$H_2C{=}CH_2+Br_2 \xrightarrow{H_2O} BrCH_2CH_2Br+BrCH_2CH_2OH$$

$$H_2C{=}CH_2+Br_2 \xrightarrow{H_2O,Cl^-} BrCH_2CH_2Br+BrCH_2CH_2Cl+BrCH_2CH_2OH$$

$$H_2C{=}CH_2+Br_2 \xrightarrow{CH_3OH} BrCH_2CH_2Br+BrCH_2CH_2OCH_3$$

上述三个反应，反应速率相同，但产物的比例不同，而且每一个反应中均有$BrCH_2CH_2Br$产生，说明反应的第一步均为$Br^+$与$CH_2{=}CH_2$的加成，而且这是决定反应速率的一步；第二步是反应体系中各种负离子进攻溴鎓离子，得到最终的加成产物，这是快的一步。

由于上述加成反应是由亲电试剂（$Br^+$）的进攻引起的，所以叫亲电加成。

③ 与卤化氢加成　烯烃能与卤化氢（氯化氢、溴化氢、碘化氢）加成生成卤代烷。

a. 对称加成：对称烯烃与对称试剂（如乙烯与氢）、对称烯烃与不对称试剂（如乙烯与卤化氢）、不对称烯烃与对称试剂（丙烯与溴）加成时，都只能得到一种产物。

**【例】** 对称烯烃与溴化氢加成

$$H_2C{=}CH_2+HBr \longrightarrow \underset{\text{H}\quad\text{Br}}{H_2\underset{|}{C}-\underset{|}{C}H_2}$$

溴乙烷

b. 不对称加成：不对称烯烃（丙烯）与不对称试剂（卤化氢）加成时，就可能得到两种产物，这两种产物不平均，产物的分配符合马尔科夫尼科夫（Markovnikov）规则，即当不对称烯烃与卤化氢加成时，氢原子主要加在碳碳双键中含氢较多的碳原子上，简称马氏规则。

$$RCH{=}CH_2+HX \begin{cases}\nearrow RCH(X)CH_3 & \text{主要产物}\\ \searrow RCH_2CH_2X & \text{次要产物}\end{cases}$$

这是因为从反应过程形成的中间离子——碳正离子的稳定性来说，当 $H^+$ 加到 1-C 上和 2-C 上时，分别形成两种不同的碳正离子。

$$R—\overset{2}{C}H═\overset{1}{C}H_2+H^+ \begin{cases} \longrightarrow R—\overset{+}{C}H—CH_3 (Ⅰ) \\ \longrightarrow R—CH_2—\overset{+}{C}H_2 (Ⅱ) \end{cases}$$

很显然，对于（Ⅰ）来说，其碳正离子受到左右两个烃基的 π 电子作用而得到分散，而在（Ⅱ）中，其正电荷只受一侧烃基 π 电子的影响。正电荷分散程度越高，即碳正离子上所连烷基越多，其稳定性越高，所以（Ⅰ）比（Ⅱ）稳定，与卤离子形成化合物的机会多。

**【例】** 不对称的丙烯与溴化氢加成

$$H_3C—CH═CH_2+HBr \longrightarrow \begin{cases} H_3C—\underset{H}{\underset{|}{C}H}—\underset{Br}{\underset{|}{C}H_2} & \text{1-溴丙烷} \\ H_3C—\underset{Br}{\underset{|}{C}H}—\underset{H}{\underset{|}{C}H_2} & \text{2-溴丙烷 主要产物} \end{cases}$$

**【例】**

1-甲基环己烯 $\xrightarrow{HCl}$ 1-甲基-1-氯环己烷（环上标注 $CH_3$、$CH_3$、Cl）

④ 与水加成 在强酸的催化作用下，烯烃与水加成可生成醇，这个反应也叫烯烃的水合，是制备醇的方法之一。不对称烯烃与水的加成符合马氏规则。

**【例】** 烯烃直接加水制备醇称为烯烃直接水合法制醇。这是工业上生产乙醇、异丙醇的重要方法。直接水合法的优点是避免了硫酸对设备的腐蚀，而且省去了稀硫酸的浓缩回收过程。这既可以节约设备投资和减少能源消耗，又避免了酸性废水的污染。但直接水合法的纯度要求较高，需要达到 97%以上。

$$H_2C═CH_2+H_2O \xrightarrow[\text{约 300℃，约 7MPa}]{\text{磷酸-硅藻土}} H_3C—CH_2—OH$$

（2）氧化反应

① 在空气中燃烧 烯烃在空气中可以燃烧，生成二氧化碳和水。

**【例】** 乙烯与氧气燃烧，燃烧时的火焰比甲烷明亮。

$$H_2C═CH_2+3O_2 \xrightarrow{\text{点燃}} 2CO_2+2H_2O$$

② 与高锰酸钾反应 烯烃很容易被高锰酸钾（$KMnO_4$）等氧化剂氧化，可使高锰酸钾溶液褪色，生成褐色的二氧化锰沉淀，这也是鉴定不饱和烃存在的常用方法之一。

在非常缓和的氧化条件下，烯烃中的 π 键可断裂，被氧化成连二醇。在比较强烈的氧化条件下，如使用过量的、热的高锰酸钾或者酸性高锰酸钾溶液氧化烯烃，烯烃碳碳双键完全断裂，生成相应的氧化产物。

从下列反应式中可以看出，不同构造的烯烃，发生强烈氧化时，产物并不相同。双键 C 原子上含 H 原子的部分会氧化为羧酸，不含 H 原子的部分则氧化为酮。

$$RHC═CHR' \xrightarrow[\text{或 }KMnO_4\text{，}H^+]{\text{过量 }KMnO_4\text{，}\triangle} \underset{\text{羧酸}}{R\overset{O}{\overset{\|}{C}}—OH} + \underset{\text{羧酸}}{R'\overset{O}{\overset{\|}{C}}—OH}$$

$$\mathrm{R{-}\underset{\underset{R'}{|}}{C}{=}CH_2 \xrightarrow[\text{或 }KMnO_4,H^+]{\text{过量 }KMnO_4,\triangle} R{-}\overset{\overset{O}{\|}}{C}{-}R' + H_2O + CO_2}$$

酮

【例】 将乙烯通入适量稀、冷高锰酸钾水溶液中，高锰酸钾溶液的紫色逐渐褪去，烯烃被氧化成连二醇，高锰酸钾则被还原成棕褐色的二氧化锰从溶液中析出。

$$\mathrm{3H_2C{=}CH_2 + 2KMnO_4 + 4H_2O \longrightarrow 3\ \underset{\underset{OH}{|}}{CH_2}{-}\underset{\underset{OH}{|}}{CH_2} + 2MnO_2\downarrow + 2KOH}$$

【例】 2-甲基-2-丁烯在酸性高锰酸钾作用下，氧化成丙酮和乙酸。

$$\mathrm{(H_3C)_2C{=}CH{-}CH_3 \xrightarrow[H^+]{KMnO_4} (H_3C)_2C{=}O + \overset{O}{\overset{\|}{C}}(HO){-}CH_3}$$

③ 催化氧化 烯烃催化氧化，在不同的条件下可以生成不同的产物，如乙醛或环氧乙烷。

【例】 乙烯催化氧化制取环氧乙烷和乙醛。

$$\mathrm{H_2C{=}CH_2 + \frac{1}{2}O_2\ (空气) \xrightarrow[100℃,\ 1MPa]{PdCl_2\text{-}CuCl_2} CH_3CHO}$$

乙醛

$$\mathrm{H_2C{=}CH_2 + \frac{1}{2}O_2\ (空气) \xrightarrow[200\sim300℃]{Ag} H_2C{-}CH_2\ (\text{—O—环})}$$

环氧乙烷

(3) 聚合反应

烯烃分子中的C═C双键不但能与其他试剂加成，还能在引发剂或催化剂作用下断裂π键，通过自我加成的方式互相结合，生成高分子化合物，这种反应叫聚合反应。

能发生聚合反应的分子量较小的化合物叫作单体，聚合生成的分子量较大的产物叫作聚合物。如单体乙烯、丙烯等在一定条件下，可分别生成聚乙烯、聚丙烯。常用的催化剂为齐格勒-纳塔催化剂［三乙基铝-四氯化钛，$Al(CH_2CH_3)_3$-$TiCl_4$］。

$$\mathrm{nH_2C{=}CH_2 \xrightarrow[\text{适宜温度、压力}]{\text{催化剂}} {+}CH_2{-}CH_2{+}_n}\ \text{聚乙烯}$$

$$\mathrm{nCH_3{-}CH{=}CH_2 \xrightarrow[\text{适宜温度、压力}]{Al(C_2H_5)_3\text{-}TiCl_4} {+}\underset{\underset{CH_3}{|}}{CH}{-}CH_2{+}_n}\ \text{聚丙烯}$$

## 三、炔烃的结构和性质

### 1. 炔烃的结构

乙炔分子中，碳原子外层的四个价电子以sp杂化方式杂化，即一个s轨道与一个p轨道杂化，组成两个等同sp杂化轨道，两个sp杂化轨道的轴在一条直线上，如图5-6所示。在乙炔分子中，两个sp杂化的碳原子各用一个sp杂化轨道以“头对头”方式重叠形成一个σ键，另一个sp杂化轨道各与氢结合成C—H键，所以乙炔分子中的碳原子和氢原子都在一条直线上，也就是键角180°。每个碳原子上余下的两个p轨道，它们的轴互相垂直，分别平行重叠，形成两个互相垂直的π键，所以碳碳叁键是由一个σ键和两个π键组成的。

实验证明乙炔为线形分子，碳碳叁键的键长比碳碳双键短，为0.120nm，键能为

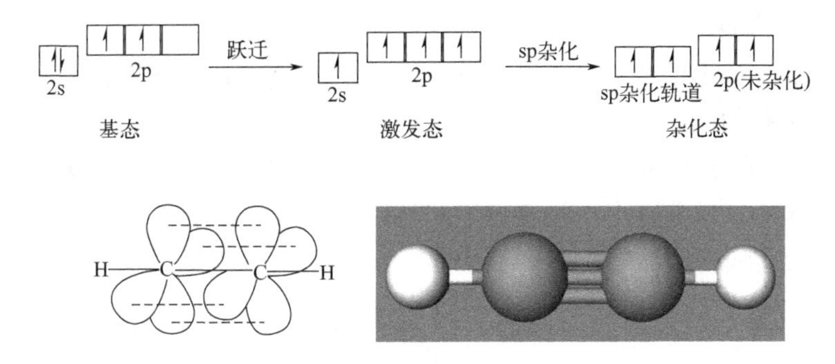


图 5-6　sp 杂化碳原子及乙炔分子示意图

835kJ/mol，比碳碳双键及碳碳单键的键能大。4 个碳原子以上的炔烃，有碳链异构与叁键位置异构，但没有几何异构。

## 2. 炔烃的物理性质

炔烃的沸点、密度等都比相应的烯烃略高些（表 5-15）。4 个碳原子以下的炔烃在常温下为气体，炔烃比水轻，有微弱的极性，不易溶于水，易溶于石油醚、苯、乙醚、丙酮等有机溶剂。

表 5-15　炔烃的物理常数

| 名称 | 化学式 | 3D 结构 | 沸点/℃ | 熔点/℃ | 密度/(g/cm³) |
|---|---|---|---|---|---|
| 乙炔 | HC≡CH | | −84.0 | −80.8 | 0.6208(−82℃) |
| 丙炔 | $CH_3C≡CH$ | | −23.2 | −101.5 | 0.7062(−50℃) |
| 1-丁炔 | $CH_3—CH_2—C≡CH$ | | 8.1 | −125.7 | 0.6784(0℃) |
| 2-丁炔 | $H_3C—C≡C—CH_3$ | | 27.0 | −32.2 | 0.6910 |
| 1-戊炔 | $CH_3CH_2CH_2C≡CH$ | | 40.2 | −90.0 | 0.6901 |
| 2-戊炔 | $CH_3CH_2C≡CCH_3$ | | 56.0 | −101.0 | 0.7107 |
| 3-甲基-1-丁炔 | $H_3C—CH(CH_3)—C≡CH$ | | 29.5 | −89.7 | 0.6660 |

注：除注明外，其余物质的密度均为 20℃时的数据。

### 3. 炔烃的化学性质

炔烃含有碳碳叁键不饱和键，可以进行与烯烃相似的加成反应，如氢、卤素、卤化氢、水等都能和炔烃进行加成。

乙炔分子中的碳原子为 sp 杂化，与 $sp^2$ 或 $sp^3$ 杂化相比，含有较多的 s 轨道成分（50%）。杂化轨道中 s 成分越多，轨道离原子核距离越近，原子核对 sp 杂化轨道的电子约束力越大。换言之，sp 杂化的碳原子电负性比 $sp^2$ 和 $sp^3$ 杂化的较强，其电负性强弱顺序为：

$$sp > sp^2 > sp^3$$

由于 sp 杂化碳原子的电负性较强，所以炔烃虽然有两个 π 键，但不像烯烃那么容易给出电子，因此炔烃的亲电加成反应要比烯烃慢一些。

（1）加成反应

炔烃含有碳碳叁键，能与 $H_2$、HX、$X_2$、$H_2O$、ROH、RCOOH 等进行加成反应。

① 与氢加成　炔烃在 Pt、Pd、Ni 等催化剂存在下加氢，先生成烯烃，再生成烷烃。在氢气过量的情况下，加氢反应不易停留在烯烃阶段，而是生成烷烃。炔烃加氢反应比烯烃容易进行，工业上常利用这种方法，通过控制氢气用量使石油裂解气中微量的乙炔转化为乙烯，以提高裂解气中乙烯的含量。

**【例】** 2-丁炔的加氢产物为丁烷。

$$H_3C—C{\equiv}C—CH_3 \xrightarrow[\text{Pt,Pd 或 Ni}]{2H_2} H_3C—CH_2—CH_2—CH_3$$

若选用催化活性较低的林德拉（Lindlar）催化剂（沉淀在 $BaSO_4$ 或 $CaCO_3$ 上的金属钯，加入喹啉或醋酸铅使钯部分中毒，以降低其催化活性），可使炔烃的催化加氢反应停留在生成烯烃的阶段，得顺式烯烃。

**【例】** 炔烃在 Lindlar 催化剂的作用下，发生部分加氢反应生成烯烃，而烯烃不反应。

$$H_3C—C{\equiv}C—CH_3 + H_2 \xrightarrow[PbAc_2]{Pd/CaCO_3} \underset{H}{\overset{H_3C}{}}\!\!\!\!\!\!\!\;\;C{=}C\;\underset{H}{\overset{CH_3}{}}$$

顺式 2-丁烯

$$CH_2{=}CH—C{\equiv}CH + H_2 \xrightarrow[PbAc_2]{Pd/CaCO_3} CH_2{=}CH—CH{=}CH_2$$

② 与卤素加成　炔烃可以和卤素加成，先生成二卤烯烃，若卤素过量可继续加成，生成四卤化物。可通过控制反应条件，使反应停留在二卤化物阶段。

**【例】** 工业上利用氯气和乙炔加成制得四氯乙烷。

$$HC{\equiv}CH \xrightarrow[Cl_2]{FeCl_3} \underset{Cl\;\;\;Cl}{HC{=}CH} \xrightarrow[Cl_2]{FeCl_3} \underset{Cl\;\;\;Cl}{\overset{Cl\;\;\;Cl}{HC—CH}}$$

**【例】** 炔烃与溴加成反应，可根据溴的褪色检验不饱和键的存在。

$$CH_3C{\equiv}CCH_3 \xrightarrow[-20℃]{Br_2,\text{乙醚}} \underset{Br\;\;\;\;\;\;CH_3}{\overset{H_3C\;\;\;\;\;\;Br}{C{=}C}}$$

$$CH_3C{\equiv}CCH_3 \xrightarrow[25℃]{2Br_2} CH_3CBr_2CBr_2CH_3$$

③ 与卤化氢加成 不对称炔烃与不对称试剂（如卤化氢）加成时，同样遵循马氏规则。但炔烃反应活性不如烯烃。

$$R-C\equiv CH \xrightarrow{HX} R-\underset{\substack{|\\X}}{C}=CH_2 \xrightarrow{HX} R-\underset{\substack{|\\X}}{\overset{\substack{X\\|}}{C}}-CH_3$$

**【例】** 工业上用乙炔和 HCl 加成生成氯乙烯。氯乙烯可以进一步和 HCl 加成，生成1,1-二氯乙烷。

$$HC\equiv CH + HCl \xrightarrow[150\sim160℃]{HgCl_2\text{-活性炭}} H_2C=CH-Cl$$

$$H_2C=CH-Cl + HCl \xrightarrow[220℃]{HgCl_2\text{-活性炭}} CH_3CHCl_2$$

④ 与水加成 炔烃要在强酸和汞盐的催化下才能与水加成，而且得到的产物烯醇很不稳定，羟基（—OH）上的氢原子很快按下面箭头所指的方向转移到相邻的双键碳原子上，发生重排而转化成羰基（$-\overset{\substack{O\\\|}}{C}-$）。该反应是工业上合成乙醛和丙酮的重要方法之一，称为炔烃的直接水合法。

$$R-C\equiv CH \xrightarrow[HgSO_4]{H_2O,H_2SO_4} \left[\begin{matrix} R-C=CH_2 \\ | \\ O \\ | \\ H \end{matrix}\right] \rightleftharpoons R-\underset{\substack{\|\\O}}{C}-CH_3$$

**【例】** 乙炔和水加成生成乙醛。

$$HC\equiv CH + H_2O \xrightarrow[10\%H_2SO_4]{5\%HgSO_4} \underset{\text{乙烯醇}}{H_2C=\underset{}{\overset{\substack{H\ O\\ \ \ |}}{C}}H} \xrightarrow{\text{分子重排}} \underset{\text{乙醛}}{H_3C-C\overset{O}{\underset{H}{\lessgtr}}}$$

不对称炔烃加水时，产物同样遵循马氏规则。除乙炔外，其他炔烃加水，最终的产物都是酮，末端炔烃与水加成产物为甲基酮。

**【例】** 丙炔和水加成生成丙酮。

$$H_3C-C\equiv CH + H_2O \xrightarrow[10\%H_2SO_4]{5\%HgSO_4} \left[\begin{matrix} O\,H \\ | \\ H_3C-C=CH_2 \end{matrix}\right] \xrightarrow{\text{分子重排}} H_3C-C\overset{O}{\underset{CH_3}{\lessgtr}}$$

⑤ 与酸加成（亲核加成） 炔烃在酸催化下易与 HCN、RCOOH 等弱酸发生加成反应。

**【例】** 乙炔与乙酸在醋酸锌-活性炭的催化下，加成反应得到重要的化工原料醋酸乙烯。

$$HC\equiv CH + CH_3COOH \xrightarrow[170\sim230℃]{\text{醋酸锌-活性炭}} \underset{\text{醋酸乙烯}}{CH_2=CHOOCCH_3}$$

**【例】** 乙炔与氢氰酸反应生成丙烯腈。丙烯腈是用途广泛的有机合成中间体和合成高分子化合物的原料。

$$HC\equiv CH \xrightarrow[CuCl_2/NH_4Cl]{HCN} \underset{\text{丙烯腈}}{H_2C=CH-CN}$$

（2）金属炔化物的生成（炔烃活泼氢原子的反应）

由于 sp 杂化碳原子的电负性比 $sp^2$ 或 $sp^3$ 杂化碳原子的电负性强，与 sp 杂化碳原子相连的氢原子具有一定的酸性，能被某些金属离子取代。

在氨溶液中可被银离子、亚铜离子取代，生成金属炔化物。炔化银为灰白色沉淀，炔化亚铜为红棕色沉淀。该反应只有 C≡C 在碳链的末端且有氢时才能发生，根据这一反应可以鉴别 C≡C 是在末端还是在中间。

$$R—C \equiv CH + \begin{cases} [Ag(NH_3)_2]^+ \longrightarrow RC\equiv CAg\downarrow + NH_4^+ + NH_3 \\ \qquad\qquad\qquad\quad \text{乙炔银,灰白色} \\ [Cu(NH_3)_2]^+ \longrightarrow RC\equiv CCu\downarrow + NH_4^+ + NH_3 \\ \qquad\qquad\qquad\quad \text{乙炔亚铜,红棕色} \end{cases}$$

**【例】** 乙炔的反应

$$CH\equiv CH + 2Ag(NH_3)_2NO_3 \longrightarrow AgC\equiv CAg\downarrow + 2NH_4NO_3 + 2NH_3$$

这是末端炔烃的一个特征反应，反应非常灵敏，现象明显，常用于乙炔以及其他末端炔烃的分析、鉴定。

金属炔化物在干燥状态下受热或撞击时易发生爆炸，所以生成的金属炔化物要及时用硝酸分解掉。

(3) 氧化反应

① 炔烃的燃烧 炔烃在空气中燃烧，生成二氧化碳和水，同时放出大量的热。

**【例】** 乙炔在氧气中燃烧时产生的氧炔焰可达 3000℃以上的高温，在工业上用于切割和焊接金属。

$$HC\equiv CH + \frac{5}{2}O_2 \xrightarrow{\text{燃烧}} 2CO_2 + H_2O$$

② 被高锰酸钾氧化 炔烃容易被高锰酸钾等氧化剂氧化，碳碳叁键完全断裂。在氧化反应过程中，高锰酸钾的紫红色逐渐褪去，同时生成棕褐色的二氧化锰沉淀。

**【例】** 乙炔被高锰酸钾氧化生成二氧化碳。

$$3HC\equiv CH + 10KMnO_4 + 2H_2O \longrightarrow 6CO_2 + 10KOH + 10MnO_2\downarrow$$

除乙炔之外，其他末端炔烃可被高锰酸钾氧化生成羧酸和二氧化碳，非末端炔烃生成两分子羧酸。可根据高锰酸钾溶液的褪色和二氧化锰棕褐色沉淀的生成来鉴别炔烃。此外，还可根据氧化产物的不同来判断炔烃中叁键的位置，从而确定原来炔烃的结构。

$$R—C\equiv CH \xrightarrow[H_2O]{KMnO_4} R—COOH + CO_2$$

$$R—C\equiv C—R' \xrightarrow[H_2O]{KMnO_4} R—COOH + R'—COOH$$

(4) 聚合反应

炔烃也能聚合，但较烯烃困难，在不同的反应条件下，生成不同的聚合产物。

**【例】** 乙炔的二聚

在氯化亚铜-氯化铵的盐酸溶液中，乙炔可以发生二聚，生成乙烯基乙炔。乙烯基乙炔与氯化氢加成，生成 2-氯-1,3-丁二烯，它是合成氯丁橡胶的原料。

$$HC\equiv CH + HC\equiv CH \xrightarrow[\text{少量 HCl,约 70℃}]{Cu_2Cl_2\text{-}NH_4Cl} H_2C=CH—C\equiv CH$$

$$H_2C=CH—C\equiv CH + HCl \xrightarrow{Cu_2Cl_2\text{-}NH_4Cl} H_2C=CH—\underset{\underset{Cl}{|}}{C}=CH_2$$

**【例】** 乙炔的高分子聚合物

在齐格勒-纳塔催化剂（三乙基铝-四氯化钛）作用下，乙炔可以聚合成线型高分子化合物——聚乙炔。

$$n\ HC \equiv CH \xrightarrow{Al(CH_2CH_3)_3\text{-}TiCl_4} \text{⁅}\underset{H}{C}=\underset{H}{C}\text{⁆}_n$$

## 四、共轭二烯烃的结构和性质

视频 5-3
认识丁二烯

### 1. 认识共轭二烯烃

（1）二烯烃的化学式

分子中含有两个 C═C 双键的烃叫双烯烃或二烯烃。有三种类型：

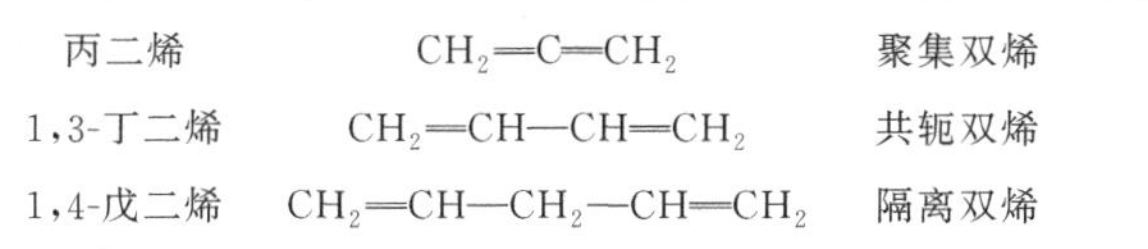

| 丙二烯 | $CH_2═C═CH_2$ | 聚集双烯 |
| --- | --- | --- |
| 1,3-丁二烯 | $CH_2═CH—CH═CH_2$ | 共轭双烯 |
| 1,4-戊二烯 | $CH_2═CH—CH_2—CH═CH_2$ | 隔离双烯 |

双烯烃的通式（$C_nH_{2n-2}$）与炔烃相同，它与炔烃互为异构体。这种异构体间的区别在于官能团不同，所以叫官能团异构。

三种不同类型的二烯烃中，聚集二烯烃由于分子中的两个双键连在同一个碳原子上，很不稳定，自然界中极少存在。隔离二烯烃分子中的两个双键相距较远，彼此没有什么影响，相当于两个孤立的烯烃，与烯烃的性质相似。三类二烯烃中最重要的是共轭双烯，分子中的两个双键被一个单键连接起来，如 1,3-丁二烯，具有特殊的反应性能。

（2）二烯烃的命名

二烯烃的系统命名原则与烯烃相似。取含双键最多的最长碳链作为主链，称为某二烯，这是该化合物的母体名称。主链碳原子的编号从离双键较近的一端开始，双键的位置由小到大排列，写在母体名称前，并用一短线相连。取代基的位置由与它连接的主链上的碳原子的位次决定，写在取代基的名称前，用一短线与取代基的名称相连。

写名称时，取代基在前，母体在后。

$CH_2═C═CHCH_3$
1,2-丁二烯

$CH_2═CH—CH═CH_2$
1,3-丁二烯

$\overset{6}{C}H_3—\overset{5}{C}H(CH_3)—\overset{4}{C}H═\overset{3}{C}H—\overset{2}{C}H═\overset{1}{C}H_2$
5-甲基-1,3-己二烯

$\overset{5}{C}H_3—\overset{4}{C}(CH_3)═\overset{3}{C}H—\overset{2}{C}(CH_2—CH_3)═\overset{1}{C}H_2$
4-甲基-2-乙基-1,3-戊二烯

### 2. 共轭二烯烃的结构

在 1,3-丁二烯分子中，C═C 键长是 0.137nm，比乙烯中的 C═C 键（0.134nm）稍长，而比烷烃中的 C—C 键（0.146nm）要短，物理及化学性质方面也不完全等同于单烯烃或隔离双烯烃，这都是由它特殊的分子结构决定的。

在 1,3-丁二烯分子中，4 个碳原子都是 $sp^2$ 杂化，各有一个未参与杂化的 p 轨道且相互平行，并垂直于所有 σ 键所组成的平面，如图 5-7 所示。这样，不仅 1-C 与 2-C 间及 3-C 与 4-C 间的 p 轨道可以相互重叠形成 π 键，而且 2-C 与 3-C 间的 p 轨道也可以部分重叠，使共轭双烯中四个 p 电子的运动范围不再局限于某两个碳原子周围，而是运动于四个碳原子核的外围，形成一个“共轭 π 键”（或叫大 π 键）。

具有共轭 π 键的体系称为共轭体系。在共轭体系中，由于原子间的相互影响而使体系内的 π 电子（或 p 电子）分布发生变化的一种电子效应称为共轭效应。共轭效应表现在物理性质和化学性质的许多方面，具有如下特点：

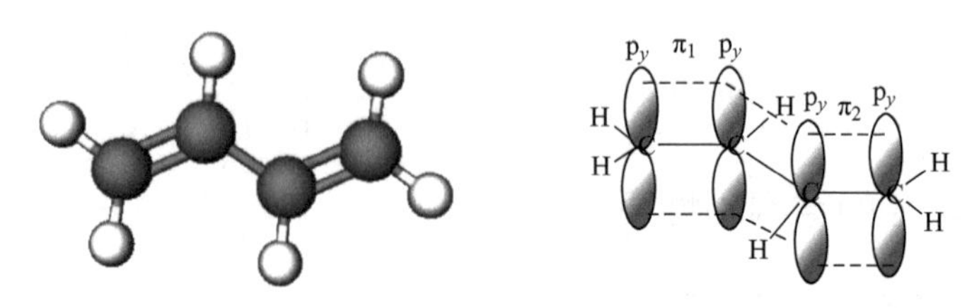


图 5-7 1,3-丁二烯分子的分子结构和 p 轨道重叠示意图

① 键长趋于平均化。共轭体系的 C═C 双键和 C—C 单键的键长趋于平均化。

② 极性交替现象沿共轭链传递。当共轭体系被外界试剂进攻时，形成共轭键的原子上的电荷会发生正、负极性交替现象，这种现象可沿共轭链传递而不减弱。

$$\overset{\delta^+}{\underset{4}{C}}H_2=\overset{\delta^-}{\underset{3}{C}}H-\overset{\delta^+}{\underset{2}{C}}H=\overset{\delta^-}{\underset{1}{C}}H_2 \longleftarrow \underset{\text{试剂}}{A^+-B^-}$$

由于分子中的极性交替现象，使 1,3-丁二烯既可发生 1,2-加成，也可发生 1,4-加成。

③ 共轭体系能量较低，性质比较稳定。

### 3. 1,3-丁二烯的物理性质

1,3-丁二烯（$CH_2=CH-CH=CH_2$）为无色气体，有特殊气味。稍溶于水，溶于乙醇、甲醇，易溶于丙酮、乙醚、氯仿等。丁二烯是生产合成橡胶（丁苯橡胶、顺丁橡胶、丁腈橡胶、氯丁橡胶）的主要原料。

### 4. 1,3-丁二烯的化学性质

与 C═C 双键相似，发生的化学反应主要是加成和聚合反应。此外，由于共轭效应的影响，共轭二烯烃还可发生一些特殊的化学反应。

（1）加成反应

① 催化加氢　在铂、钯或雷尼镍等催化剂的作用下，1,3-丁二烯既可与一分子氢加成生成 1,2-加成产物（1-丁烯）和 1,4-加成产物（2-丁烯），又可与两分子氢加成生成正丁烷。

$$\overset{1}{C}H_2=\overset{2}{C}H-\overset{3}{C}H=\overset{4}{C}H_2+H_2\xrightarrow[\text{催化剂}]{\text{1,2-加成}}CH_3-CH_2-CH=CH_2\xrightarrow[\text{催化剂}]{H_2}CH_3-CH_2-CH_2-CH_3$$

$$\overset{1}{C}H_2=\overset{2}{C}H-\overset{3}{C}H=\overset{4}{C}H_2+H_2\xrightarrow[\text{催化剂}]{\text{1,4-加成}}CH_3-CH=CH-CH_3\xrightarrow[\text{催化剂}]{H_2}CH_3-CH_2-CH_2-CH_3$$

② 加卤素或卤化氢　1,3-丁二烯具有烯烃的一般性质，能与氢、卤素、卤化氢等试剂加成。

烯烃与溴加成是亲电加成，$Br^+$ 首先进攻 1,3-丁二烯的 1-C 或 4-C 使它形成离域碳正离子，$Br^-$ 可以与离域碳正离子任一端（即 2-C 或 4-C）结合形成 1,2-加成产物和 1,4-加成产物。

$$CH_2=CH-CH=CH_2+Br^+\longrightarrow \underset{Br}{\underset{|}{C}}H_2\overset{+}{C}H-CH=CH_2\longrightarrow H_2\underset{Br}{\underset{|}{C}}-\underbrace{CH\cdots CH\cdots CH_2}_{+}$$

$$CH_2=CH-CH=CH_2\xrightarrow[CHCl_3]{Br_2}\underset{\text{1,4-加成产物}}{\underset{Br}{\underset{|}{C}}H_2CH=CH\underset{Br}{\underset{|}{C}}H_2}+\underset{\text{1,2-加成产物}}{CH_2=CH\underset{Br}{\underset{|}{C}}H\underset{Br}{\underset{|}{C}}H_2}$$

两种产物的比例取决于共轭双烯的结构和反应条件。控制反应条件，可调节两种产物的比例。如在低温下或非极性溶剂中有利于 1,2-加成产物的生成，升高温度或在极性溶剂中则有利于 1,4-加成产物的生成。例如：

$$\mathrm{H_2C{=}CH{-}CH{=}CH_2 + Br_2} \begin{cases} \xrightarrow{\text{正己烷}/-15℃} \underset{62\%}{\mathrm{H_2C(Br){-}CH(Br){-}CH{=}CH_2}} + \underset{38\%}{\mathrm{H_2C(Br){-}CH{=}CH{-}CH_2(Br)}} \\ \xrightarrow{\mathrm{CHCl_3}/-15℃} \underset{37\%}{\mathrm{H_2C(Br){-}CH(Br){-}CH{=}CH_2}} + \underset{63\%}{\mathrm{H_2C(Br){-}CH{=}CH{-}CH_2(Br)}} \end{cases}$$

$$\mathrm{H_2C{=}CH{-}CH{=}CH_2 + Br_2} \begin{cases} \xrightarrow{-80℃} \underset{80\%}{\mathrm{H_3C{-}CH(Br){-}CH{=}CH_2}} + \underset{38\%}{\mathrm{H_2C(Br){-}CH{=}CH{-}CH_3}} \\ \xrightarrow{40℃} \underset{20\%}{\mathrm{H_3C{-}CH(Br){-}CH{=}CH_2}} + \underset{80\%}{\mathrm{H_2C(Br){-}CH{=}CH{-}CH_3}} \end{cases}$$

1,3-丁二烯与卤素或卤化氢的加成是亲电加成。与卤化氢加成时，符合马氏规则。

$$\mathrm{CH_2{=}CH{-}CH{=}CH_2 + HBr} \xrightarrow{40℃} \underset{\substack{\text{1,2-加成产物} \\ 20\%}}{\mathrm{CH_2{=}CH{-}CHBr{-}CH_3}} + \underset{\substack{\text{1,4-加成产物} \\ 80\%}}{\mathrm{CH_3{-}CH{=}CH{-}CH_2Br}}$$

(2) 聚合反应

共轭二烯烃也容易发生聚合反应生成高分子化合物，工业上利用这一反应来生产合成橡胶。

**【例】** 1,3-丁二烯在络合催化剂（如三异丁基铝-三氟化硼乙醚络合物-环烷酸镍）的催化下，以苯或加氢汽油为溶剂，在 40～70℃进行聚合生成顺丁橡胶。

$$n\,\mathrm{H_2C{=}CH{-}CH{=}CH_2} \xrightarrow{\text{络合催化剂}} \left[\mathrm{{-}CH_2{-}CH{=}CH{-}CH_2{-}}\right]_n \ (\text{顺式})$$

## 五、烯炔烃的应用

### 1. 乙烯

乙烯是一种重要的化工原料，其主要来源为石油化工，可用于生产聚乙烯塑料和乙醇、环氧乙烷、乙醛等化工产品。其中聚乙烯无毒，是制作食品包装的重要原料。

### 2. 乙炔

乙炔是最重要的一种炔烃，可从石油中炼制，也可由电石（$CaC_2$）水解生成。乙炔在工业中可用于照明、焊接及切断金属（氧炔焰），也是制造乙醛、醋酸、苯、合成橡胶、合成纤维等的基本原料。乙炔在较大的压力下，爆炸力极强。乙炔的安全运输方法是用一定的压力将乙炔压入装有用丙酮浸渍的多孔物质［如硅藻土、石棉、栓皮（软木）］的钢瓶中。

### 3. 丁二烯

丁二烯是聚合生成橡胶的重要原料。聚丁二烯由于聚合条件不同，可产生 1,2-聚丁二烯、顺式 1,4-聚丁二烯、反式 1,4-聚丁二烯三种异构体，通常的商品为上述三种结构的混合物，只是含量不同。

$$\left[ \overset{H_2}{C} - \underset{H}{C} = \underset{H}{C} - \overset{H_2}{C} \right]_n$$

顺丁橡胶

如前所述，顺丁橡胶是丁二烯按1,4-加成、首尾相连而成的顺式聚合物。顺丁橡胶的分子结构比较规整，主链上无取代基，分子间作用力小，分子中有大量的可发生内旋转的C—C单键，使分子十分“柔软”。同时分子中还存在许多具有反应性的C═C键，因此这种橡胶具有弹性高、滞后损失和生热小（分子运动阻力小，形变易恢复）、低温性能好（适用于寒冷地区胎面）、耐磨性较好、与其他橡胶相容性好等优点。顺丁橡胶在合成橡胶中的产量占世界第二位，仅次于丁苯橡胶，其产量的85%～90%用于制造轮胎。

### 4. 聚乙炔的大共轭结构

聚乙炔的分子结构与1,3-丁二烯的结构类似，可认为是无限延长的共轭烯烃结构。在聚乙炔分子链上形成一个庞大的π电子共轭体系，因此，聚乙炔上的电子能在长长的分子内流动，即可以离域，具有导电性，如图5-8所示。在聚乙炔中掺杂$I_2$、$Br_2$等，可使其电导率达到金属水平，称为“合成金属”。

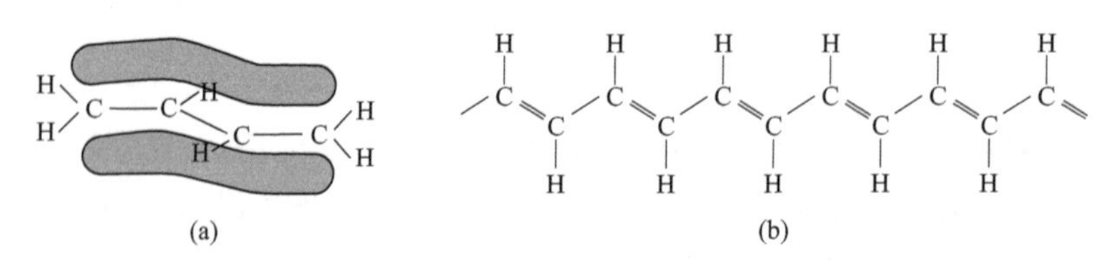


图5-8 1,3-丁二烯的电子离域（a）与聚乙炔的结构（b）

## 项目三 芳香烃

**【案例导入】合理地使用芳香烃，促进我国化工水平的发展**

对二甲苯（PX）是一种典型的芳香烃产品，低毒（毒性大于食盐小于酒精，与咖啡同级）、可燃、不溶于水。PX的产量是反映一个国家化工水平的标志性产品之一。

我国是全世界最大的PX消费国，保障PX产业的健康发展，对促进我国的化纤行业及石油产业的发展，提升我国的国际竞争力至关重要。作为一种基础原料，PX与人们的生活息息相关。首先，PX是矿泉水瓶、药物胶囊等包装材料及涤纶等日用消费品生产的原材料之一；其次，PX可用于降低汽油中的硫含量，提高汽油的辛烷值，改善汽油品质，从而为减少城市雾霾做贡献；最后，PX是生产油墨、染料、涂料等化工产品的重要原料和溶剂。随着技术的进步，PX的下游产品聚酯（PET）正在逐步取代铝、玻璃、陶瓷和纸张，应用于电子电气、汽车及机械制造行业。

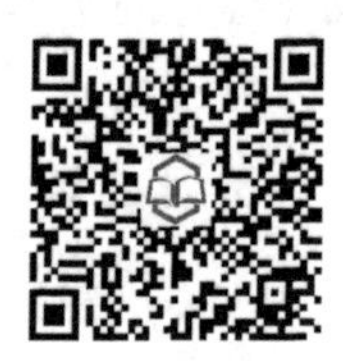

视频5-4
苯的结构
和性质

我国作为第三个掌握PX生产核心技术的国家，在PX的生产上融合设备监测系统、运行操作系统、安全防范仪表系统等高度信息化系统保障生产稳定进行，完全达到国际标准，可实现安全无害生产。因此，要从国民经济长远利益的高度充分认识到发展PX产业的必要性和重要性。了解对二甲苯等芳香烃类化合物，合理地使用芳香烃，对我国化工水平的发展具有重要的促进作用。

## 一、认识芳香烃

### 1. 芳香烃的分类

芳香烃（简称芳烃）是石油中的一个重要组分。芳香烃可分为两大类：含苯环芳香烃，大多数芳烃属于此类；不含苯环芳香烃，如环戊二烯基负离子、[18] 轮烯等。本书主要介绍含苯环芳香烃。根据分子中所含苯环的数目，可将含苯环芳香烃分为单环芳香烃、多环芳香烃、稠环芳香烃。多环芳香烃又可以分为联苯、多苯代烷烃。

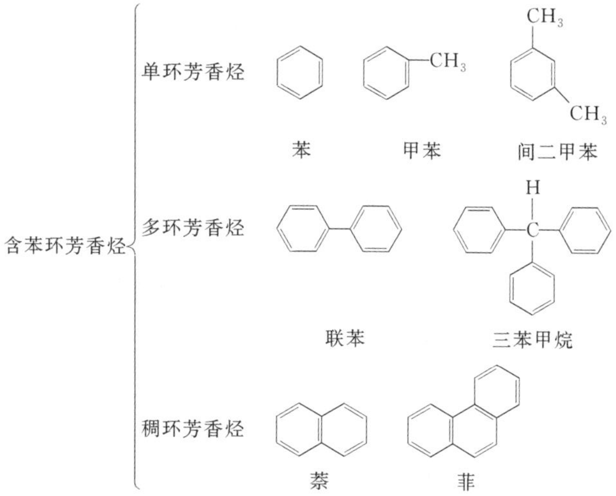

含苯环芳香烃
单环芳香烃：苯、甲苯（$-CH_3$）、间二甲苯（$CH_3$、$CH_3$）
多环芳香烃：联苯、三苯甲烷（H—C）
稠环芳香烃：萘、菲

单环芳香烃：分子中只含有一个苯环的芳香烃。

多环芳香烃：分子中含有两个或两个以上苯环的芳香烃。

稠环芳香烃：分子中含有由两个或多个苯环彼此间通过共用两个相邻碳原子稠合而成的芳香烃。

### 2. 含苯环芳香烃的命名

（1）单环芳香烃的命名

苯及同系物的命名有两种：一种是以苯为母体，烃基作为取代基，称为××苯，如甲苯、乙苯、异丙苯等；另一种是以苯为取代基，苯环以外的部分作为母体，称为苯（基）××，如苯乙烯、二苯甲烷、三苯甲烷等。

① 以苯为母体的命名

a. 单取代苯的命名，如下所示。

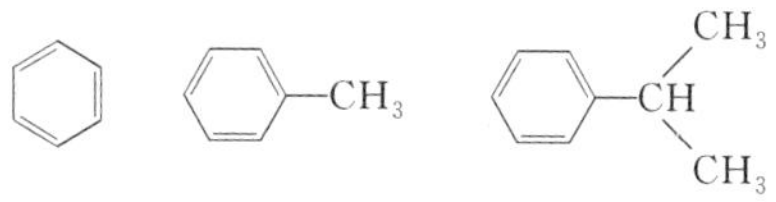

苯　　甲(基)苯（$-CH_3$）　　异丙苯（$-CH(CH_3)_2$）

b. 二元取代苯的命名。苯的二元烃基取代物有三种异构体，它们是由取代基团在苯环上的相对位置的不同而引起的，命名时用邻或 *o*-表示两个取代基团处于邻位，用间或 *m*-表示两个取代基团处于中间相隔一个碳原子的两个碳上，用对或 *p*-表示两个取代基团处于对角位置，邻、间、对也可用 1,2-、1,3-、1,4-表示。

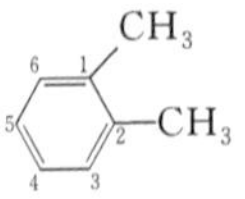

邻二甲苯（*o*-二甲苯）1,2-二甲苯　间二甲苯（*m*-二甲苯）1,3-二甲苯　对二甲苯（*p*-二甲苯）1,4-二甲苯

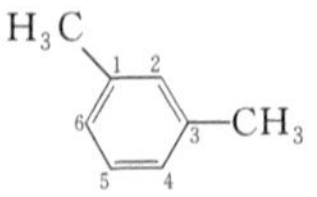

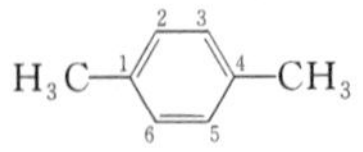

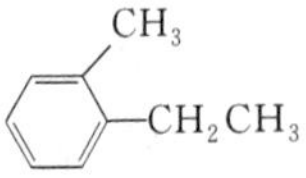

邻甲基乙苯 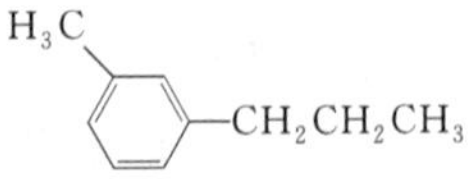　间甲基丙苯 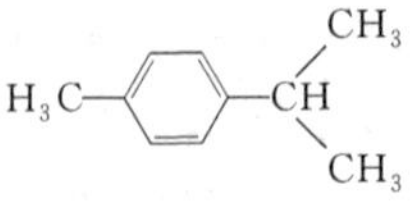　对甲基异丙苯

c. 三元取代苯的命名。若苯环上有三个相同的取代基，常用“连”为词头，表示三个基团处在1,2,3-位。用“偏”为词头，表示三个基团处在1,2,4-位。用“均”为词头，表示三个基团处在1,3,5-位。例如：

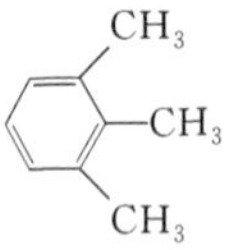

1,2,3-三甲苯（连三甲苯） 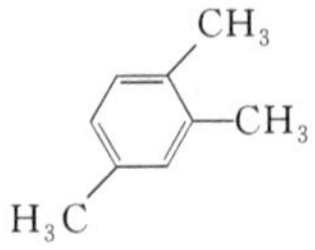　1,2,4-三甲苯（偏三甲苯） 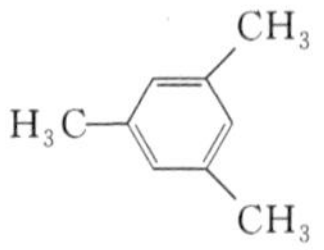　1,3,5-三甲苯（均三甲苯）

当苯环上有两个或多个取代基时，苯环上的编号应符合最低系列原则。而当应用最低系列原则无法确定哪一种编号优先时，与单环烷烃的情况一样，命名时应让顺序规则中较小的基团位次尽可能小。

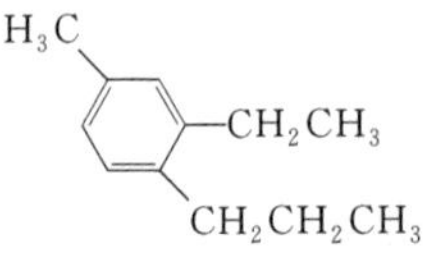

1-甲基-3-乙基-4-丙基苯 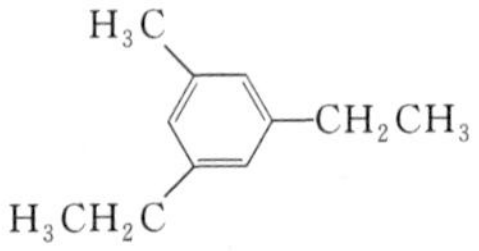　1-甲基-3,5-二乙基苯

② 以苯为取代基的命名　苯分子减去一个氢原子后剩下的基团称为苯基（可用Ph-表示），苯基是最简单的芳基。

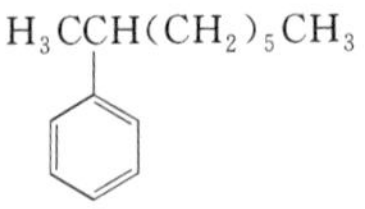

$H_3CCH(CH_2)_5CH_3$

2-苯基辛烷 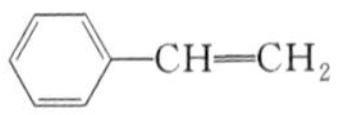　苯乙烯 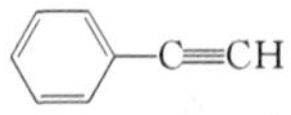　苯乙炔

芳香烃去掉一个氢原子剩下的部分为芳基（用Ar-表示），重要的芳基有：

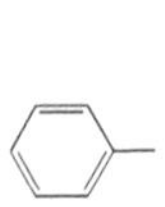

苯基 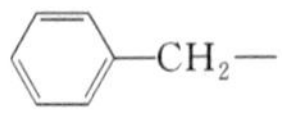　苯甲基 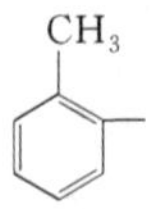　邻甲苯基

(2) 多环芳香烃的命名

分子中含有多个苯环的烃称为多环芳香烃。主要有多苯代烷烃、联苯。

① 多苯代烷烃的命名　链烃分子中的氢被两个或多个苯基取代的化合物称为多苯代烷烃。命名时，一般是将苯基作为取代基，链烃作为母体。

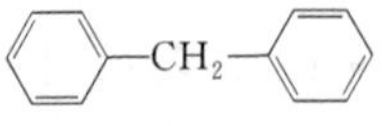

二苯甲烷 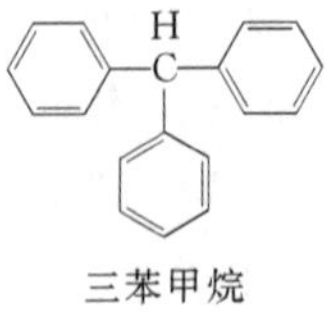　三苯甲烷 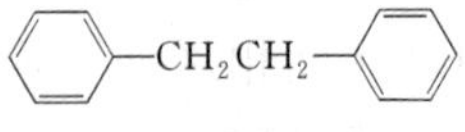　1,2-二苯基乙烷

② 联苯型化合物的命名　两个或多个苯环以单键直接相连的化合物称为联苯型化合物。

二联苯（简称联苯）　　三联苯

(3) 稠环芳香烃的命名

两个或多个苯环共用两个邻位碳原子的化合物称为稠环芳香烃。

萘　　蒽　　菲

## 二、苯、甲苯、二甲苯的结构和性质

炼油厂所生产的重组汽油和裂解汽油中，均含 40%～60%的 BTX（苯-甲苯-二甲苯混合物，简称轻质芳烃）。生产时需首先将重组汽油和裂解汽油中的 BTX 分离出来，再对苯、甲苯和对二甲苯进行纯化。

### 1. 苯的结构

苯的分子式为 $C_6H_6$，苯分子中的 6 个碳原子和 6 个氢原子都在一个平面内，是正六边形结构，6 个原子间形成的 6 个碳碳键键长完全相等（0.1396nm），所有键角都是 120°，说明苯环中没有单键双键的区别。

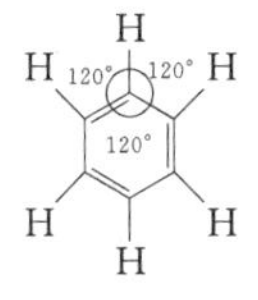


杂化理论认为，苯分子中的碳原子都是以 $sp^2$ 方式杂化，每个碳原子都以 3 个 $sp^2$ 杂化轨道分别与碳和氢形成 3 个 σ 键，每个碳原子上剩下的未参与杂化的 p 轨道垂直于苯分子形成的平面而相互平行。这些 p 轨道之间通过“肩并肩”的方式相互重叠，形成一个“环闭的共轭体系”，电子云像两个轮胎一样分布在苯环平面的上、下两侧，成为环绕整个分子平面上下运动的电子流，如图 5-9 所示。

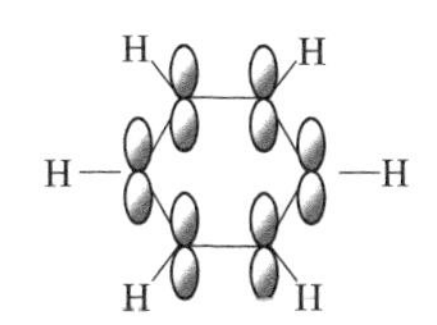


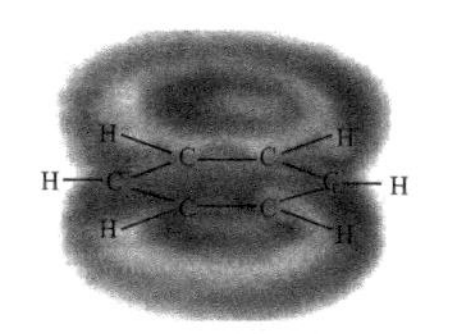

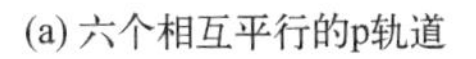

(a) 六个相互平行的p轨道　(b) 由六个相互平行的p轨道组成的大π键

**图 5-9　苯分子中 p 轨道、大 π 键示意图**

实际上苯环不是单双键相隔的体系，而是一个电子密度完全平均化的大 π 键，所以，苯的结构式用 ⌬ 表示更确切些，但习惯上仍用 ⌬ 表示（图 5-10）。

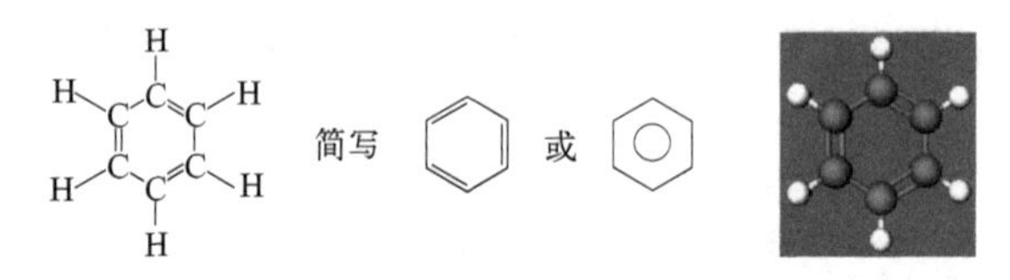


图 5-10 苯的化学式和 3D 结构模型

## 2. 苯、甲苯、二甲苯的物理性质

苯、甲苯、二甲苯都是无色液体，密度比水小，不易溶于水，易溶于石油醚、醇、醚等有机溶剂。苯系芳香烃具有一定的毒性，和苯长期接触会导致慢性中毒。表 5-16 所示为它们的物理常数。

表 5-16 苯、甲苯、二甲苯的物理常数

| 名称 | 沸点/℃ | 熔点/℃ | 密度/($g/cm^3$) |
|---|---|---|---|
| 苯 | 80.1 | 5.5 | 0.8765 |
| 甲苯 | 110.6 | −95.0 | 0.8669 |
| 邻二甲苯 | 144.4 | −25.2 | 0.8802(10℃) |
| 间二甲苯 | 139.1 | −47.9 | 0.8642 |
| 对二甲苯 | 138.3 | 13.3 | 0.8611 |

注：除注明者外，其余物质的密度均为 20℃时的数据。

苯系芳香烃的沸点随分子量的升高而升高。在苯的同系物中，每增加一个 $CH_2$，沸点平均升高 25～30℃，含相同数目碳原子的各种异构体其沸点相差不大。熔点除与分子量有关外，还与结构有关，通常对位异构体由于分子对称性高，有较高的熔点。如苯的熔点就远高于甲苯，对称性高的对二甲苯熔点也比邻二甲苯和间二甲苯高。

二甲苯的邻、间、对三种异构体沸点很接近，分别为 144.4℃、139.1℃和 138.3℃，相差 1～6℃，很难用普通蒸馏方法将它们逐一分开。在三种同分异构体中，对二甲苯的需求量最大，传统的分离方法是利用各同分异构体的熔沸点区别初步分离，在−70～−40℃之间，用降温、结晶、离心分离、再结晶等程序来得到高纯度的对二甲苯，用这种方式可以回收 60%的对二甲苯。新型的分离方法是利用具有选择性的沸石等吸附剂来分离。目前已经工业化的吸附分离过程对二甲苯的回收率高于 90%，同时在整个过程中无需用到固化、熔化等潜热，能耗也比较低。

二甲苯分离方法的比较见表 5-17。

表 5-17 二甲苯分离方法的比较

| 项目 | 冷冻结晶法 | 吸附法 |
|---|---|---|
| 原理 | 利用同分异构体冰点的差距，在−70℃时将对二甲苯析出，再结晶 2～3 次以提高产品纯度 | 利用吸附剂对三种同分异构体吸附能力的强弱，将对二甲苯吸附、解吸附和蒸馏而得到产品 |
| 操作状况 | 固液相混合 | 液相 |
| 操作温度/℃ | 0～−70 | <200 |
| 操作压力/($kg/cm^2$) | ≤0.5 | 0～1.5 |
| 对二甲苯收率/% | 约 60 | >90 |
| 对二甲苯纯度/% | >99.0 | >99.5 |
| 投资 | 较大 | 较小 |

### 3. 苯、甲苯、二甲苯的化学性质

苯环相当稳定，不易被氧化，不易进行加成，容易发生取代反应，这是芳香族化合物的共性——“芳香性”。

(1) 取代反应

由于苯环中离域的 $\pi$ 电子云分布在分子平面的上、下两侧，受原子核的约束比 $\sigma$ 电子小，它和烯烃中的 $\pi$ 电子一样为亲电子试剂提供电子，所不同的是烯烃容易进行亲电加成，而芳香烃则容易进行亲电取代。

**【反应机理】苯环亲电取代反应历程**

首先，亲电试剂离解（或在催化剂作用下离解），得到亲电的正离子 $A^+$：

$$A—B \rightleftharpoons A^+ + B^- \quad 离子型反应$$

其次，当 $A^+$ 与电子密度较高的苯环接近时，与苯环形成一个不稳定的碳正离子中间体：

$$C_6H_6 + A^+ \longrightarrow [C_6H_6A]^+$$

最后，由碳正离子中间体消去一个 $H^+$，恢复稳定的苯环结构。反应体系中的负离子 $B^-$，则与苯环上取代下来的 $H^+$ 结合。

$$[C_6H_6A]^+ \xrightarrow{B^-} C_6H_5A + HB$$

① 卤代反应　苯环与氯、溴在一般情况下不发生取代反应，但在铁或铁盐等催化作用下并加热，苯环上的氢可被氯或溴原子取代，生成卤代苯和卤化氢。卤代苯进一步卤化比苯困难，产物主要是邻位和对位的二卤代苯。

甲苯的卤化比苯容易，不需要提高反应温度，甲苯氯化时主要生成邻氯甲苯和对氯甲苯。

**【例】** 氯苯进一步氯化比苯困难。

$$C_6H_6 + Cl_2 \xrightarrow[\text{或 Fe}]{FeCl_3} C_6H_5Cl + HCl$$

$$C_6H_5Cl + Cl_2 \xrightarrow[\text{或 Fe}]{FeCl_3} \text{邻-}C_6H_4Cl_2 + \text{对-}C_6H_4Cl_2 + HCl$$

**【例】** 溴苯进一步溴化比苯困难。

$$C_6H_6 + Br_2 \xrightarrow[\text{或 Fe}]{FeBr_3} C_6H_5Br + HBr$$

$$C_6H_5Br + Br_2 \xrightarrow[\text{或 Fe}]{FeBr_3} \text{对-}C_6H_4Br_2 + \text{邻-}C_6H_4Br_2 + HBr$$

**【例】** 甲苯的氯代反应比苯容易。

$$C_6H_5CH_3 + Cl_2 \xrightarrow[\text{或 Fe}]{FeCl_3} \text{邻-}ClC_6H_4CH_3 + \text{对-}ClC_6H_4CH_3 + HCl$$

② 硝化反应　以浓硝酸和浓硫酸的混合酸与苯共热，苯环上的氢被—$NO_2$ 取代，生成硝基苯。硝基苯进一步硝化比苯困难，主要产物为间二硝基苯。甲苯硝化比苯容易，主要产物为邻硝基甲苯和对硝基甲苯。

**【例】** 苯硝化的反应温度在 50～60℃。硝基苯的硝化比苯困难，需使用发烟硝酸且温度需达到 100℃。

$$C_6H_6 + HNO_3 \xrightarrow[50\sim60℃]{浓\ H_2SO_4} C_6H_5NO_2 + H_2O$$

$$C_6H_5NO_2 + 发烟\ HNO_3 \xrightarrow[100℃]{浓\ H_2SO_4} m\text{-}C_6H_4(NO_2)_2 + H_2O$$

**【例】** 甲苯的硝化反应比苯容易。

$$C_6H_5CH_3 \xrightarrow[H_2SO_4(c),\ 30℃]{HNO_3} o\text{-}CH_3C_6H_4NO_2 + p\text{-}CH_3C_6H_4NO_2 + H_2O$$

③ 磺化反应　有机化合物分子中的氢原子被磺酸基取代的反应称为磺化反应。苯环与浓硫酸或发烟硫酸反应，环上的氢原子被磺酸基取代，生成芳磺酸。

**【例】** 苯的磺化反应

$$C_6H_6 + H_2SO_4 \xrightleftharpoons{70\sim80℃} C_6H_5SO_3H + H_2O$$

苯磺酸

**【例】** 十二烷基苯的磺化

$$H_{25}C_{12}-C_6H_5 + H_2SO_4(或\ SO_3) \longrightarrow H_{25}C_{12}-C_6H_4-SO_3H + H_2O$$

十二烷基苯磺酸是日化用品中使用最广泛的表面活性剂，具有去污、润湿、发泡、乳化、分散等作用，大量用作各种洗涤剂和乳化剂的原料，使用 pH 范围广。一般应用为十二烷基苯磺酸钠盐，用作洗衣粉、民用液体洗涤剂、工业类清洗剂等。

$$H_{25}C_{12}-C_6H_4-SO_3H + NaOH \longrightarrow H_{25}C_{12}-C_6H_4-SO_3Na + H_2O$$

④ 傅-克反应　在催化剂的作用下，芳烃与卤代烷、酰卤或酸酐等作用，芳环上的氢被烷基（—R）或酰基（$R-\overset{O}{\overset{\|}{C}}-$）取代生成烷基苯或芳香酮的反应，分别称为烷基化反应和酰基化反应，统称傅列德尔-克拉夫茨（Friedel-Crafts）反应，简称傅-克反应。常用的催化剂有无水氯化铝、氯化铁、氯化锌、氟化硼和硫酸等，其中无水氯化铝的活性最高，也最常用。

如果芳香环上有强吸电子基团如—$NO_2$ 时，则不发生傅-克反应。

$$C_6H_6 + RX \xrightleftharpoons{无水\ AlCl_3} C_6H_5R + HX$$

$$C_6H_6 + R-\overset{O}{\overset{\|}{C}}-Cl \xrightarrow{AlCl_3} C_6H_5-\overset{O}{\overset{\|}{C}}-R + HCl$$

【例】 苯的傅-克反应

$$C_6H_6 + CH_3Cl \xrightleftharpoons{无水\ AlCl_3} C_6H_5CH_3 + HCl$$

$$C_6H_6 + H_3C-\overset{O}{\overset{\|}{C}}-Cl \xrightarrow{AlCl_3} C_6H_5-\overset{O}{\overset{\|}{C}}-CH_3 + HCl$$

苯乙酮

**【反应机理】苯环上取代基的定位规律（定位效应）**

苯的一元取代物在引入第二个基团时，相对于第一个取代基有邻、间、对三种二元取代物，如：

（邻位：A、B 相邻；间位：A、B 相间；对位：A、B 相对）

那么第二个基团究竟进入哪个位置呢？实验表明：主要取决于苯环第一个基团的性质，即第一个基团的存在对第二个基团有定位作用。根据大量实验结果，可以把常见的基团按照它们的定位效应分为两类，见表 5-18。

**表 5-18 常见基团的定位规律分类**

| 分类 | 最强活化 | 强活化 | 中等活化 | 弱活化 | | 弱钝化 | 定位规律 |
|---|---|---|---|---|---|---|---|
| 第一类定位基：邻、对位定位基 | $-O^-$ | $-OH$<br>$-N(H(R))-H(R)$<br>$-OR$ | $-O-\overset{O}{\overset{\|}{C}}-R$<br>$-NH-\overset{O}{\overset{\|}{C}}-R$ | $-R$<br>$-\underset{H}{C}=CH_2$<br>$-Ph$ | $-H$ | $-X$ | 若苯环上连有该类基团之一，再进行取代反应时，第二个基团主要取代于第一个基团的邻位和对位，主要产物为邻和对两种二元取代物 |
| 分类 | 最强钝化 | 强钝化 | | | | | 定位规律 |
| 第二类定位基：间位定位基 | $-N^+(H(R))_3$ | $-\overset{O}{\overset{\uparrow}{N}}=O$<br>$-\overset{O}{\overset{\|}{\underset{\underset{O}{\|}}{S}}}-OH$<br>$-C\equiv N$<br>$-\overset{O}{\overset{\|}{C}}-R(H,OH,OR)$<br>$-\overset{O}{\overset{\|}{C}}-\overset{H(R)}{\overset{\|}{N}}-H(R)$<br>$-CX_3$ | | | | | 若苯环上连有该类基团之一，再进行取代反应时，第二个基团主要取代于第一个基团的间位，主要产物为间位取代物 |

邻、对位定位基进入苯环后，对苯环有活化作用，使苯环的亲电取代更容易，如甲苯比苯更容易硝化。间位定位基则对苯环起钝化作用，如硝基苯比苯更难硝化。但也有例外，卤素虽属邻、对位定位基，但它们对苯环却是起钝化作用。

这些基团进入苯环后，通过改变苯环的电子云分布，致使苯环活化或钝化，即这些基团使苯环产生电子效应。电子效应是指电子密度分布的改变对物质性质的影响。根据其作用方式可分为诱导效应和共轭效应。

a. 诱导效应。不同原子间形成的共价键，由于它们电负性不同，共用电子对会偏向电负性大的原子一边而使共价键带有极性。在多原子分子中，一个键的极性可以通过静电作用沿着与其相邻的原子传递下去，这种作用叫作诱导效应（I），如：

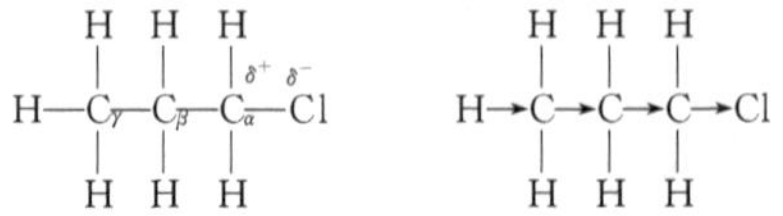

$$H-C_{\gamma}H_2-C_{\beta}H_2-\overset{\delta^+}{C_{\alpha}}H_2-\overset{\delta^-}{Cl} \qquad H\rightarrow CH_2\rightarrow CH_2\rightarrow CH_2\rightarrow Cl$$

由于 $\alpha$-C 带有部分正电荷，所以它吸引 $\alpha$-C 与 $\beta$-C 间的共用电子对，使得电子对偏向 $\alpha$-C，同时 $\beta$-C 带有部分正电荷，按这样传递下去。这种吸引电子的诱导效应叫作亲电子诱导效应。与此相反的是给电子诱导效应。甲基是给电子基团，它对相邻的 $\sigma$ 键上的共用电子对有排斥作用。

一个原子或基团是亲电子效应还是给电子效应，一般以氢为标准，电负性大于氢的原子或基团为亲电基，小于氢的为给电基。以 $-I$ 表示吸电子诱导效应，$+I$ 表示给电子诱导效应。

b. 共轭效应。共轭效应（C）有 $\pi$-$\pi$ 共轭和 p-$\pi$ 共轭两种。前面讲过 1,3-丁二烯是 $\pi$-$\pi$ 共轭。p-$\pi$ 共轭是 $\pi$ 键与相邻原子的 p 轨道重叠而产生的，如：

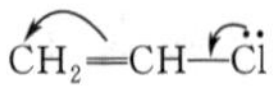

$CH_2=CH-\ddot{Cl}$ 氯乙烯

共轭的结果是 Cl 原子上的 p 电子向 $\pi$ 键偏转，但在氯乙烯分子中，Cl 元素的电负性较大，又有诱导效应。诱导效应使分子链上的电子密度偏向 Cl，而共轭效应则使电子密度往 $\pi$ 键偏移，所以整个体系的最终效应是诱导效应与共轭效应之和。

共轭效应也有给电子和吸电子之分。给电子的表示为 $+C$，吸电子的表示为 $-C$。氯乙烯分子中的电子效应是 $+C$ 和 $-I$ 的总和。

苯环上的取代基就是通过电子效应（诱导效应和共轭效应）影响环上的电子密度分布。

当苯环上连有邻、对位定位基时，对苯环总体是起给电子作用，使苯环上的电子密度增高，有利于亲电取代反应，如：

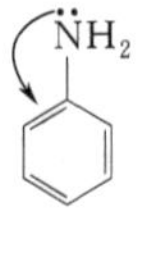

$\ddot{N}H_2$

苯胺

由于氨基中的氮原子电负性比碳强，所以有 $-I$ 效应。但氮上的未共用电子对可与苯环形成 p-$\pi$ 共轭，表现为 $+C$ 效应，而且 $+C > -I$。总体上，氨基对苯环表现出给电子效应，使苯环上的电子密度比没有氨基的苯要高，因此苯胺比苯更易进行亲电取代反应。

当苯环上连有间位定位基时，它对苯环起吸电子效应，使苯环电子密度降低，不利于亲电取代反应进行，如：

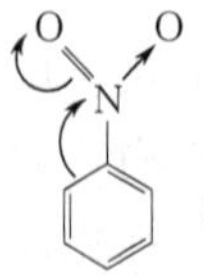

O O

N

硝基苯

硝基中 N═O 的 π 键与苯环上 π 键形成 π-π 共轭，而且氧和氮的电负性均比碳大，诱导效应和共轭效应都表现为吸电子效应。因此，硝基苯比苯难以发生亲电取代反应。

用分子轨道法可以近似计算出取代苯环上不同位置的有效电荷分布，如：

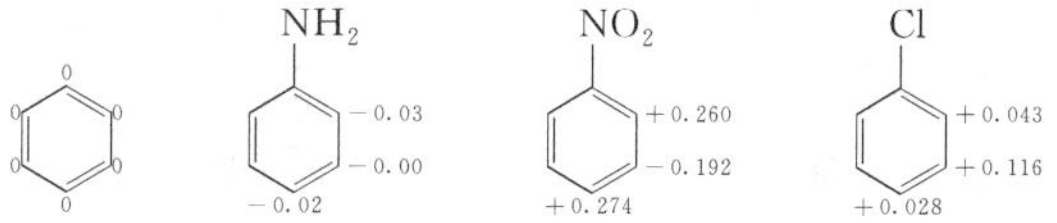

$NH_2$　　$NO_2$　　Cl

0　　−0.03　　+0.260　　+0.043

−0.00　　−0.192　　+0.116

−0.02　　+0.274　　+0.028

从以上有效电荷分布可以看出，氨基使苯环上电子密度增高，而硝基则使苯环上电子密度降低。至于氯苯，−I 效应使苯环上的电子密度总体降低，+C 效应又使氯的邻、对位电子密度增高一些，所以卤素属邻、对位定位基，但是致钝基团。

（2）加成反应

苯环不易进行加成反应，但在一定条件下可与氢、氯等加成，生成环烷烃或其衍生物。苯的加成不会停留在某一个或两个碳碳双键上，而是全部被加成为单键，这进一步说明了苯环中的 6 个 p 电子形成的是一个整体，而不是孤立的单双键相隔。

**【例】** 苯催化加氢生成环己烷

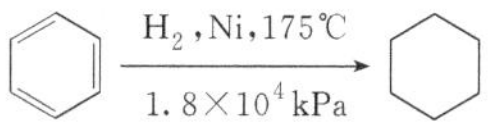

$H_2$,Ni,175℃

1.8×$10^4$kPa

（3）氧化反应

① 苯环氧化　苯环不易发生氧化反应，需在较强烈的氧化条件下才能发生氧化反应。

**【例】** 工业制备顺丁烯二酸酐：苯在五氧化二钒催化下，被空气氧化生成顺丁烯二酸酐（俗称马来酸酐）。

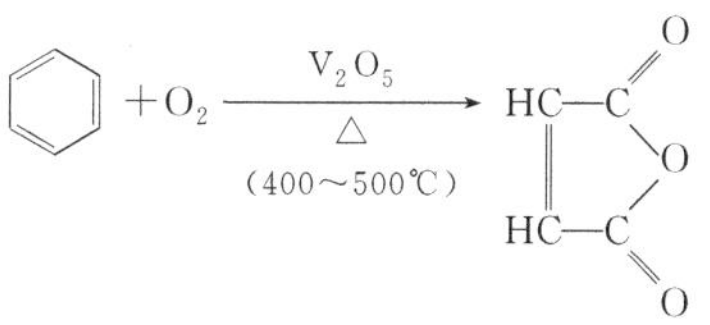

+$O_2$　$V_2O_5$　△　（400～500℃）

O　HC—C　O　HC—C　O

顺丁烯二酸酐（马来酸酐）

顺丁烯二酸酐是生成不饱和聚酯及有机合成的重要原料，主要用于生产不饱和聚酯树脂、醇酸树脂，以及作为农药、涂料、油墨、助剂等的有机化工原料。

② 侧链氧化　苯环上的侧链由于受苯环的影响，其 $\alpha$-H 比较活泼，容易被氧化，苯的同系物如甲苯或其他烷基苯与高锰酸钾或重铬酸钾等强氧化剂作用时总是得到苯甲酸。由于高锰酸钾氧化烷基苯后自身的紫红色褪去，实验室中可用此反应鉴别苯环侧链是否含有 $\alpha$-H。

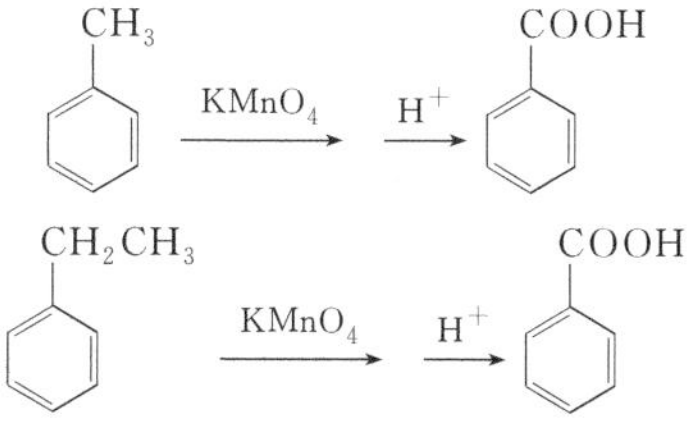

$CH_3$　$KMnO_4$　$H^+$　COOH

$CH_2CH_3$　$KMnO_4$　$H^+$　COOH

这说明烷基苯比苯容易氧化，但当与苯环相连的碳原子上不含氢时，如叔丁基，则侧链不易被氧化为羧基。

$$p\text{-}(CH_3)_3C{-}C_6H_4{-}CH_2CH_2CH_3 \xrightarrow[2.\ H^+]{1.\ KMnO_4} p\text{-}(CH_3)_3C{-}C_6H_4{-}COOH$$

**【例】** 二甲苯制备对苯二甲酸

二甲苯最主要的工业用途是氧化为二元酸。不同结构的二甲苯氧化后所得产物不同。

邻二甲苯氧化后得到邻苯二甲酸酐：

$$o\text{-}C_6H_4(CH_3)_2 \xrightarrow{O_2} C_6H_4(CO)_2O$$

间二甲苯氧化后得到间苯二酸：

$$m\text{-}C_6H_4(CH_3)_2 \xrightarrow{O_2} m\text{-}C_6H_4(COOH)_2$$

对二甲苯在直接氧化时，先氧化为对甲基苯甲酸，而对甲基苯甲酸并不能继续氧化：

$$p\text{-}C_6H_4(CH_3)_2 \xrightarrow[\text{催化剂}]{1.5O_2} p\text{-}CH_3{-}C_6H_4{-}COOH$$

对苯二甲酸的合成是将对甲基苯甲酸溶于醋酸中，使用 $NH_4Br$ 或 $CoBr_2$ 为引发剂，形成自由基后再氧化：

$$p\text{-}CH_3{-}C_6H_4{-}COOH \xrightarrow[NH_4Br\ \text{或}\ CoBr_2]{CH_3COOH} p\text{-}\cdot CH_2{-}C_6H_4{-}COOH \xrightarrow{O_2} p\text{-}CH_2{-}O{-}O\cdot{-}C_6H_4{-}COOH \longrightarrow p\text{-}HOOC{-}C_6H_4{-}COOH$$

对苯二甲酸（TPA）如果直接与乙二醇或丁二醇酯化，则必须再加以纯化，纯化后的 TPA 称为精对苯二甲酸（PTA）。

二元酸容易与酸或胺缩聚，如：

a. PTA 与乙二醇（EG）聚合为聚对苯二甲酸乙二醇酯（PET 聚酯纤维或工程塑料），或与丁二醇聚合为工程塑料聚对苯二甲酸丁二醇酯（PBT）。

b. PTA 与生物基 PDO（1,3-丙二醇）聚合生成植物基环保纤维 PTT（聚对苯二甲酸丙二醇酯）。

c. 苯酐与辛醇等含碳数高的醇类酯化而得到 PVC 用的塑化剂，如邻苯二甲酸二辛酯，占苯酐用量的 60%。

d. 苯酐也是染料等化学品的中间体，用量约占 10%。

## 三、芳香烃的应用及性能特点

### 1. “三苯”的危害与防治

工业上常把苯、甲苯、二甲苯统称为“三苯”。“三苯”作为化工原料或溶剂，广泛用于生产橡胶、树脂、纤维、有机颜料、洗涤剂以及染料、医药、香料、农药等，也常常用作热载体和溶剂。“三苯”挥发至空气中，便成了空气污染物。

长期接触苯系物会引起慢性中毒。室内环境中“三苯”的来源主要是燃烧烟草的烟雾、溶剂、涂料、黏合剂、墙纸、地毯、合成纤维和清洁剂等。《室内空气质量标准》（GB/T 18883—2002）里，苯的限定值是 $0.11mg/m^3$（1h 平均），但新修订的 GB/T 18883—2022 将苯的限定值下调至 $0.03mg/m^3$（1h 平均），下调幅度之大足以证明国家严控此类空气污染物的决心。

在工业环境中，“三苯”的浓度也不容忽视，可在有苯超标风险的场所安装有毒浓度报警器实时监测，以防止安全事故的发生。

### 2. 苯并[a]芘的危害

煤、烟草、木材等经不完全燃烧也会产生较多的稠环芳烃，其中某些稠环芳烃具有致癌作用。如苯并［a］芘就是一种常见的高活性间接致癌物。在煤烟和汽车尾气污染的空气以及吸烟产生的烟雾中都可检测出苯并［a］芘。测定空气中苯并［a］芘的含量是环境监测项目的重要指标之一。

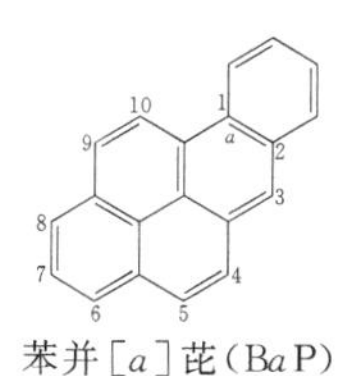

苯并[a]芘(BaP)

### 3. 聚苯乙烯的结构分析

聚苯乙烯（PS）常用于制备照明制品、仪器仪表壳罩、电绝缘用品、高频电容器、绝热保温材料、防震抗冲击的泡沫包装垫层、一次性餐具、透明模型等。聚苯乙烯是以苯乙烯为原料，经自由基加聚生成的聚合物材料。侧链含有苯环，为无色透明的珠状或粒状树脂，分子量在 20 万左右。

$$-\!\!\left[CH_2—\underset{\displaystyle C_6H_5}{CH}\right]\!\!-_n$$

聚苯乙烯

根据其结构可知：

① PS 的大分子主链为饱和烃类聚合物，具有良好的电绝缘性，又因吸湿性小，可用于潮湿环境中。

② PS 的侧基为体积大的苯环，分子结构不对称，大分子链运动困难。因此，PS 呈现刚性和脆性。

③ 侧苯基无规排列的 PS 为无定形聚合物，具有很高的透明性；新开发的侧苯基间同立构的 PS 规整性高，则透明性降低，但改善了其他性能。

④ 由于苯基的存在，主链上 α-氢原子活化，易于被空气中的氧氧化，制品长期户外使

用会变黄变脆。但同时苯基的存在又赋予其较高的耐辐射性能。

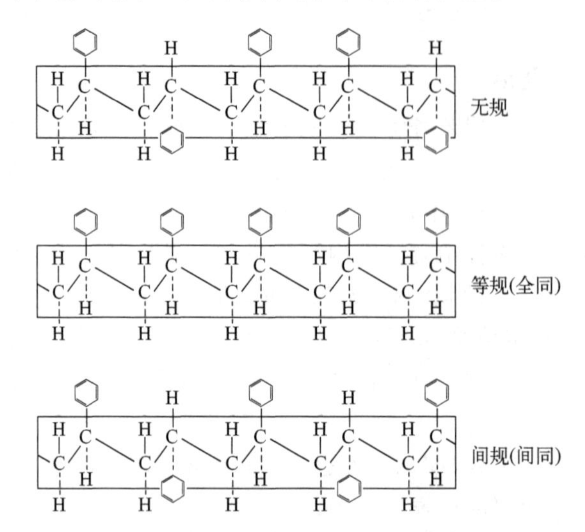


## 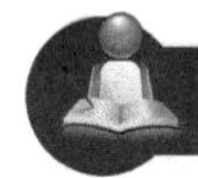 学习思维导图

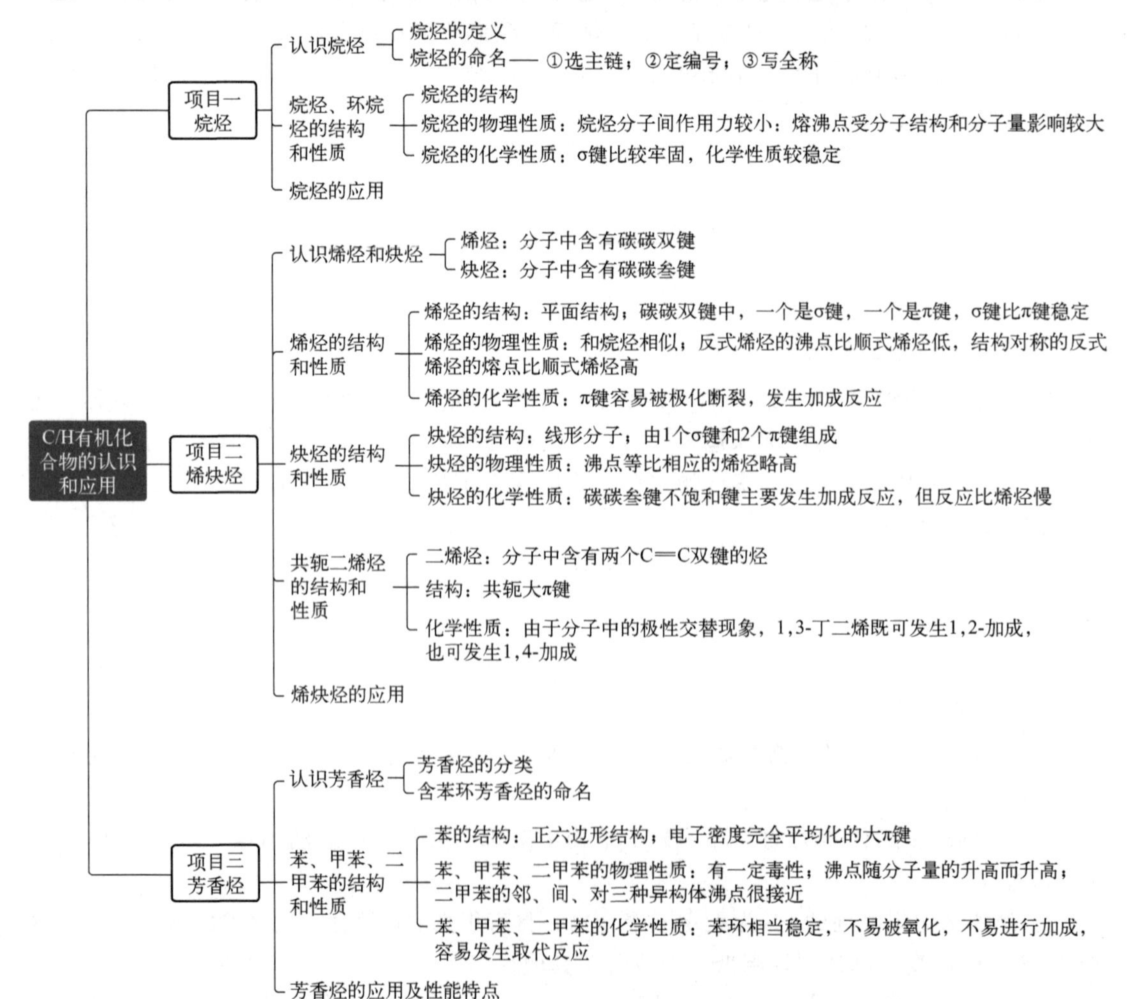

## 习题

1. 不定项选择题

(1) 关于甲烷 $CH_4$ 描述正确的是（　　）。

A. 甲烷是由单键相连　　B. 甲烷是极性分子

C. 甲烷俗称天然气　　D. 甲烷为饱和烃

(2) 关于烷烃描述正确的是（　　）。

A. 烷烃为饱和烃　　B. 烷烃是极性分子

C. 烷烃可以溶解在四氯化碳中　　D. 烷烃可以溶解在水中

(3) 下列同分异构体的沸点最高的是（　　）。

A. 正戊烷　　B. 2-甲基丁烷

C. 2,2-二甲基丙烷　　D. 正己烷

(4) 由甲烷制备一氯甲烷的过程称为（　　）。

A. 置换反应　　B. 化合反应

C. 取代反应　　D. 氧化反应

(5) 生产合成橡胶的主要原料是（　　）。

A. 丁二烯　　B. 乙烯　　C. 甲烷　　D. 戊烷

(6) 下列各组中的物质均能发生加成反应的是（　　）。

A. 乙烯和乙醇　　B. 苯和氯乙烯

C. 乙酸和溴乙烷　　D. 丙烯和丙烷

(7) 下列物质能使溴水褪色的是（　　）。

A. 乙烯　　B. 乙烷　　C. 环己烯　　D. 丁二烯

(8) 下列物质能形成共轭大 π 键的是（　　）。

A. 丁烯　　B. 1,3-戊二烯　　C. 1,3-丁二烯　　D. 1,4-戊二烯

(9) 下列变化中发生取代反应的是（　　）。

A. 甲苯硝化生成三硝基甲苯　　B. 甲苯能使酸性高锰酸钾溶液褪色

C. 甲苯与氢气可以发生加成反应　　D. 甲苯与氧气发生燃烧反应

(10) 下列物质中具有 π 键的是（　　）。

A. 环己烷　　B. 苯　　C. 丁二烯　　D. 丁炔

2. 判断题

(1) 乙烯分子中所有原子都在同一个平面上。（　　）

(2) 乙烯发生化学反应时，双键都会断开。（　　）

(3) 丁烯和丁二烯是同分异构体。（　　）

(4) 烯烃的化学反应主要发生在双键的 π 键上。（　　）

(5) 丁二烯和溴水的加成，可以创造条件，使得主要为 1,2-加成产物，或主要为 1,4-加成产物。（　　）

(6) 苯的芳香性是指苯含有特殊的芳香气味。（　　）

3. 填空题

(1) 烷烃的物理性质一般随分子中____数的递增而发生____的变化，如常温下它们的状

态是______，沸点____，液态时的密度____（但都____水的密度），造成规律性变化的主要原因是____________。

（2）烷烃中原子间的成键特点：______；烯烃的成键特点：________；二烯烃的成键特点：__________；炔烃的成键特点：__________；苯的成键特点：____________。

（3）将下列自由基按稳定性大小排序：______________________________

① $\cdot CH_3$ ② $\cdot C(CH_3)_3$ ③ $CH_3CH_2\dot{C}H_2$ ④ $CH_3CH_2\dot{C}HCH_3$

（4）写出下列化学物质的结构式

① 正己烷 ② 2-苯基-3-溴丁烷 ③ 2-甲基丙烯 ④ 十二烷基苯

⑤ 2,6-二甲基-4-乙基辛烷 ⑥ 2,3,3-三甲基戊烷 ⑦ 3,4-二甲基庚烷

⑧ 1-甲基环戊烷

（5）写出下列化学式的名称

① $CH_3CH(CH_3)CH_2CH(CH_3)CH(CH_3)CH_3$ ② $CH_2{=}C(CH_3){-}C(CH_3){=}CH_2$ ③ $H_3C{-}CH(CH_3){-}CH{=}C(CH_3){-}CH_2{-}CH_3$

④ $HC{\equiv}C{-}CH(CH_3){-}CH{=}CH_2$ ⑤ $CH_2{=}C(CH_3){-}CH{=}CH_2$ ⑥ $CH_3{-}C{\equiv}C{-}CH_2{-}CH(CH_3){-}CH_3$

（6）下列各组物质中哪一个比较容易发生取代？

① 苯环 和 苯环-$CH_3$ ② 苯环 和 苯环-Br ③ 苯环 和 苯环-COOH ④ 苯环 和 苯环-OH

4. 完成反应

（1）$CH_3CH(CH_3)CH_3 \xrightarrow[h\nu,25℃]{Cl_2}$

（2）$H_2C{=}CH_2 \xrightarrow{HBr}$

（3）环己烯 $\xrightarrow[H^+]{H_2O}$

（4）$H_3C{-}CH{=}CH_2 + H_2O \xrightarrow[\text{约 250℃，约 4MPa}]{\text{磷酸-硅藻土}}$

（5）苯环-$CH(CH_3)_2$ $\xrightarrow{Br_2,h\nu}$

（6）$H_3C{-}CH{=}CH{-}CH_3 \xrightarrow[OH^-]{KMnO_4}$

（7）$CH_2{=}CH{-}C{\equiv}CH + H_2 \xrightarrow[PbAc_2]{Pd/CaCO_3}$

（8）$HC{\equiv}CH + Ag(NH_3)_2NO_3 \longrightarrow$

（9）$H_3C{-}CH{=}CH{-}CH{=}CH_2 \xrightarrow[CHCl_3]{Br_2}$

（10）苯环-OH $+Br_2 \xrightarrow{FeBr_3}$

(11) $C_6H_5NH_2 + Br_2 \xrightarrow{FeBr_3}$

(12) $C_6H_5CH_3 \xrightarrow{KMnO_4} \xrightarrow{H^+}$

# 模块六

## C/H/O 有机化合物的认识和应用

【学习目标】

1. 能简要说明含氧有机化合物的来源和工业生产方法。

2. 能对醇、酚、醚、醛、酮、羧酸及羧酸衍生物进行正确命名。

3. 能理解醇、酚、醚、醛、酮、羧酸及羧酸衍生物的结构并说明其区别。

4. 能对醇、酚、醚、醛、酮、羧酸及羧酸衍生物的物理、化学性质进行分析总结并推断具体物质的物理化学性质。

5. 能分析醇、酚、醚、醛、酮、羧酸及羧酸衍生物之间的性质差异并指导各类物质之间的转化。

6. 培养自主分析、推断有机物的性质，并内化为分析问题的能力。

7. 培养爱国主义精神，树立中国文化自信。

8. 培育崇尚创新、勤奋钻研、不计名利的科学精神。

醇、酚、醚、醛、酮、羧酸及其衍生物等有机物中，碳原子直接与氧原子相连，这类有机物称为含氧有机物，是自然界中数目最多的有机化合物。含氧化合物中碳原子与氧原子之间的化学键可以分为碳氧单键和碳氧双键，由于化学键类型不同，这两类化合物的化学性质也不同。其中：

仅含有碳氧单键的物质为醇、酚、醚；

仅含有碳氧双键的物质为醛、酮；

同时含有碳氧单键和碳氧双键的物质为羧酸，羧酸分子中的羟基被不同基团取代的产物称为羧酸衍生物。

# 项目一 醇

**【案例导入】喝酒不开车，开车不喝酒**

乙醇被 $K_2Cr_2O_7$ 氧化时，$K_2Cr_2O_7$ 中的六价铬被还原成三价铬，反应溶液由橙色变为黄绿色。该反应被用于酒驾测试仪器：将 $K_2Cr_2O_7$ 溶液负载在硅胶中，当接收到乙醇气体后六价铬被还原成三价铬，硅胶颜色发生变化，将变色程度通过电子传感元件转换成电信号，以此判断该司机的酒驾程度。

酒后驾车特别是醉酒后驾车，对道路交通安全的危害十分严重。50%～60%的交通事故与酒后驾驶有关，酒后驾驶已经被列为车祸致死的主要原因。“喝酒不开车，开车不喝酒”，这不仅仅是一条口号，更是行车安全的保障。2021 年 4 月 29 日，十三届全国人大常委会第二十八次会议表决通过了《关于修改〈中华人民共和国道路交通安全法〉等八部法律的决定》，对《中华人民共和国道路交通安全法》进行了第三次修订。修订后的法律规定：醉酒驾驶机动车的，由公安机关交通管理部门约束至酒醒，吊销机动车驾驶证，依法追究刑事责任；五年内不得重新取得机动车驾驶证。

## 一、认识醇

### 1. 醇的定义和分类

醇是一类在烃基上连有羟基（—OH）（但不直连于芳环上）的有机物，羟基是醇的特征官能团。

根据醇分子中烃基的结构，可分为脂肪醇（直链烃基）、脂环醇（环状烃基）、芳香醇等。脂肪醇又可分为饱和醇、不饱和醇。如：

脂肪醇
- 饱和醇　$CH_3OH$（甲醇）　$CH_3CH_2OH$（乙醇（酒精））
- 不饱和醇　$CH_2{=}CHCH_2OH$（烯丙醇）

脂环醇　环己基—OH（环己醇）

芳香醇　苯基—$CH_2OH$（苯甲醇（苄醇））

根据分子中含有羟基的数目，分为一元醇、二元醇和多元醇，如：

一元醇 $CH_3OH$ 甲醇

二元醇

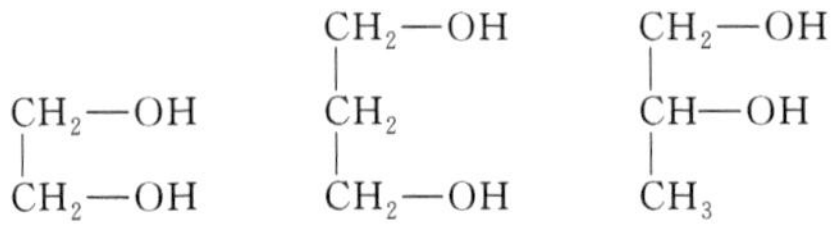

$$\begin{array}{l} CH_2-OH \\ | \\ CH_2-OH \end{array} \qquad \begin{array}{l} CH_2-OH \\ | \\ CH_2 \\ | \\ CH_2-OH \end{array} \qquad \begin{array}{l} CH_2-OH \\ | \\ CH-OH \\ | \\ CH_3 \end{array}$$

乙二醇 1,3-丙二醇 1,2-丙二醇

多元醇

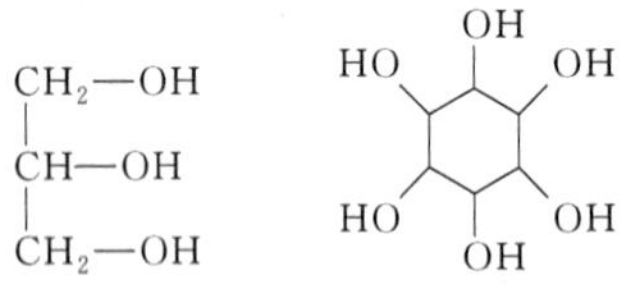

$$\begin{array}{l} CH_2-OH \\ | \\ CH-OH \\ | \\ CH_2-OH \end{array}$$

丙三醇（甘油） 环己六醇（肌醇）

一元醇根据羟基所连的碳原子种类不同，又可分为伯醇（一级醇）、仲醇（二级醇）、叔醇（三级醇），如：

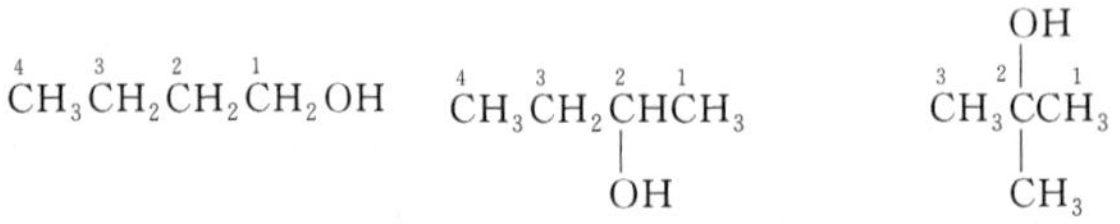

$$\overset{4}{C}H_3\overset{3}{C}H_2\overset{2}{C}H_2\overset{1}{C}H_2OH \qquad \overset{4}{C}H_3\overset{3}{C}H_2\overset{2}{C}H(OH)\overset{1}{C}H_3 \qquad \overset{3}{C}H_3\overset{2}{C}(OH)(CH_3)\overset{1}{C}H_3$$

1-丁醇（正丁醇） 伯醇 　2-丁醇（仲丁醇） 仲醇 　2-甲基-2-丙醇（叔丁醇） 叔醇

## 2. 醇的命名

醇的普通命名法按烃基的普通名称命名，在烃基后面加一个醇字。

醇的系统命名法是选择连有羟基的最长碳链作为主链，按主链所含碳原子数叫作某醇；编号由距离羟基最近的一端开始；羟基的位置用它所连的碳原子的号数表示，写在醇名之前。

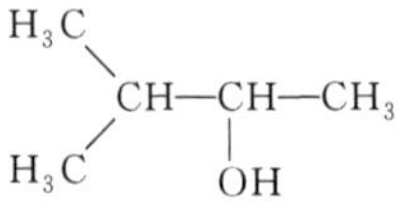

$$(H_3C)_2CH-CH(OH)-CH_3$$

3-甲基-2-丁醇

不饱和醇的命名应选择同时含有羟基和不饱和键的最长碳链作为主链，编号从羟基一侧开始，称为某烯醇或某炔醇。

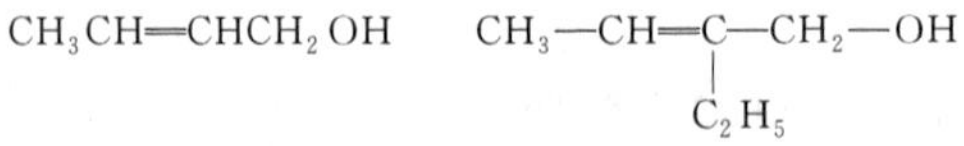

$$CH_3CH{=}CHCH_2OH \qquad CH_3-CH{=}C(C_2H_5)-CH_2-OH$$

2-丁烯-1-醇 　2-乙基-2-丁烯-1-醇

多元醇命名时，选含羟基数目尽可能多的最长碳链为主链，除要写明分子所含羟基的数目外，还要标明每个羟基的位次。

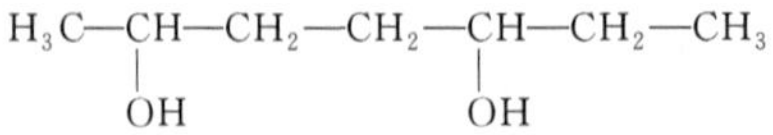

$$H_3C-CH(OH)-CH_2-CH_2-CH(OH)-CH_2-CH_3$$

2,5-庚二醇

芳香醇命名时，常常把芳环作为取代基。

$$C_6H_5-CH_2CH_2OH \qquad C_6H_5-CH{=}CH-CH_2OH$$

2-苯基乙醇 　3-苯基-2-丙烯-1-醇

## 二、醇的结构和性质

### 1. 醇的结构

羟基是醇的官能团，其结构特点决定醇的主要性质。羟基氧原子的最外层电子为不等性 $sp^3$ 杂化，其中两个杂化轨道被两对未共用电子对所占据，另两个杂化轨道分别与氢原子和碳原子结合形成 O—H 和 O—C 两个 σ 键。在 O—H 和 O—C 的成键原子中，氧原子的电负性比氢原子和碳原子都要大，因此 O—H 和 O—C 都为强极性键。在化学反应中，这两种键的断裂方式主要为异裂。

醇的电子结构示意图和甲醇的 3D 模型如图 6-1 所示。

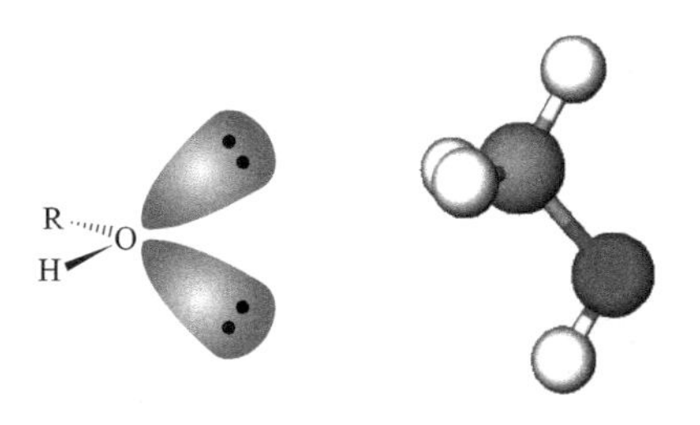


**图 6-1　醇的电子结构示意图和甲醇的 3D 模型**

此外，羟基的吸电子效应使醇的 α-位和 β-位的 C—H 极性增加，在一定条件下化学反应活性提高。

### 2. 醇的物理性质

醇的物理性质如表 6-1 所示。

**表 6-1　某些醇的物理常数**

| 名称 | 化学式 | 熔点/℃ | 沸点/℃ | 密度/($g/cm^3$) | 溶解度/(g/100g 水) |
|---|---|---|---|---|---|
| 甲醇 | $CH_3OH$ | −93.9 | 65 | 0.7914 | ∞ |
| 乙醇 | $CH_3CH_2OH$ | −117.3 | 78.5 | 0.7893 | ∞ |
| 正丙醇 | $CH_3CH_2CH_2OH$ | −126.5 | 97.4 | 0.8035 | ∞ |
| 异丙醇 | $CH_3CH(OH)CH_3$ | −89.5 | 82.4 | 0.7855 | ∞ |
| 正丁醇 | $CH_3(CH_2)_3OH$ | −89.5 | 117.2 | 0.8098 | 7.9 |
| 异丁醇 | $(CH_3)_2CHCH_2OH$ | −108 | 108 | 0.8018 | 9.5 |
| 仲丁醇 | $CH_3CH(OH)CH_2CH_3$ | −115 | 99.5 | 0.8063 | 12.5 |
| 叔丁醇 | $(CH_3)_3COH$ | 25.5 | 82.3 | 0.7887 | ∞ |
| 正戊醇 | $CH_3(CH_2)_4OH$ | −79 | 137.3 | 0.8144 | 2.7 |
| 正己醇 | $CH_3(CH_2)_5OH$ | −46.7 | 158 | 0.8136 | 0.59 |
| 环己醇 | ⬡—OH | 25.1 | 161.1 | 0.9024 | 3.6 |

续表

| 名称 | 化学式 | 熔点/℃ | 沸点/℃ | 密度/(g/cm³) | 溶解度/(g/100g 水) |
|---|---|---|---|---|---|
| 烯丙醇 | $CH_2=CHCH_2OH$ | −129 | 97.1 | 0.8540 | ∞ |
| 乙二醇 | $HOCH_2CH_2OH$ | −11.5 | 198 | 1.1088 | ∞ |
| 丙三醇 | $HOCH_2CH(OH)CH_2OH$ | 20 | 290 | 1.2613 | ∞ |

$C_{12}$ 以下饱和一元醇是无色液体，$C_1$～$C_3$ 醇带有酒味，$C_4$～$C_{11}$ 醇具有难闻的气味。高级醇是蜡状物质。二元醇和多元醇具有甜味，因此乙二醇又叫甘醇，丙三醇俗称甘油。某些醇有特殊的香味，可用于配制香精，如叶醇的顺式异构体有极强的清香气息，苯乙醇则有玫瑰香。

叶醇：顺式 $H_3CH_2C-CH=CH-CH_2CH_2OH$（两个 H 位于双键同侧）

苯乙醇：$C_6H_5-CH_2CH_2OH$

甲醇、乙醇、丙醇等低级醇由于烷基在分子中的比例不大，能与水以任何比例混溶；从丁醇开始，醇的水溶性随分子量的增加（烷基占比的增加）而降低。而分子中羟基数与碳原子的比值增大，则使醇的水溶性加大，如乙二醇、丙三醇等都能与水混溶。

低级醇可与 $MgCl_2$、$CaCl_2$ 等发生络合，形成类似结晶水的化合物，例如 $MgCl_2 \cdot CH_3OH$、$CaCl_2 \cdot 4CH_3CH_2OH$ 等。这种络合物叫结晶醇合物，溶于水而不溶于有机溶剂。不能用无水 $CaCl_2$ 作为干燥剂来除去醇中的水，但可用来除去合成产物中少量醇类杂质，如除去乙醚中含有的少量乙醇。

醇的沸点比多数分子量相近的其他种类有机物高，例如甲醇和乙烷（表 6-2），这是因为醇是极性分子，分子间可以形成氢键。

**表 6-2 甲醇和乙烷的沸点对比**

| 名称 | 化学式 | 沸点/℃ | 分子间共存情况 | 分析 |
|---|---|---|---|---|
| 甲醇 | $CH_3OH$ | 65 | $H_3C-O(H)\cdots H-O(CH_3)\cdots H-O-CH_3$ | 分子间形成氢键 |
| 乙烷 | $CH_3CH_3$ | −88.6 | $H_3C-CH_3$　$H_3C-CH_3$ | 分子间不形成氢键 |

此外，从表 6-2 中可以看出，分子中的羟基数目增加，形成的氢键增多，所以沸点更高。

### 3. 醇的化学性质

（1）酸性

从结构式的角度可以把醇看作是水的烃基衍生物，表现为具有比水还弱的弱酸性。

$$\underset{水}{HOH}+Na \longrightarrow NaOH+0.5H_2\uparrow$$

$$ROH+Na \longrightarrow \underset{醇钠}{RONa}+0.5H_2\uparrow$$

醇钠是一种化学性质活泼的白色固体，其碱性很强，遇水则分解成醇和氢氧化钠。

$$RONa + HOH \longrightarrow ROH + NaOH$$

**【例】** 乙醇和钠反应生成醇钠。

$$2CH_3CH_2OH + 2Na \longrightarrow 2CH_3CH_2ONa + H_2\uparrow$$

（2）酯化反应

醇与酸（包括无机酸和有机酸）脱水所得的产物叫作酯。与有机酸反应生成的酯叫作有机酸酯，与无机酸反应生成的酯叫作无机酸酯。

有机酸酯：

$$R-\overset{\overset{O}{\|}}{C}-OH + R'OH \xrightarrow[\triangle]{H^+} R-\overset{\overset{O}{\|}}{C}-OR' + H_2O$$

**【例】** 乙酸和乙醇反应生成乙酸乙酯，该反应为可逆反应，在一定条件下达到平衡。工业上将生成的酯和水及时蒸出，使平衡向右移动，从而获得产率比较高的酯。

$$H_3C-\overset{\overset{O}{\|}}{C}-OH + C_2H_5-OH \underset{140℃}{\overset{H^+}{\rightleftharpoons}} H_3C-\overset{\overset{O}{\|}}{C}-O-C_2H_5 + H_2O$$

无机酸酯：

$$\underset{\text{硝酸}}{HONO_2} + R'OH \underset{\triangle}{\overset{H^+}{\rightleftharpoons}} \underset{\text{硝酸酯}}{R'-ONO_2} + H_2O$$

**【例】** 甲醇和硝酸反应生成硝酸甲酯。

$$CH_3OH + HNO_3 \rightleftharpoons \underset{\text{硝酸甲酯}}{CH_3ONO_2} + H_2O$$

**【例】** 丙三醇（甘油）与浓硝酸及浓硫酸作用得到硝化甘油。硝化甘油，又名三硝酸甘油酯，是甘油的三硝酸酯。硝化甘油进行加热或撞击，即猛烈分解，瞬间产生大量气体而引起爆炸，因此硝化甘油可以用于制作炸药。硝化甘油有扩张冠状动脉的作用，在医药上用来治疗心绞痛。

$$HOCH_2-CH(OH)-CH_2OH + 3HNO_3(\text{浓}) \xrightarrow{H_2SO_4} \underset{\text{硝化甘油}}{O_2NOCH_2-CH(ONO_2)-CH_2ONO_2} + 3H_2O$$

（3）羟基被卤素取代

醇分子中，醇羟基是极性键，容易断裂，使得羟基较易被其他基团取代，如卤化反应。用作卤化的试剂通常有氢卤酸（HX）、三卤化磷（$PX_3$）等。例如：

$$CH_3CH_2CH_2CH_2OH + HBr \xrightarrow[\triangle]{H_2SO_4} CH_3CH_2CH_2CH_2Br + H_2O$$

该反应为亲核取代反应，不同的氢卤酸以及不同类型的醇反应速率不同，它们的顺序分别是：

$$HI > HBr > HCl$$

$$\text{叔醇} > \text{仲醇} > \text{伯醇}$$

因此，常用无水氯化锌的浓盐酸溶液［卢卡斯（Lucas）试剂］作为鉴别伯、仲、叔醇的试剂。6个碳原子以下的醇可溶于Lucas试剂，但反应后生成的卤代烃却不溶于Lucas试剂，成为细小的油珠分散于Lucas试剂中，从而使反应液变浑浊。因此根据反应液变浑浊的速率对比，可以推测参与反应的醇属于哪一级。一般叔醇与 Lucas 试剂在室温下就能立即起反应，仲醇一般需要数分钟后才能反应，伯醇必须加热后才能起反应。注意：这个反应只适于鉴别 6 个碳原子以下的醇。

$$H_3C-\underset{CH_3}{\overset{CH_3}{\underset{|}{\overset{|}{C}}}}-OH + HCl \xrightarrow[25℃]{ZnCl_2} H_3C-\underset{CH_3}{\overset{CH_3}{\underset{|}{\overset{|}{C}}}}-Cl + H_2O \quad \text{反应体系立即浑浊}$$

$$CH_3CH_2\underset{OH}{\underset{|}{C}}HCH_3 + HCl \xrightarrow[25℃]{ZnCl_2} CH_3CH_2\underset{Cl}{\underset{|}{C}}HCH_3 + H_2O \quad \text{反应体系 5min 内浑浊}$$

$$CH_3CH_2CH_2CH_2OH + HCl \xrightarrow[25℃]{ZnCl_2} \text{不反应} \quad \text{反应液保持清亮（加热时体系才变浑浊）}$$

此外，受共轭效应影响，苄醇和烯丙醇的反应活性较高，与 Lucas 试剂的反应速率较快。

$$C_6H_5-CH_2OH + HCl \xrightarrow[25℃]{ZnCl_2} C_6H_5-CH_2Cl + H_2O \quad \text{反应体系立即浑浊}$$

$$H_2C=CHCH_2OH + HCl \xrightarrow[25℃]{ZnCl_2} H_2C=CHCH_2Cl + H_2O \quad \text{反应体系立即浑浊}$$

（4）脱水反应

醇与强酸共热则发生脱水反应，脱水方式随反应温度而异。

① 分子内脱水：一般在较高温度下，主要发生分子内的脱水（消除反应）生成烯烃。

$$CH_3CH_2-OH \xrightarrow[170\sim180℃]{\text{浓 } H_2SO_4} CH_2=CH_2 + H_2O$$

这个反应是制备烯的常用方法之一。仲醇或叔醇在分子内脱水时，遵守扎伊采夫（Zaitsev）规则，即醇脱水时，主要从与—OH 相连的碳原子相邻的含氢较少的碳原子上脱去氢。伯、仲、叔醇脱水的难易程度从易到难顺序是叔醇＞仲醇＞伯醇，这是由形成碳正离子的稳定性决定的，碳正离子的稳定性为：

$$R-\underset{R}{\overset{R}{\underset{|}{\overset{|}{C^+}}}} > R-\underset{R}{\overset{H}{\underset{|}{\overset{|}{C^+}}}} > R-\underset{H}{\overset{H}{\underset{|}{\overset{|}{C^+}}}}$$

三级碳正离子　　二级碳正离子　　一级碳正离子

这是因为烷基是给电子基团，碳正离子上连接的烷基越多，则正电荷得到分散的程度越大，因此连接烷基越多的碳正离子越稳定。

**【例】** 2-丁醇脱水生成烯

$$CH_3CH_2\underset{OH}{\underset{|}{C}}HCH_3 \xrightarrow[\text{加热}]{H_2SO_4} \underset{(80\%)}{CH_3CH=CHCH_3} + \underset{(20\%)}{CH_3CH_2CH=CH_2}$$

② 分子间脱水：在稍低些的温度下，则发生分子间脱水生成醚。

$$2\ CH_3CH_2OH \xrightarrow[140℃]{H^+} CH_3CH_2-O-CH_2CH_3 + H_2O$$

醇分子间脱水只适于制备简单醚，即两个烷基相同的醚。混合醚则需要由卤代烃与醇钠来制备（威廉姆逊合成）。

注意：仲醇或叔醇在同样条件下脱水，主要产物还是烯烃。

醇的脱水反应表明：能否发生化学反应虽然主要是由分子的内因决定的，但是在某些情况下，外因可以起决定性作用，例如，同样的反应物，在不同条件下，可以得到不同的反应产物。因此，无论是在实验室还是在工业生产中，严格控制反应条件，对于提高主产物的产率意义十分重大。

（5）威廉姆逊反应

烷氧基负离子是一个很好的亲核试剂。因此，醇钠可与卤代烃发生取代反应得到醚类化合物，这一反应称为威廉姆逊反应。这是合成混合醚（醚键两端所连烃基不对称）的有效方法。

用于这一反应的卤代烃不能是叔卤代烃（易发生消去反应）及乙烯型卤代烃、芳香卤代烃（卤原子性质不活泼）。

**【例】** 乙基丁基醚的制备

$$\underset{\text{1-丁醇钠}}{CH_3CH_2CH_2CH_2ONa}+CH_3CH_2I \longrightarrow \underset{\text{乙基丁基醚}}{CH_3CH_2CH_2CH_2OCH_2CH_3}+NaI$$

（6）氧化反应

伯醇或仲醇用高锰酸钾、重铬酸钾、浓硝酸等氧化剂氧化，能分别形成醛或酮。叔醇在同样条件下不被氧化。

醛很容易继续被氧化，所以在用氧化剂氧化伯醇时，如果不严格控制反应条件及氧化剂的用量，往往得到的产物不是醛，而是羧酸。醛的沸点比相应的醇低得多，因此可以在氧化过程中随时将生成的醛从反应体系中蒸出，可避免醛进一步被氧化。但这只限于制备沸点低于 100℃ 的醛。

$$\underset{\text{伯醇}}{R-CH_2-OH} \xrightarrow{[O]} \underset{\text{醛}}{R-\overset{\overset{O}{\|}}{C}-H} \xrightarrow{[O]} \underset{\text{羧酸}}{R-\overset{\overset{O}{\|}}{C}-OH}$$

$$\underset{\text{仲醇}}{R-\overset{\overset{OH}{|}}{CH}-R'} \xrightarrow{[O]} \underset{\text{酮}}{R-\overset{\overset{O}{\|}}{C}-R'}$$

**【例】** 醇被强氧化剂 $K_2Cr_2O_7$ 氧化时，$K_2Cr_2O_7$ 溶液由橙红色转变为深绿色，根据该现象可用来鉴别醇。

$$CH_3CH_2OH+\underset{\text{橙红色}}{K_2Cr_2O_7}+H_2SO_4 \longrightarrow CH_3COOH+\underset{\text{深绿色}}{Cr_2(SO_4)_3}+H_2O$$

**【例】** 醇被强氧化剂 $KMnO_4$ 氧化时，紫红色的 $KMnO_4$ 溶液褪色。

$$CH_3CH_2OH+\underset{\text{紫红色}}{KMnO_4}+H_2SO_4 \longrightarrow CH_3COOH+MnSO_4+H_2O$$

**【例】** 仲醇的 $\alpha$-C 上只有一个氢原子，其被 $KMnO_4$ 氧化的产物为酮。

$$CH_3(CH_2)_4\underset{\underset{OH}{|}}{C}HCH_3+KMnO_4 \xrightarrow{\text{稀 } H_2SO_4} CH_3(CH_2)_4\underset{\underset{O}{\|}}{C}CH_3$$

（7）脱氢反应

在 Cu、Ag 等金属催化作用下，醇经高温可失去两个氢原子而生成相应的醛和酮，此法可用于工业生产。

**【例】** 伯醇和仲醇经催化脱氢后分别生成醛和酮。

$$CH_3CH_2OH \xrightarrow[250\sim350℃]{Cu} CH_3CHO+H_2\uparrow$$

$$CH_3CH_2\underset{\substack{|\\OH}}{C}HCH_3 \xrightarrow[400\sim480^\circ C]{Cu} CH_3CH_2\underset{\substack{\|\\O}}{C}CH_3 + H_2\uparrow$$

## 三、醇的应用

### 1. 重要的醇

甲醇是最简单的醇类化合物，最初从木材中干馏得到，得名木精。甲醇为无色液体，沸点 65℃，工业上是由一氧化碳和氢气制取。甲醇有毒，服入 10mL 能使人双目失明，30mL 即能致死。

乙醇是酒的主要成分，俗称酒精。我国在 2000 多年前就知道用富含淀粉的谷物、马铃薯、甘薯等作原料，通过发酵法制酒。

乙二醇是最简单也是最重要的一个二元醇，将乙二醇加入水中，能使水的冰点下降很多，因此可用作汽车等发动机冷却液的防冻剂。

丙三醇俗名甘油，为无色、无臭、有甜味的黏稠液体。甘油是重要的有机原料，广泛用于军工、化工和食品工业中。甘油可用于制备多种类型的树脂，如醇酸树脂及甘油环氧树脂等。无水甘油有吸湿性，能吸收空气中的水分至含水 20%，所以甘油常用作化妆品、皮革、烟草、食品以及纺织品等的吸湿剂。

### 2. 含有羟基的高分子材料——聚乙烯醇

$$\left[CH_2-\underset{\substack{|\\OH}}{C}H\right]_n$$

聚乙烯醇

聚乙烯醇（PVA）是侧链为羟基（—OH）的聚合物材料，因此也具有多种典型的羟基化学反应活性。如：

① 可与多种酸、酸酐、酰氯等作用，生成相应的聚乙烯醇的酯；

② 能发生醚化反应，而且较酯化反应容易进行；

③ 若在聚乙烯醇水溶液中加入少量硼酸或者氢氧化钠，可使其黏度明显增大；

④ 在酸性催化剂作用下，聚乙烯醇可与醛发生缩醛化反应。

以聚乙烯醇为原料纺丝制得的合成纤维称为聚乙烯醇纤维。因聚乙烯醇具有水溶性，起初无法用作纺织纤维。聚乙烯醇原料与醛类反应得到聚乙烯醇缩醛纤维，具有良好的耐热性能和力学性能，商品名为“维纶”，于 1950 年实现工业化生产。

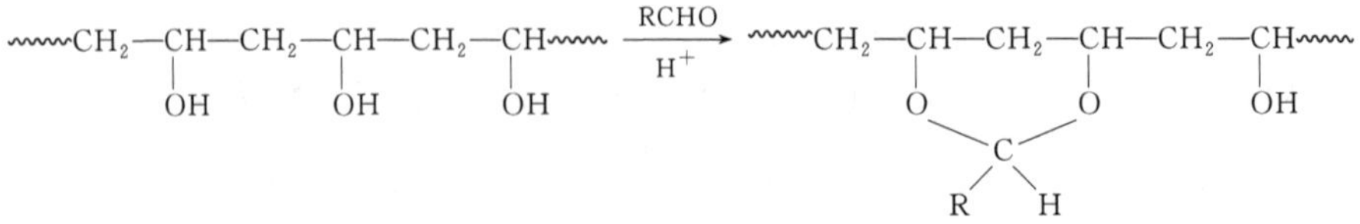

$$\sim CH_2-\underset{\substack{|\\OH}}{CH}-CH_2-\underset{\substack{|\\OH}}{CH}-CH_2-\underset{\substack{|\\OH}}{CH}\sim \xrightarrow[H^+]{RCHO} \sim CH_2-\underset{\substack{|\\O}}{CH}-CH_2-\underset{\substack{|\\O}}{CH}-CH_2-\underset{\substack{|\\OH}}{CH}\sim \quad (\text{两个 O 通过 } \underset{R\quad H}{C} \text{ 相连})$$

聚乙烯醇缩醛纤维

聚乙烯醇缩醛纤维原料易得、性能良好、用途广泛、性能近似棉花，因此有“合成棉花”之称。因羟基的存在，该产品的最大特点是吸湿性好，可达 5%，与棉花（7%）接近。聚乙烯醇缩醛纤维是高强度纤维，强度为棉花的 1.5～2 倍，不亚于以强度高著称的尼龙与涤纶。此外，耐化学腐蚀、耐日晒、耐虫蛀等性能均很好。但其缺点是弹性较差、染色性能较差，并且颜色不鲜艳；耐热性差，软化点只有 120℃；耐水性不好，不宜在热水中长时间浸泡。

聚乙烯醇缩醛纤维可与棉混纺，制作各种衣料和室内用品。在工业领域中可用于制作帆布、防水布、运输带、包装材料、工作服、渔网和海上作业用缆绳。

高强度维纶纤维有良好的亲水性、黏结性、抗冲击性以及加工过程中易于分散等，可作为增强材料用于水泥、石棉板材、陶瓷建材及聚合物基复合材料等。此外，水溶性聚乙烯醇纤维可与其他纤维混纺，再在纺织加工后被溶去，得到细纱高档纺织品。

# 项目二 酚

**【案例导入】大自然给人类的瑰宝——大漆**

割破漆树的树皮，即可见到有漆液流出。漆酚（图 6-2）是漆液的主要成分，含量 40%～70%。除漆酚外，漆液中还有树胶质、氮、水分及微量的挥发酸等成分。刚割取的漆液呈乳白色黏稠状，接触空气后氧化，颜色慢慢变深，最后成为红黑色，即为大漆，又称生漆。大漆本身颜色深沉，难以调成鲜艳的颜色，所以古代漆器大多是黑、朱二色。

漆酚是邻苯二酚的几种带有不饱和支链的衍生物的混合物。漆酚具有两个相邻的酚羟基，所以有酚类的特性；苯环上又有不饱和键，所以有不饱和键的特性。

大漆性能优异，漆膜坚硬而富有光泽，兼具抗潮、防腐、耐酸、耐热等功能。大漆是中华民族的瑰宝，又被称为“国漆”，也是世界公认的“涂料之王”。我国是世界上最早使用天然树脂——大漆作为成膜物质的国家。国家级非物质文化遗产中与“大漆髹饰”相关的项目有 19 项。

“滴漆入土，千年不腐”，大漆以其卓越的防水防腐能力，为人们留下了许多历史的痕迹，展示了中华儿女的智慧和独具特色的民族文化。

OH OH $C_{16}H_{33}$ (Ⅰ)

OH OH $(CH_2)_7CH{=}CH(CH_2)_5CH_3$ (Ⅱ)

OH OH $(CH_2)_7CH{=}CH(CH_2)_3CH{=}CH_2$ (Ⅲ)

OH OH $(CH_2)_7CH{=}CH(CH_2)_4CH{=}CH_2$ (Ⅳ)

OH OH $(CH_2)_7CH{=}CHCH_2CH{=}CH(CH_2)_2CH_3$ (Ⅴ)

OH OH $(CH_2)_7CH{=}CHCH_2CH{=}CHCH{=}CHCH_3$ (Ⅵ)

图 6-2 漆酚的化学结构

视频 6-1 苯酚的结构和性质

## 一、认识酚

### 1. 酚的定义和分类

羟基直接与芳香环相连的化合物叫作酚。如：

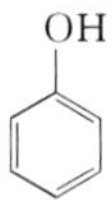

OH OH

苯酚 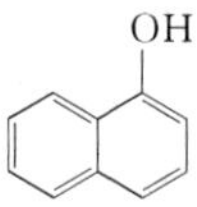 α-萘酚

由于酚羟基中氧原子上的未共用电子对参与芳环的共轭（p-π 共轭），酚羟基与醇羟基在性质上有所不同，所以酚和醇属于两类不同的化合物。

酚按照分子中所含羟基的数目不同分为一元酚、二元酚、多元酚等。

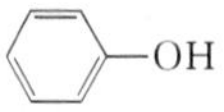

苯酚 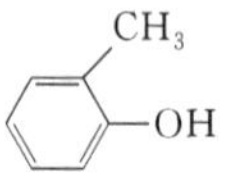 邻甲苯酚 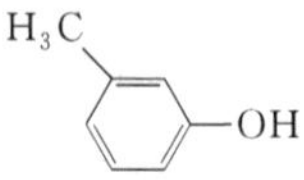 间甲苯酚  对甲苯酚

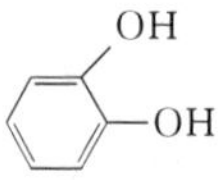

邻苯二酚 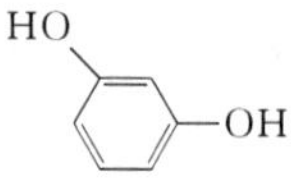 间苯二酚  对苯二酚

### 2. 酚的命名

酚的命名是将羟基及与其相连的芳环作为母体称某酚，其他基团作为取代基，编号从与羟基相连的碳原子开始。若遇到芳环中含有—COOH、—$SO_3H$ 等官能团，则把酚羟基作为取代基。例如：

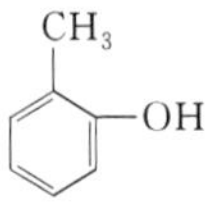

邻甲基苯酚（2-甲基苯酚） 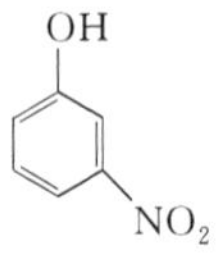 3-硝基苯酚 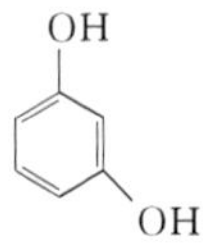 间苯二酚（1,3-苯二酚）

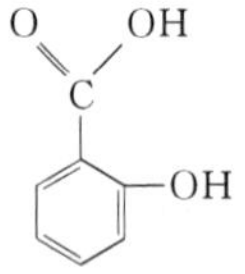

水杨酸（2-羟基苯甲酸） 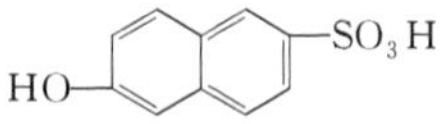 6-羟基-2-萘磺酸

## 二、酚的结构和性质

### 1. 酚的结构

酚的化学结构如图 6-3 所示。

酚羟基中的氧原子采取 $sp^2$ 杂化，形成三个杂化轨道，其中一个杂化轨道由一对未共用电子对占据，另两个杂化轨道分别同氢原子和苯环上的碳原子形成 σ 键；其未杂化 p 轨道垂直于三个杂化轨道所在的平面，并且含有一对未共用 p 电子。这个 p 轨道与苯环上六个碳原子的 p 轨道相互平行重叠，形成一个大的 p-π 共轭体系，如图 6-3(a) 所示。由于电子云平均化的要求，使得 p 轨道上未共用电子对的部分电子云分散到整个共轭体系中。由此，C—O 键和 O—H 键间的电子云流向苯环，C—O 键得到加强，如图 6-3(b) 所示。氧原子上电子

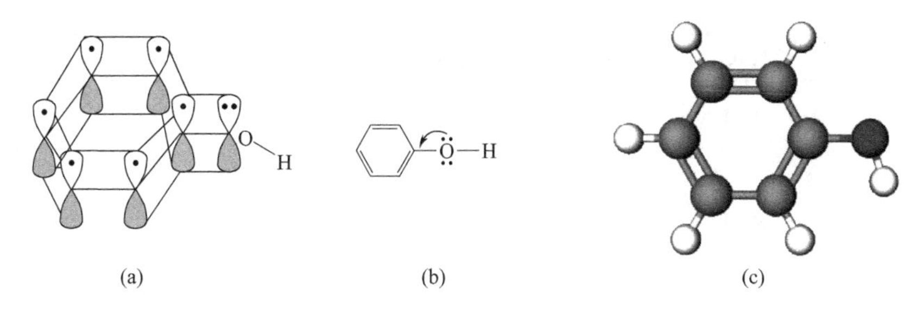


图 6-3 酚的化学结构示意图

云密度降低，C—O 键极性减弱，而 O—H 键极性增强。因此，酚羟基不易被取代，而 O—H 键易断裂，氢易电离成氢离子，使酚具有弱酸性。

此外，由于 p-π 共轭效应使苯环的电子云密度增大，苯环上发生亲电取代反应的活性大大增强。

### 2. 酚的物理性质

除少数酚是液体外，多数酚是固体。纯净酚无色，但酚容易被空气中的氧氧化而产生有色杂质，所以酚一般常带有不同程度的黄或红色。

酚能溶于乙醇、乙醚、苯等有机溶剂，苯酚、甲苯酚等能部分溶于水，随着羟基增多，其水溶性增大，如表 6-3 所示。与醇相似，液态酚也能通过氢键发生分子间的缔合（见图 6-4），因此酚的沸点比分子量相近的烃高得多。

表 6-3 酚的物理常数

| 名称 | 结构式 | 熔点/℃ | 沸点/℃ | 溶解度/(g/100g 水) | $K_a$ |
|---|---|---|---|---|---|
| 苯酚 | $C_6H_5$—OH | 43 | 181.7 | 8.2 | $1.28\times10^{-10}$(20℃) |
| 邻甲酚 | 邻-$CH_3C_6H_4$—OH | 30.9 | 191 | 2.5 | $6.3\times10^{-11}$(25℃) |
| 间甲酚 | 间-$H_3C$—$C_6H_4$—OH | 11.5 | 202.2 | 0.5 | $9.8\times10^{-11}$(25℃) |
| 对甲酚 | $H_3C$—$C_6H_4$—OH | 34.8 | 201.9 | 1.8 | $6.7\times10^{-11}$(20℃) |
| 邻苯二酚 | 邻-$C_6H_4(OH)_2$ | 105 | 245 | 45.1 | $1.4\times10^{-10}$(20℃) |
| 间苯二酚 | 间-HO—$C_6H_4$—OH | 111 | 281 | 147.3 | $1.55\times10^{-10}$(25℃) |
| 对苯二酚 | HO—$C_6H_4$—OH | 173.4 | 285 | 6 | $4.5\times10^{-11}$(20℃) |

续表

| 名称 | 结构式 | 熔点/℃ | 沸点/℃ | 溶解度/(g/100g 水) | $K_a$ |
|---|---|---|---|---|---|
| 1,2,3-苯三酚 | | 133 | 309 | 易溶 | $1.0\times10^{-7}$(25℃) |
| 1,2,4-苯三酚 | | 140 | — | 易溶 | |
| 1,3,5-苯三酚 | | 218.9 | — | 1.13 | $4.5\times10^{-10}$(20℃) |
| α-萘酚 | | 96(升华) | 288 | 不溶 | |
| β-萘酚 | | 123.4 | 295 | 0.07 | |

注：各物质 $K_a$ 值在相应注明温度下测得。

### 3. 酚的化学性质

酚和醇含有同样的官能团——羟基，但是由于酚羟基中氧原子上的未共用电子对与苯环形成 p-π 共轭体系，与羟基相连的碳上电子云密度增高，不利于亲核试剂的进攻，所以酚羟基不易发生亲核取代反应。

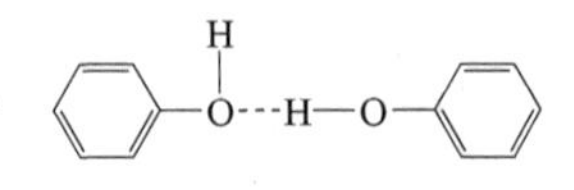

图 6-4 酚间的氢键

(1) 酸性

酚羟基氧的未共用电子对向芳环偏移，与醇相比，酚的 O—H 之间电子云密度降低，O—H 结合减弱，H 容易电离而显酸性。但酚的酸性极弱。

**【例】** 苯酚俗称石炭酸，酸性弱（$K_a=1.28\times10^{-10}$），一般不能使常见酸碱指示剂改变颜色。苯酚的酸性比醇强，但比碳酸（$K_a=4.3\times10^{-7}$）弱，因此酚只能与强碱成盐，不能与碳酸氢钠作用。

$$C_6H_5OH + NaOH \rightleftharpoons C_6H_5ONa + H_2O$$

在酚的钠盐溶液中通入二氧化碳，由于碳酸的酸性比酚强，所以能置换出酚。

$$C_6H_5ONa + H_2O + CO_2 \rightleftharpoons C_6H_5OH + NaHCO_3$$

（2）与三氯化铁的显色反应

烯醇式结构是指羟基与 $sp^2$ 杂化碳原子相连的结构（$\rangle C{=}C(OH){-}$），具有该结构的化合物大多能与三氯化铁的水溶液起显色反应，因此常用于鉴别酚和具有烯醇式结构的化合物。

不同的酚与三氯化铁可产生不同的颜色，例如：苯酚、间苯三酚遇三氯化铁溶液呈紫色，邻苯二酚和对苯二酚则显绿色，甲酚遇三氯化铁呈蓝色等。

**【例】** 苯酚与三氯化铁反应

$$6C_6H_5OH + FeCl_3 \longrightarrow H_3[Fe(C_6H_5O)_6] + 3HCl$$

（3）氧化

酚比醇更容易被氧化，如空气中的氧就能将苯酚氧化生成苯醌。具有对苯醌或邻苯醌结构的物质都是有颜色的，这就是酚常常带有颜色的原因。

**【例】** 苯酚氧化生成对苯醌

$$HO{-}C_6H_5 \xrightarrow{[O]} O{=}C_6H_4{=}O$$

对苯醌

**【例】** 邻苯二酚氧化生成邻苯醌

$$C_6H_4(OH)_2 \xrightarrow{[O]} C_6H_4O_2$$

邻苯醌

（4）酚醚的生成

酚醚不能由酚羟基直接失水制备，必须用间接的方法。

**【例】** 酚钠与卤代烃作用生成酚醚

$$C_6H_5ONa + ICH_3 \longrightarrow C_6H_5OCH_3 + NaI$$

苯甲醚

$$C_6H_5ONa + C_6H_5Br \longrightarrow C_6H_5{-}O{-}C_6H_5 + NaBr$$

二苯醚

（5）酯的生成

酚不能直接和酸反应生成酯，通常需与酸酐或酰卤作用生成酚酯。

**【例】** 解热镇痛药“阿司匹林”的制备

$$C_6H_4(COOH)(OH) + (CH_3CO)_2O \xrightarrow[\triangle]{H_3PO_4} C_6H_4(COOH){-}O{-}\overset{O}{\overset{\|}{C}}{-}CH_3 + CH_3COOH$$

水杨酸　　　　乙酰水杨酸（阿司匹林）

（6）苯环上的反应

羟基的存在使芳环的活泼性增强。苯酚中的苯环上的氢更易被取代，而且一般取代于羟基的邻对位。

① 苯酚的卤化。苯酚的水溶液与溴水作用，立刻产生 2,4,6-三溴苯酚的白色沉淀，而不是一元取代的产物。该反应极为灵敏，而且是定量完成的。在极稀的苯酚溶液（如 1：

100000）中加一些溴水，便可看出明显的浑浊现象，故该反应可用于苯酚的定性或定量测定。

OH $\xrightarrow{Br_2\text{-}H_2O}$ OH Br Br Br $\downarrow$ $+HBr$

2,4,6-三溴苯酚

② 苯酚的硝化。苯酚在室温下即可与稀硝酸发生硝化反应，得到邻硝基苯酚和对硝基苯酚的混合物。

OH $+HNO_3 \longrightarrow$ OH $NO_2$ $+$ OH $NO_2$

苯酚与浓硝酸作用，可得到2,4,6-三硝基苯酚。2,4,6-三硝基苯酚，俗名苦味酸，极易爆炸，是一种烈性炸药。苦味酸可溶于热水、乙醇和乙醚，其饱和水溶液可治疗皮肤轻微烫伤。

OH $+$浓 $HNO_3 \xrightarrow{\text{浓 } H_2SO_4}$ $O_2N$ OH $NO_2$ $NO_2$

## 三、酚的应用

### 1. 重要的酚

（1）苯酚

苯酚是无色菱形结晶，有特殊气味，熔点43℃，沸点182℃。室温下稍溶于水，在65℃以上可与水混溶。易溶于乙醇、乙醚、苯等有机溶剂。苯酚易被氧化，保存时应注意避光。苯酚是有机合成的重要原料，多用于制造塑料、染料、医药（如阿司匹林）、农药、炸药和黏合剂等。

苯酚被世界卫生组织列入第三类致癌物清单。苯酚或苯酚衍生物是传统异氰酸基的封闭剂，而异氰酸酯是合成聚氨酯的主要原料，因此聚氨酯材料中不可避免会残留着部分苯酚。聚氨酯大量用于合成革、黏合剂、涂料、纤维（氨纶）、鞋底材料，生产和使用中必须留意苯酚的含量。

（2）甲酚

甲酚有邻、间、对三种异构体，具有杀菌效力。来苏尔（Lysol）是47%～53%的煤酚肥皂水溶液，在医药上用作消毒剂。

（3）苯二酚

苯二酚有邻、间、对三种异构体。邻苯二酚俗名儿茶酚或焦儿茶酚，其衍生物多存在于植物中。三种苯二酚在常温下都是结晶性固体，能溶于水、乙醇、乙醚。除间位异构体外，其余两者都容易被氧化成醌类。邻苯二酚和对苯二酚主要是作还原剂，如显影剂（可将胶片上感光后的卤化银还原为银粒）、防聚剂（防止高分子单体因氧化剂的存在而聚合）等。

### 2. 双酚 A 与聚碳酸酯

双酚 A，系统命名为 2,2-二(4-羟基苯基)丙烷，简称二酚基丙烷。双酚 A 是重要的有机化工原料，主要用于生产聚碳酸酯、环氧树脂、聚砜树脂、聚苯醚树脂等多种高分子材料，也可用在增塑剂、阻燃剂、抗氧剂、热稳定剂、橡胶防老剂、农药、涂料等精细化工产品中。

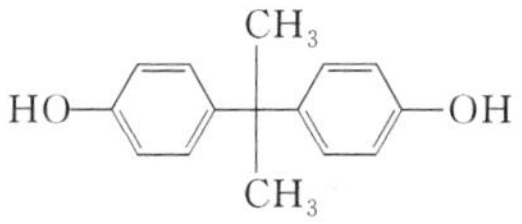

双酚 A

聚碳酸酯是一种强韧的热塑性树脂，可由双酚 A 和碳酸二苯酯通过熔融酯交换和缩聚反应合成（图 6-5）。

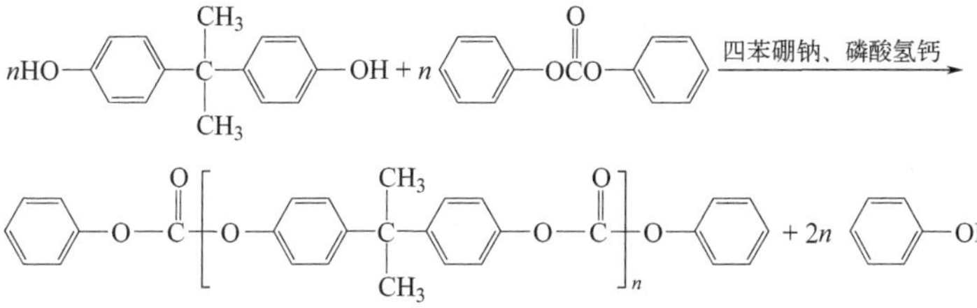

四苯硼钠、磷酸氢钙

**图 6-5　双酚 A 和碳酸二苯酯反应生成聚碳酸酯**

双酚 A 自 20 世纪 60 年代以来就被用于制造塑料聚碳酸酯（PC）奶瓶、太空水杯等食品容器。但随着科技的发展，大量研究表明，含有双酚 A 的 PC 产品在正常使用条件下，其所含有的双酚 A 迁移到食物中的含量极低，但升高温度，双酚 A 迁移量明显上升。为了保证婴儿的安全健康，现已禁止生产和销售使用双酚 A 的婴幼儿奶瓶，建议改用玻璃材质、聚丙烯（PP）或聚亚苯基砜树脂（PPSU）材质的婴儿奶瓶。此外，除奶瓶外，在使用 PC 材质的其他食品容器时，应特别注意温度，避免高温下长时间存放食品，而且要定期更换。

### 3. 苯酚与酚醛树脂

苯酚和甲醛缩合可制备酚醛树脂（图 6-6），被广泛用于黏合剂或耐高温材料，遇强酸分解。改性酚醛树脂是目前酚醛行业的研究重点。因为酚醛树脂中酚羟基和羟甲基的存在会导致树脂脆性大，可通过对酚羟基进行醚化或酯化，增强酚醛树脂的韧性及耐热性。

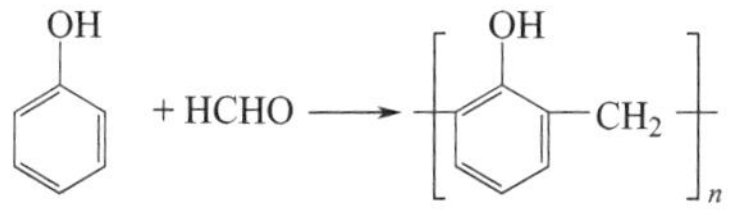

**图 6-6　酚醛树脂的制备**

## 项目三　醚

**【案例导入】孤儿院走出来的院士——吴养洁**

冠醚，是分子中含有多个—O—$CH_2$—结构单元的大环多醚。冠醚的空穴结构对离子有选择作用，在有机反应中可作催化剂。

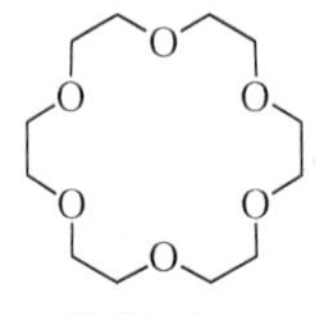

冠醚的结构

20 世纪 80 年代，我国有机化学家、中国科学院院士吴养洁在大环化学研究工作中合成了百余种新的冠醚等大环配体，阐明了其与金属离子、中性分子的配合规律。1984 年，他的《冠醚合成新方法》获国家发明奖三等奖与发明专利，这项新技术使苯并冠醚的合成反应时间由 20 多小时缩短为 1～4 小时。

吴养洁是从孤儿院走出来的院士。1952 年，由于国家急需化学专业人才，吴养洁被选拔赴苏联进修。学成归国后，吴养洁进入郑州大学从事教育和科研工作，他说："我之所以能有今天，全是党和人民的培养，我比别人更能理解'国家'这两个字的分量。"

## 一、认识醚

### 1. 醚的定义

醚是两个烃基通过氧原子连起来的化合物，烃基可以是烷基、烯基、芳基等。

醚的官能团为 C—O—C 键，称为醚键。

$$H_3C\diagdown CH_2 \diagup O \diagdown CH_2 \diagup CH_3$$

乙醚

烃基为直链烷烃的醚与含相同碳原子数的醇互为异构体，属于官能团异构。

**【例】** 醚和醇互为异构体

| $H_3C—O—CH_3$ | $H_5C_2—OH$ | $H_5C_2—O—C_2H_5$ | $H_9C_4—OH$ |
|---|---|---|---|
| 甲醚 | 乙醇 | 乙醚 | 丁醇 |

### 2. 醚的分类和命名

(1) 醚的分类

醚可根据其结构形式进行分类，氧原子两端连接的两个烃基相同的是简单醚，不同的是混合醚。氧所连接的两个烃基形成一个环的，属于环醚，如：

简单醚： $CH_3CH_2OCH_2CH_3$ 乙醚

混合醚： $CH_3OCH_2CH_3$ 甲乙醚

环醚： $H_2C—CH_2$（两碳原子均与 O 相连成环） 环氧乙烷　　$H_2C—CH_2$、$H_2C$、$CH_2$、O（五元环） 四氢呋喃

(2) 醚的命名

① 普通命名法　简单醚的普通命名法为"二某醚"，其中"某"为相同的烃基，习惯上"二"字也可以省略不写。

**【例】**

| $CH_3—O—CH_3$ | $C_2H_5—O—C_2H_5$ | $C_6H_5—O—C_6H_5$ |
|---|---|---|
| 二甲醚，简称甲醚 | 二乙醚，简称乙醚 | 二苯醚 |

混合醚的普通命名法是按顺序规则将两个烃基分别列出，即"某某醚"，烃基的基字可

以省略。

【例】

$C_6H_5$—O—$CH_3$　　$H_2C$═$CHCH_2OC$≡CH

苯(基)甲(基)醚　　烯丙(基)乙炔(基)醚

② 系统命名法　醚采用系统命名法命名时，首先选最长碳链为主链，含氧的较短碳链作为取代基，称为烷氧基。

【例】

$CH_3OCH_2CH_2OCH_3$　　$CH_3CH_2O\overset{2}{C}H\overset{3}{C}H_2\overset{4}{C}H_2\overset{5}{C}H_3$（2 位碳上连 $\overset{1}{C}H_3$）

1,2-二甲氧基乙烷　　2-乙氧基戊烷

## 二、醚的结构和性质

### 1. 醚的结构

如图 6-7 所示，乙醚的 C—O—C 键呈一定角度，由于醚键中氧原子为 $sp^3$ 杂化，有强吸电子作用，使得 α-位氢原子具有一定的活泼性，C—H 可能断裂生成过氧化物，即能被空气中的氧（或氧化剂）氧化。

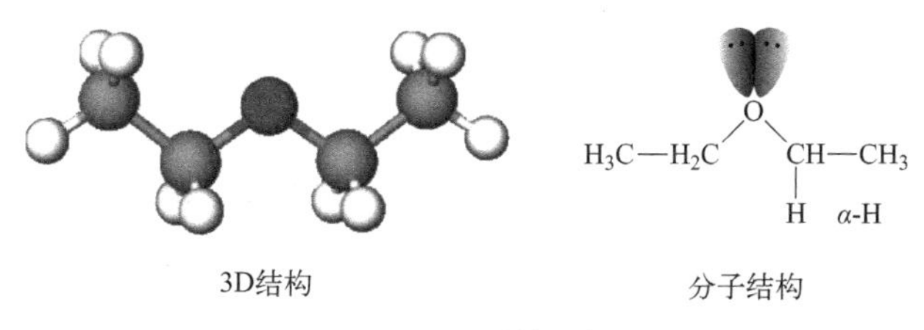


图 6-7　乙醚的结构

如图 6-8 所示，在烷芳混合醚中，氧原子是 $sp^2$ 杂化的，p 轨道上的孤对电子与苯环中的 π 键构成共轭体系。

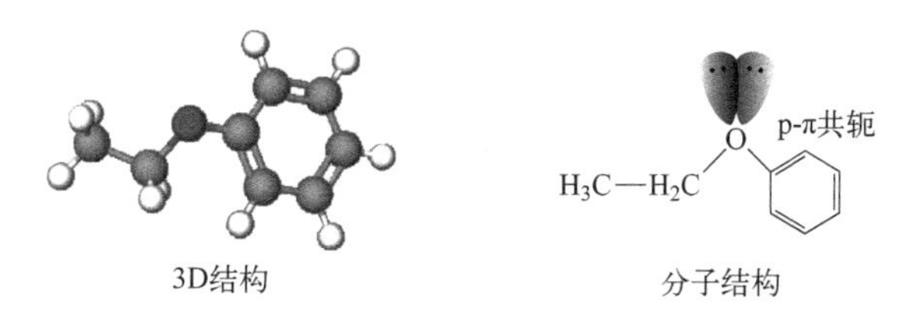


图 6-8　苯乙醚的结构

### 2. 醚的物理性质

醚的物理常数见表 6-4。大多数醚在室温下为液体，有香味。

表 6-4　醚的物理常数

| 名称 | 化学式 | 熔点/℃ | 沸点/℃ | 密度/($g/cm^3$) |
|---|---|---|---|---|
| 甲醚 | $CH_3$—O—$CH_3$ | −138.5 | −25.0 | — |
| 乙醚 | $CH_3CH_2$—O—$CH_2CH_3$ | −116.0 | 34.5 | 0.1738 |

续表

| 名称 | 化学式 | 熔点/℃ | 沸点/℃ | 密度/($g/cm^3$) |
|---|---|---|---|---|
| 正丁醚 | $CH_3CH_2CH_2CH_2—O—CH_2CH_2CH_2CH_3$ | −95.3 | 142.0 | 0.7689 |
| 二苯醚 | $C_6H_5—O—C_6H_5$ | 28.0 | 257.9 | 1.0748 |
| 苯甲醚 | $C_6H_5—O—CH_3$ | −37.3 | 155.5 | 0.9940 |
| 环氧乙烷 | $H_2C—CH_2$ (O) | −111.0 | 14.0 | 0.8824(25℃) |
| 四氢呋喃 |  | −108.0 | 67.0 | 0.8892 |
| 1,4-二噁烷 |  | 11.8 | 101.0 | 1.0337 |

注：除注明者外，其余物质的密度均为20℃时的数据。

由于分子内没有直接与氧原子相连的氢，醚分子间不能形成氢键，故其沸点和密度都比相应的醇低，而与分子量相近的烷烃差不多。醚有极性，并且由于醚含有电负性较强的氧，可与水或醇中的活性氢等形成氢键，因此醚在水中的溶解度比烷烃大，并能溶于许多极性溶剂。

**【例】** 乙醚、正丁醇、戊烷的分子量和沸点对比（表6-5）。

**表6-5 乙醚、正丁醇、戊烷的分子量和沸点对比**

| 名称 | 化学式 | 分子量 | 沸点/℃ |
|---|---|---|---|
| 乙醚 | $CH_3CH_2OCH_2CH_3$ | 74 | 34.5 |
| 正丁醇 | $CH_3CH_2CH_2CH_2OH$ | 74 | 117.2 |
| 戊烷 | $CH_3CH_2CH_2CH_2CH_3$ | 72 | 36.1 |

### 3. 醚的化学性质

除某些环醚外，C—O—C键相当稳定，不易进行一般的有机反应，一般用作反应溶剂。

(1) 醚键的断裂

在加热情况下，浓酸如HI、HBr等，能使醚键断裂。

$$R—O—R'+HI \xrightarrow{\triangle} RI+R'OH$$

生成的醇可进一步与过量的HI作用生成碘代烷。

$$R'OH+HI \xrightarrow{\triangle} R'I+H_2O$$

**【例】** 乙醚和HI反应生成碘甲烷

$$CH_3OCH_3 \xrightarrow[过量]{HI} CH_3OH+CH_3I$$
$$CH_3OH \xrightarrow{HI} CH_3I$$

如果醚中一个烃基是芳香基，则反应生成碘代烷和苯酚，苯酚不再与氢碘酸作用。

**【例】** 苯甲醚与HI反应生成碘甲烷与苯酚

$$C_6H_5—O—CH_3 + HI \xrightarrow{\triangle} C_6H_5—OH + CH_3I$$

该反应为定量反应，将生成的碘代烷用硝酸银的乙醇溶液吸收，通过称量碘化银的量可推算出醚分子中甲氧基的含量，这个方法叫作蔡塞尔（Zeisel）甲氧基测定法。

（2）形成过氧化物

若醚上与氧相连的碳原子上存在氢原子（$\alpha$-H），该醚能被空气中的氧氧化而产生过氧化物。过氧化物不易挥发，并且在受热或受到摩擦时非常容易爆炸，使用前需进行检验和去除。

**【例】** 过氧化物的生成

$$\underset{\displaystyle \text{H}}{\text{CH}_3\text{—}\overset{}{\text{CH}}\text{—OCH}_2\text{—CH}_3} \xrightarrow[h\nu]{O_2} \underset{\displaystyle \text{OOH}}{\text{CH}_3\text{—CH—OCH}_2\text{—CH}_3}$$

过氧化物

（3）环醚的化学性质

环氧乙烷是最简单的一个环醚，性质活泼，容易和许多含活泼氢的试剂作用而使C—O键断裂。

$$H_2C\text{—}CH_2\ (\text{O 桥连})\ \begin{cases} \xrightarrow{\text{H—OH}} \text{HO—CH}_2\text{—CH}_2\text{—OH} & \text{乙二醇} \\ \xrightarrow{\text{H—OR}} \text{HO—CH}_2\text{—CH}_2\text{—OR} & \text{乙二醇醚} \\ \xrightarrow{\text{H—NH}_2} \text{HO—CH}_2\text{—CH}_2\text{—NH}_2 & \text{2-氨基乙醇(或乙醇胺)} \\ \xrightarrow{\text{H—X}} \text{HO—CH}_2\text{—CH}_2\text{—X} & \text{X = 卤素、氰基、酰基等} \end{cases}$$

## 三、醚的应用

### 1. 乙醚

乙醚有麻醉作用，曾用作外科手术上的麻醉剂，麻醉效能强，安全范围广。但因其麻醉诱导及苏醒迟缓，并且有特殊刺激性臭味令患者难以接受，术后恶心、呕吐和肠麻痹发生率高，现已被综合性能更好的全麻药替代。乙醚现主要用作溶剂，是油脂、染料、树脂、香料、非硫化橡胶等的优良溶剂。

在蒸馏乙醚时，低沸点的乙醚被蒸出后，容器中积存下的高沸点的过氧化物如继续加热会爆炸。因此在蒸馏之前，必须先检验乙醚是否含有过氧化物。检验乙醚的方法是取少量乙醚与碘化钾的酸性溶液一起摇动，如有过氧化物存在，碘化钾就被氧化成碘而显黄色，并且可进一步用淀粉试剂检验。去除过氧化物的方法是将乙醚用还原剂如硫酸亚铁、亚硫酸钠或碘化钠等处理。

注：贮存乙醚时，应放在棕色瓶中，避光保存。

### 2. 环氧乙烷

环氧乙烷可由乙烯在Ag催化作用下与氧气加成而得，常温下为无色气体，而且气体的蒸气压高（30℃时可达141kPa），这种高蒸气压决定了环氧乙烷熏蒸消毒时穿透力较强，是最好的冷消毒剂之一，也是目前四大低温灭菌剂（低温等离子体、低温甲醛蒸气、环氧乙烷、戊二醛）中最重要的一员。由于环氧乙烷可杀死多种微生物，特别是对很多怕热、怕湿、怕压的医疗器械和医疗卫生用品来说，环氧乙烷是杀菌消毒的首选，例如对医用口罩的消毒。

环氧乙烷与醇作用的产物乙二醇醚具有醇和醚的双重性质，可与非极性有机物和极性有机物混溶，是良好的溶剂，可溶解硝酸纤维、树脂等高聚物，俗称溶纤剂。

# 项目四 醛、酮

**【案例导入】提升产品品质，为“健康中国”做贡献**

甲醛是最简单的醛。甲醛污染是家装环境讨论最热的话题，其根源为三醛胶的使用。三醛胶是指脲醛树脂、酚醛树脂和三聚氰胺-甲醛树脂这三种以甲醛为原料制备而得的高分子胶黏剂，广泛应用于需要使用胶水的家居产品和施工过程，包括定制家具、复合地板、沙发、床垫等家居产品，以及木作施工、油漆等。甲醛是室内空气中的主要污染物，已经被世界卫生组织确定为致癌和致畸形物质，长期接触低剂量甲醛可引起慢性呼吸道疾病，引起鼻咽癌、结肠癌、脑瘤、白血病、细胞核的基因突变，抑制 DNA 损伤的修复，引起新生儿染色体异常等。我国《室内空气质量标准》（GB/T 18883—2022）规定，甲醛含量不得高于 $0.08mg/cm^3$（1h 平均）。

甲醛释放周期长，要解决甲醛问题最科学有效的方法有两个：一是减少含醛胶黏剂的用量，选择环保等级更高的家装材料或者替代产品；二是保持通风，必要时使用新风系统。

视频 6-2 认识家装中甲醛的危害与防治

“健康中国”已经提升为国家战略，健康是保障人们对美好生活向往的最基本条件。我国于 2021 年颁布和实施《人造板及其制品甲醛释放量分级》（GB/T 39600—2021）新国标，被称为“史上最严”的板材甲醛标准，也是目前全球最高标准。作为材料化工领域的一员，要树立“保障人民生命健康”的社会责任感，不断学习相关领域研究进展和学科前沿，努力提高专业知识和技术水平，为优化生产工艺、提升产品品质做出积极贡献。

## 一、认识醛、酮

视频 6-3 醛、酮的结构和性质

### 1. 醛、酮的定义

醛和酮分子里都含有羰基（$>C=O$），统称为羰基化合物。羰基所连的两个基团都是烃基的叫作酮，如：

$$\mathrm{R-\underset{\underset{O}{\|}}{C}-R'} \qquad \mathrm{Ar-\underset{\underset{O}{\|}}{C}-R} \qquad \mathrm{Ar-\underset{\underset{O}{\|}}{C}-Ar'}$$

羰基的一侧连有氢原子时（$\mathrm{-\overset{\overset{O}{\|}}{C}-H}$）称为醛基，烃基（或 H）与醛基相连形成的物质称为醛，如：

$$\mathrm{R-\underset{\underset{O}{\|}}{C}-H} \qquad \mathrm{Ar-\underset{\underset{O}{\|}}{C}-H}$$

醛基或羰基与脂肪烃基相连的是脂肪醛、脂肪酮，与芳香环直接相连的是芳香醛、芳香酮，与不饱和烃基相连的是不饱和醛、不饱和酮。分子中羰基数目可以是一个、两个或多个。

## 2. 醛、酮的命名

(1) 醛的命名

用系统命名法命名脂肪醛时，选择含有醛基的最长碳链为主链，编号由含醛基的碳原子开始，如：

| $HCHO$ | $CH_3CHO$ | $CH_3CH_2CHO$ | $CH_3CH_2CH_2CH_2CHO$ | $CH_3CH(CH_3)CH_2CHO$ |
|---|---|---|---|---|
| 甲醛 | 乙醛 | 丙醛 | 戊醛 | 3-甲基丁醛 |

| $CH_3CH_2CH(CH_3)CH(CH_2CH_3)CH_2CHO$ | $C_6H_5CH(CH_3)CHO$ |
|---|---|
| 4-甲基-3-乙基己醛 | 2-苯丙醛 |

按普通命名法，醛则以其氧化后得到相应的羧酸命名，如：

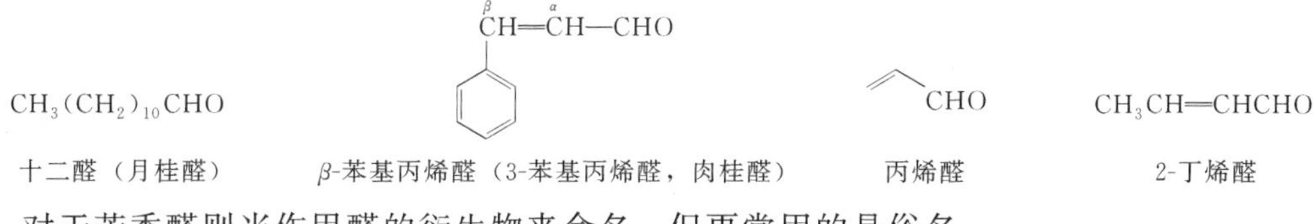

十二醛（月桂醛） β-苯基丙烯醛（3-苯基丙烯醛，肉桂醛） 丙烯醛 2-丁烯醛

对于芳香醛则当作甲醛的衍生物来命名，但更常用的是俗名。

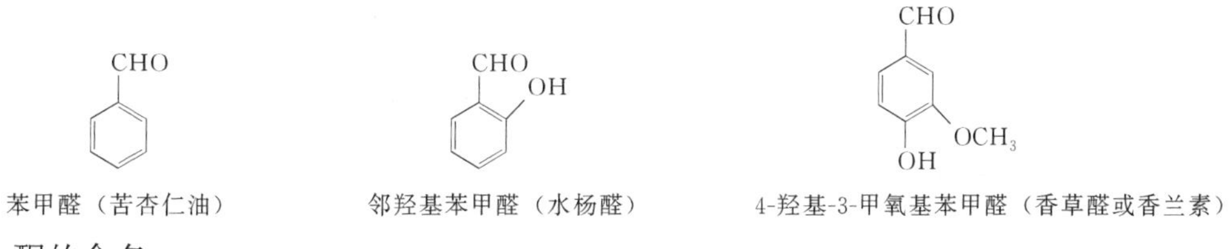

苯甲醛（苦杏仁油） 邻羟基苯甲醛（水杨醛） 4-羟基-3-甲氧基苯甲醛（香草醛或香兰素）

(2) 酮的命名

脂肪酮的系统命名原则与醇的命名相同，羰基的位置编号由离羰基最近的碳原子开始，如：

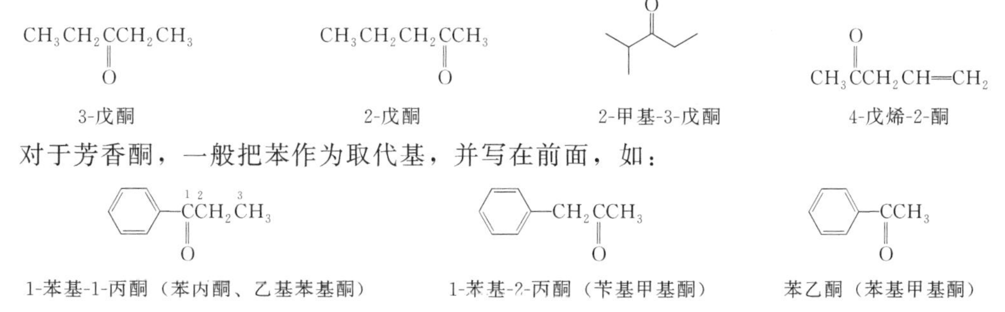

3-戊酮 2-戊酮 2-甲基-3-戊酮 4-戊烯-2-酮

对于芳香酮，一般把苯作为取代基，并写在前面，如：

1-苯基-1-丙酮（苯丙酮、乙基苯基酮） 1-苯基-2-丙酮（苄基甲基酮） 苯乙酮（苯基甲基酮）

按普通命名法命名酮时，与醚的命名类似，只要写明与羰基相连的两个基团名称即可。当两个基团相同时，与醚不同之处是不能省略“二”字。如：

甲乙酮（甲基乙基甲酮） 甲基异丙基酮 二乙酮（二乙基甲酮） 二苯酮（二苯基甲酮）

相应的醛和酮互为异构体异构，如丙醛和丙酮。

## 二、醛、酮的结构和性质

### 1. 醛、酮的结构

羰基是醛、酮的官能团。与烯烃中的双键相似，羰基碳原子也是 $sp^2$ 杂化，其中一个 $sp^2$ 杂化轨道和氧原子形成 σ 键，另外两个 $sp^2$ 杂化轨道与其他两个 C(H) 原子构成两个 σ 键，而且三个 σ 键共平面，键角接近 120°，没有参与杂化的 p 轨道与氧原子 p 轨道相互平行、侧面重叠形成 π 键，如图 6-9 所示。

在碳氧双键中，由于氧原子的电负性比碳原子大，羰基上的 π 电子云偏向氧原子一方，使碳原子带部分正电荷，氧原子带部分负电荷，如图 6-10 所示。

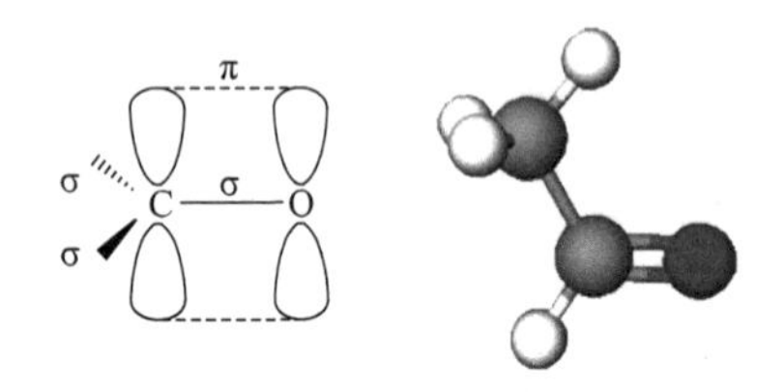


图 6-9 羰基的电子结构和 3D 模型

图 6-10 羰基双键中 π 电子云分布示意图

### 2. 醛、酮的物理性质

醛、酮的物理常数见表 6-6。

表 6-6 醛、酮的物理常数

| 名称 | 化学式 | 熔点/℃ | 沸点/℃ | 密度/(g/cm³) |
|---|---|---|---|---|
| 甲醛 | $H\overset{O}{\overset{\|}{C}}H$ | −92.0 | −21 | 1.8150 |
| 乙醛 | $CH_3\overset{O}{\overset{\|}{C}}H$ | −121.0 | 20.8 | 1.7834(18℃) |
| 丙醛 | $CH_3CH_2\overset{O}{\overset{\|}{C}}H$ | −81.0 | 48.8 | 1.8058 |
| 丁醛 | $CH_3CH_2CH_2\overset{O}{\overset{\|}{C}}H$ | −99.0 | 75.7 | 1.8170 |
| 乙二醛 | $H\overset{O}{\overset{\|}{C}}-\overset{O}{\overset{\|}{C}}H$ | 15.0 | 50.4 | 1.1400 |
| 丙烯醛 | $H_2C=CH-\overset{O}{\overset{\|}{C}}H$ | −86.5 | 53 | 1.8410 |
| 苯甲醛 | $C_6H_5-\overset{O}{\overset{\|}{C}}H$ | −26.0 | 178.6 | 1.0415(10℃) |
| 丙酮 | $H_3C-\overset{O}{\overset{\|}{C}}-CH_3$ | −95.4 | 56.2 | 0.7899 |

续表

| 名称 | 化学式 | 熔点/℃ | 沸点/℃ | 密度/(g/cm³) |
|---|---|---|---|---|
| 丁酮 | $CH_3CH_2—\overset{O}{\overset{\|}{C}}—CH_3$ | −86.5 | 79.6 | 0.8054 |
| 2-戊酮 | $H_3C—\overset{O}{\overset{\|}{C}}—CH_2CH_2CH_3$ | −77.8 | 102 | 0.8089 |
| 3-戊酮 | $CH_3CH_2—\overset{O}{\overset{\|}{C}}—CH_2CH_3$ | −39.8 | 101.7 | 0.8138 |
| 环己酮 | (环己基)=O | −16.4 | 155.6 | 0.9478 |
| 丁二酮 | $CH_3\overset{O}{\overset{\|}{C}}—\overset{O}{\overset{\|}{C}}CH_3$ | | 88 | 0.9904(15℃) |
| 2,4-戊二酮 | $CH_3\underset{O}{\underset{\|}{C}}CH_2\underset{O}{\underset{\|}{C}}CH_3$ | −23.0 | 139 | 0.9721(25℃) |
| 苯乙酮 | $C_6H_5—\underset{O}{\underset{\|}{C}}—CH_3$ | 20.5 | 202.6 | 1.0281 |
| 二苯酮 | $C_6H_5—\underset{O}{\underset{\|}{C}}—C_6H_5$ | 49.0 | 306 | 1.0976(50℃) |

注：除注明者外，其余物质的密度均为 20℃时的数据。

除甲醛是气体外，十二个碳原子以下的脂肪醛、酮是液体，高级脂肪醛、酮和芳香酮多为固体。醛、酮没有缔合作用，所以脂肪醛、酮的沸点比相应的醇低很多。

醛、酮易溶于有机溶剂。醛、酮分子中羰基的氧原子上有未共用电子对，可与水形成氢键，因此 $C_4$ 以下的醛、酮能与水互溶，其他的醛、酮在水中的溶解度随分子量增大而减小，$C_5$ 以上的醛、酮微溶或不溶于水。

某些中级醛、酮和一些芳香醛有特殊的香味，可用于化妆品和食品工业。

### 3. 醛、酮的化学性质

羰基很活泼，可以发生多种有机反应，所以羰基化合物在有机合成中是极为重要的物质，同时也是动植物代谢过程中十分重要的中间体。

羰基是一个不饱和基团，容易发生许多加成反应。但和烯键、炔键不同的是，由于氧原子的电负性比碳强，碳氧双键为极性不饱和键，使得氧原子上电子密度较高，而碳原子上电子密度较低，分别以 $\delta^+$ 及 $\delta^-$ 表示：

$$\gt\overset{\delta^+}{C}=\overset{\delta^-}{O}$$

由于羰基中的氧原子具有较大的容纳负电荷的能力，带有部分正电荷的碳原子比带有部分负电荷的氧原子活性大，羰基中的碳原子更容易受亲核试剂的进攻发生亲核加成反应。受羰基影响，$\alpha$-H 具有活性，易被氧化。因此，醛和酮主要发生三种类型的化学反应：羰基的亲核加成、醛和酮的氧化还原以及 $\alpha$-H 的反应。

$$\begin{array}{c} \alpha\text{-H 的反应} \\ \downarrow \\ \text{R—}\overset{\text{H}}{\underset{\text{H}}{\text{C}}}\text{—}\overset{\text{O}}{\overset{\|}{\text{C}}}\text{—H(R)} \end{array}$$

α-H 的反应；羰基的亲核加成反应；醛基的氧化反应

(1) 羰基的亲核加成

亲核试剂进攻缺电子的碳原子，形成四面体的加成产物。反应可在酸或碱的条件下进行。亲核试剂有很多种，包括含碳的亲核试剂如格氏试剂（RMgX）、氢氰酸（HCN）、炔化物等，含氧的亲核试剂如水和醇，含氮的亲核试剂如氨及其衍生物，含硫的亲核试剂如 $NaHSO_3$ 等。

**【反应机理】**在碳氧双键中，由于氧的电负性大，带部分负电荷的氧比带部分正电荷的碳稳定，因此反应的活性中心是带部分正电荷的羰基碳。羰基加成时容易受到富电子试剂的进攻，这种富电子的试剂称为亲核试剂，由亲核试剂首先进攻引起的加成反应称为亲核加成反应。反应分两步进行：第一步是亲核试剂中带负电的部分加到羰基带部分正电荷的碳原子上，形成氧负离子中间体；第二步是带正电的部分加到羰基氧上。

第一步 $$\rangle\overset{\delta^+}{C}=\overset{\delta^-}{O} + \overset{\delta^-}{Nu}—\overset{\delta^+}{E} \xrightarrow{\text{慢}} \rangle C(Nu)—O^-$$

第二步 $$\rangle C(Nu)—O^- + E^+ \xrightarrow{\text{快}} \rangle C(Nu)—OE$$

从上述反应机理可以看出，就同一种亲核试剂而言，亲核加成反应的难易取决于羰基碳上电子云密度的大小。羰基碳上电子云密度越小，正电性越大，则亲核加成反应越易进行；反之，则不易进行。此外，羰基所连基团体积越大，对亲核试剂的空间阻碍作用越大，醛、酮亲核加成反应的活性越低。由于醛基上至少连有一个体积最小的氢原子，所以醛的活性比酮大。对酮来说，甲基酮的空间阻碍作用最小，其活性仅次于醛。在芳香族醛、酮中，羰基和芳环发生了 π-π 共轭作用，芳环上的电子云向羰基转移，使羰基碳的正电性减弱，因此，芳香族醛、酮的亲核加成反应活性一般比脂肪族低。

① 与氢氰酸加成　醛或酮与氢氰酸作用，得到 α-羟基腈，反应是可逆的。这是增长碳链的方法之一，也是制备 α-羟基酸的方法。

$$R—\overset{H}{C}=O + \overset{+}{H}—\overset{-}{CN} \rightleftharpoons R—\overset{H}{\underset{CN}{C}}—OH$$

$$R—\overset{R'}{C}=O + \overset{+}{H}—\overset{-}{CN} \rightleftharpoons R—\overset{R'}{\underset{CN}{C}}—OH$$

α-羟基腈

由于氢氰酸为弱酸，如果在反应中加入少量碱，能大大提高反应速率。相反，若加入酸，则会抑制反应的进行。

从加成机理分析可知，羰基连接的基团不同，其加成速度不同：醛都能与氢氰酸反应，而只有甲基酮才能与氢氰酸进行加成反应。

**【例】** 甲基丙烯酸甲酯的制备与应用

丙酮与 HCN 发生加成反应，生成的 α-羟基腈可进一步和甲醇在硫酸作用下反应，生成一种重要的合成高分子有机玻璃的烯类单体——甲基丙烯酸甲酯。甲基丙烯酸甲酯可以聚合生成聚甲基丙烯酸甲酯，用于制造有机玻璃、润滑油添加剂、塑料、涂料、黏合剂、树脂、纺织印染助剂、皮革处理剂和绝缘灌注材料等。

$$(CH_3)_2C{=}O \xrightarrow{HCN} (CH_3)_2C(OH){-}CN \xrightarrow[H_2SO_4]{CH_3OH} CH_2{=}C(CH_3){-}COOCH_3 \xrightarrow[\text{聚合}]{\text{催化剂}} {+}CH_2{-}C(CH_3)(COOCH_3){+}_n$$

聚甲基丙烯酸甲酯（有机玻璃）

**【例】** 乳酸的生成

乙醛与HCN发生加成反应，生成的α-羟基腈水解可得到乳酸。乳酸在人体内有重要的生理作用。

$$CH_3CHO + HCN \rightleftharpoons CH_3CH(OH)CN \xrightarrow[H_2O]{H^+} CH_3CH(OH)COOH$$

乳酸

② 与亚硫酸氢钠加成　醛、脂肪族甲基酮和8个碳原子以下的环酮可与饱和亚硫酸氢钠水溶液作用，生成不溶于饱和亚硫酸氢钠水溶液的羟基磺酸钠结晶。反应是可逆的，所以必须使用过量的饱和亚硫酸氢钠水溶液，以促使反应向右进行。

$$R{-}CH{=}O + NaHSO_3 \rightleftharpoons R{-}CH(ONa){-}SO_3H \xrightleftharpoons{\text{分子内中和}} R{-}CH(OH){-}SO_3Na$$

α-羟基磺酸钠

加成产物磺酸盐具有无机盐的性质，能溶于水而不溶于有机溶剂，与稀酸或稀碱共热，又能分解析出原来的醛、酮。因此，这个反应可以用来鉴别醛和甲基酮，也可从其他有机物中分离出醛及甲基酮。

$$R{-}CH(OH){-}SO_3Na \xrightarrow{HCl} RCHO + NaCl + SO_2 + H_2O$$

$$R{-}CH(OH){-}SO_3Na \xrightarrow{\frac{1}{2}Na_2CO_3} RCHO + Na_2SO_3 + \frac{1}{2}CO_2 + \frac{1}{2}H_2O$$

α-羟基磺酸钠可以和NaCN反应生成羟基腈，是制备羟基腈最好的办法，因为可以避免使用剧毒的氢氰酸。

$$R{-}CH(OH){-}SO_3Na + NaCN \longrightarrow R{-}CH(OH){-}CN + Na_2SO_3$$

③ 与格氏试剂加成　格氏试剂是含碳的亲核试剂，醛或酮都能与它进行加成，可直接水解生成比格氏试剂多一个及以上碳原子的醇，该反应是不可逆的，加成产物不必分离。

$$\overset{\delta^+}{C}{=}\overset{\delta^-}{O} + \overset{\delta^-}{R}{-}\overset{\delta^+}{MgX} \longrightarrow R{-}C{-}OMgX \xrightarrow{H_2O} R{-}C{-}OH + Mg(OH)X$$

可以选择适当的格氏试剂和羰基化合物来制备各种伯、仲、叔醇。

甲醛与格氏试剂加成后再水解，可得到比格氏试剂中烷基多一个碳原子的伯醇；除甲醛外的其他醛，与格氏试剂作用的最终产物是仲醇；而酮与格氏试剂反应水解后的产物是叔醇。

$$H-\overset{H}{\overset{|}{C}}=O \xrightarrow[Et_2O]{R''MgX} H-\overset{H}{\overset{|}{\underset{R''}{\underset{|}{C}}}}-O-MgX \xrightarrow{H_3O^+} H-\overset{H}{\overset{|}{\underset{R''}{\underset{|}{C}}}}-OH \quad \text{伯醇}$$

$$R-\overset{H}{\overset{|}{C}}=O \xrightarrow[Et_2O]{R''MgX} R-\overset{H}{\overset{|}{\underset{R''}{\underset{|}{C}}}}-O-MgX \xrightarrow{H_3O^+} R-\overset{H}{\overset{|}{\underset{R''}{\underset{|}{C}}}}-OH \quad \text{仲醇}$$

$$R-\overset{R'}{\overset{|}{C}}=O \xrightarrow[Et_2O]{R''MgX} R-\overset{R'}{\overset{|}{\underset{R''}{\underset{|}{C}}}}-O-MgX \xrightarrow{H_3O^+} R-\overset{R'}{\overset{|}{\underset{R''}{\underset{|}{C}}}}-OH \quad \text{叔醇}$$

④ 与炔化物的加成　金属炔化物（$R—C≡C^-M^+$）是一种很强的碳亲核试剂，它可以和羰基化合物发生加成反应，常用的炔化物有炔化锂、炔化钾、炔化钠等，该反应可用于合成1,3-丁二烯、异戊二烯等重要的共轭二烯，具有重要意义。

$$R-C\equiv C^-Na^+ + \;>C=O \xrightarrow[\text{或乙醚}]{NH_3(\text{液})} >C<^{C\equiv CR}_{ONa} \xrightarrow{H_2O} >C<^{C\equiv CR}_{OH} \xrightarrow[Pd/C]{H_2} \xrightarrow[-H_2O]{Al_2O_3} H_2C=\overset{CH_3}{\overset{|}{C}}-\underset{H}{C}=CHR$$

炔醇　　　　制备共轭双烯

（2）醛和酮的氧化还原

① 氧化反应　醛和酮最主要的区别是二者对氧化剂的敏感性不同。因为醛中羰基碳上还有氢，所以容易被氧化成相应的羧酸，空气中的氧就可以将醛氧化。酮则不易被氧化，即使在高锰酸钾的中性溶液中加热，也不受影响。因此，利用这种性质可以选择相对较弱的氧化剂来区别醛和酮。

a. 醛的氧化。常用的弱氧化剂是托伦试剂、斐林试剂和本尼迪特试剂（表6-7）。这些试剂中，起氧化作用的分别是银离子或铜离子。它们将醛氧化成羧酸，本身被还原成金属银或氧化亚铜。反应是在碱性溶液中进行的。

$$RCHO+2Ag(NH_3)_2OH \longrightarrow RCOONH_4+2Ag\downarrow+3NH_3+H_2O$$

$$RCHO+2Cu(OH)_2+NaOH \longrightarrow RCOONa+Cu_2O\downarrow+3H_2O$$

**表6-7　醛的弱氧化剂**

| 名称 | 组成 | 不同的醛或酮与氧化剂的反应情况 | | | | |
|---|---|---|---|---|---|---|
| | | 一般酮 | 芳香醛 | 甲醛 | 其他醛 | α-羟基酮 |
| 托伦(Tollen)试剂 | 硝酸银的氨溶液 | 不 | 能 | 能 | 能 | 能 |
| 斐林(Fehling)试剂 | 硫酸铜、氢氧化钠和酒石酸钾钠的混合液 | 不 | 不 | 能 | 能 | 能 |
| 本尼迪特(Benedict)试剂 | 硫酸铜、碳酸钠和柠檬酸钠的混合液 | 不 | 不 | 不 | 能 | 能 |

托伦试剂中的银离子被还原成黑色悬浮的金属银，如果反应用的试管壁非常清洁，则生成的银就会均匀地附着在管壁上，形成光亮的银镜，因此得名银镜反应。试剂中的氨、酒石酸钾钠或柠檬酸钠的作用是使银离子或铜离子形成络合离子，以免在碱性溶液中生成氧化物或氢氧化物沉淀。斐林试剂不如本尼迪特试剂稳定，平时应将硫酸铜溶液（溶液Ⅰ）和酒石酸钾钠与氢氧化钠的混合液（溶液Ⅱ）分开保存，使用时将两者等量混合。

不同的醛或酮，对上述试剂的反应不一样，一般的酮不与上述试剂作用，但α-羟基酮可被上述试剂氧化。芳香醛只能还原托伦试剂，与斐林试剂及本尼迪特试剂都不作用。而甲醛不能还原本尼迪特试剂。

**【例】** 不饱和醛的选择性氧化

碳碳双键可被高锰酸钾氧化，但不受弱氧化剂影响，不饱和醛可被上述试剂氧化成不饱和羧酸。

$$CH_3-CH=CH-CHO \xrightarrow{KMnO_4,\ H_2SO_4} H_3C-\overset{O}{\overset{\|}{C}}-OH + CO_2$$

$$CH_3-CH=CH-CHO \xrightarrow{Ag^+\text{或者}Cu^{2+}} CH_3-CH=CH-COOH$$

b. 酮的氧化。酮不被一般的氧化剂氧化，但在强氧化剂的作用下，碳链在羰基的两侧断裂，生成羧酸的混合物。

**【例】** 丁酮的氧化

$$CH_3COCH_2CH_3 \xrightarrow[\triangle]{HNO_3} CH_3CH_2COOH + CH_3COOH + CO_2 + H_2O$$

一般酮的氧化没有意义，但对称性环酮氧化可得到单一的产物，因而具有应用价值。

**【例】** 环己酮制备己二酸，己二酸是合成纤维尼龙 66 的原料。

$$\text{环己酮}=O \xrightarrow[\triangle]{HNO_3} HOOCCH_2CH_2CH_2CH_2COOH$$

② 还原反应

a. 催化加氢还原。醛或酮经催化加氢可以分别被还原为伯醇或仲醇。

$$R-\overset{O}{\overset{\|}{C}}-H \xrightarrow{[H]} RCH_2OH \quad \text{伯醇}$$

$$R-\overset{O}{\overset{\|}{C}}-R' \xrightarrow{[H]} R-\underset{H}{\overset{OH}{C}}-R' \quad \text{仲醇}$$

催化加氢通常没有选择性，如分子中有其他可被还原的基团如 C=C 等，则 C=C 也可能被还原。

**【例】** 巴豆醛催化氢化的产物往往是正丁醇，而不是巴豆醇（$CH_3-CH=CH-CH_2OH$）。

$$CH_3CH=CHCHO \xrightarrow{H_2/Ni} CH_3CH_2CH_2CH_2OH$$

b. 金属氢化物还原。当醛和酮采用选择性高的还原剂如硼氢化钠（$NaBH_4$）、氢化铝锂（$LiAlH_4$）等，则可只把羰基还原为羟基，而不还原碳碳双键或叁键等其他基团。

**【例】** 采用 $NaBH_4$、$LiAlH_4$ 作为催化剂，实现选择性还原。

$$CH_3CH=CHCHO \xrightarrow[H_2O]{LiAlH_4\text{或}NaBH_4} CH_3CH=CHCH_2OH$$

$$CH_2=CHCH=CH-CHO \xrightarrow[H_3O^+]{NaBH_4} CH_2=CHCH=CHCH_2OH$$

$$\text{环己烯酮}=O \xrightarrow[H_3O^+]{LiAlH_4} \text{环己烯基}-OH$$

c. 克莱门森（Clemmensen）还原法。羰基在一些特殊试剂（如锌-汞齐加浓盐酸）作用下，可直接还原成亚甲基。

$$\underset{(H)}{R}-\overset{O}{\overset{\|}{C}}-R' \xrightarrow{\text{Zn-Hg，浓 HCl}} \underset{(H)}{R}-CH_2-R'$$

【例】 羰基还原成亚甲基

$$C_6H_5-\overset{O}{\overset{\|}{C}}-CH_2CH_2CH_3 \xrightarrow[\triangle]{\text{Zn-Hg，浓 HCl}} C_6H_5-CH_2CH_2CH_2CH_3$$

d. 乌尔夫-凯惜纳（Wolff-Kishner)-黄鸣龙还原。将醛、酮、氢氧化钠和水合肼在高沸点的水溶性溶剂（乙二醇或二缩乙二醇）中加热反应，可将羰基还原为亚甲基。这是我国化学家黄鸣龙对乌尔夫-凯惜纳（Wolff-Kishner）还原的改进，使该反应的反应时间由原来的50～100h缩短为3～4h。

$$C_6H_5-\overset{O}{\overset{\|}{C}}-CH_2CH_3 \xrightarrow[\text{二缩乙二醇，}\triangle]{H_2NNH_2\text{，}NaOH} C_6H_5-CH_2-CH_2CH_3$$

③ 歧化反应　不含 α-H 的醛，如 HCHO、$R_3C-CHO$、$C_6H_5-CHO$ 等，在浓碱的作用下能发生自身的氧化还原反应，即一分子醛氧化成羧酸，另一分子醛还原成醇，该反应称为歧化反应，也叫坎尼扎罗（Cannizzaro）反应，生物体内也有类似的氧化还原过程。

$$2HCHO+NaOH(\text{浓})\longrightarrow HCOONa+CH_3OH$$

$$2\,C_6H_5CHO \xrightarrow{\text{浓 NaOH}} C_6H_5COOH + C_6H_5CH_2OH$$

两种不含 α-H 的醛与浓碱共热，可以发生交叉坎尼扎罗反应。如果其中一种是甲醛，主要反应是甲醛被氧化，另一种醛被还原，即

$$C_6H_5-CHO+HCHO \xrightarrow[\triangle]{\text{浓 NaOH}} C_6H_5-CH_2OH+HCOONa$$

(3) α-H 的反应

与羰基相邻的碳（α-碳）上的氢叫 α-H。由于羰基中氧原子的电负性较强，使得 α-碳上电子密度有所降低，导致 α-碳原子上 α-H 键的电子云也向 α-碳偏移，使 C—H 的极性增强，因而 α-H 很活泼。

$$R-\overset{H}{\underset{H}{C}}-\underset{H}{C}=O$$

α-碳在一定条件下可受亲电试剂进攻而发生卤化反应；也在一定条件下可离解出质子，形成具有亲核性的碳负离子，当进攻另一分子的羰基碳时，发生羟醛缩合反应。

① 卤仿反应　醛或酮上的 α-H 能被卤素取代，但很难停留在一元取代阶段。如果 α-碳为甲基，则三个氢都可以被卤素取代。由于三个卤素原子的吸电子诱导效应，使羰基碳原子的正电子性增强。在碱液作用下，1,1,1-三卤代物不稳定，发生一系列转变得到羧酸和三卤代甲烷（卤仿），因此得名卤仿反应。

$$CH_3-\overset{O}{\overset{\|}{C}}-R \xrightarrow[NaOH]{I_2} CI_3-\overset{O}{\overset{\|}{C}}-R \xrightarrow{NaOH} \underset{\text{黄色}}{CHI_3\downarrow} + R-\overset{O}{\overset{\|}{C}}-ONa$$

【例】 丙酮与碘在 NaOH 水溶液中作用，最终产物为乙酸和三碘代甲烷（碘仿）。

$$CH_3-\overset{O}{\overset{\|}{C}}-CH_3 \xrightarrow[\triangle]{3NaOI} \left[ CH_3-\overset{O}{\overset{\|}{C}}-CI_3 + 3OH^- \longrightarrow CH_3-\overset{O}{\overset{\|}{C}}-OH + {}^-CI_3 + 2OH^- \right]$$

$$\longrightarrow CH_3-\overset{O}{\overset{\|}{C}}-O^- + CHI_3\downarrow + 2OH^-$$

当卤素为碘时，产生的碘仿为黄色结晶。可以通过碘仿反应来鉴别与羰基相连的烃基是否有甲基，即是否具有 $CH_3-\overset{O}{\overset{\|}{C}}-R$ 结构。由于 $I_2$ 与 NaOH 作用生成的 NaOI 兼具氧化剂和卤化剂的双重性质，因此易被氧化成乙醛或甲基酮的化合物也可以发生碘仿反应。因此碘仿反应还可以鉴别乙醇和具有 $R-\underset{H}{\overset{OH}{\overset{|}{\underset{|}{C}}}}-CH_3$ 结构的醇。

$$CH_3CH_2OH \xrightarrow[NaOH]{I_2} CH_3CHO \xrightarrow[NaOH]{I_2} CHI_3\downarrow + H-\overset{O}{\overset{\|}{C}}-ONa$$

$$R-\overset{OH}{\overset{|}{C}H}-CH_3 \xrightarrow[NaOH]{I_2} R-\overset{O}{\overset{\|}{C}}-CH_3 \xrightarrow[NaOH]{I_2} R-\overset{O}{\overset{\|}{C}}-CI_3 \xrightarrow{NaOH} \underset{\text{黄色}}{CHI_3}\downarrow + R-\overset{O}{\overset{\|}{C}}-ONa$$

② 羟醛缩合反应　在稀碱存在下，一分子醛的 $\alpha$-H 加到另一分子醛的羰基的氧原子上，其余部分则加到羰基的碳原子上，生成 $\beta$-羟基醛。

$$CH_3-\overset{O}{\overset{\|}{C}}-H + \overset{H}{\overset{|}{C}H_2}-\overset{O}{\overset{\|}{C}}-H \xrightleftharpoons{\text{稀 NaOH}} CH_3-\underset{\beta}{\overset{OH}{\overset{|}{C}H}}-\underset{\alpha}{CH_2}-\overset{O}{\overset{\|}{C}}-H$$

$\beta$-羟基丁醛

$\beta$-羟基醛极易脱水，又生成 $\alpha,\beta$-不饱和醛。这个反应第一步是加成，第二步是脱水，所以叫作羟醛缩合反应。

$$CH_3-\overset{OH}{\overset{|}{C}H}-\overset{H}{\overset{|}{C}H}-\overset{O}{\overset{\|}{C}}-H \xrightarrow[\triangle]{-H_2O} CH_3-CH=CHCHO$$

这是制备 $\alpha,\beta$-不饱和醛的一种方法。如将 $\alpha,\beta$-不饱和醛进一步还原，则得到饱和醇。通过羟醛缩合，可合成比原料醛多一倍碳原子的醛和醇。

**【例】** 丙醛的缩合

$$2CH_3CH_2-\overset{O}{\overset{\|}{C}}-H \xrightarrow{OH^-} CH_3CH_2-\underset{H}{\overset{OH}{\overset{|}{\underset{|}{C}}}}-\underset{CH_3}{\overset{H}{\overset{|}{\underset{|}{C}}}}-\overset{O}{\overset{\|}{C}}-H \xrightarrow{\triangle} CH_3CH_2-\underset{H}{C}=\underset{CH_3}{\underset{|}{C}}-\overset{O}{\overset{\|}{C}}-H$$

$$CH_3CH_2-\underset{H}{C}=\underset{CH_3}{\underset{|}{C}}-\overset{O}{\overset{\|}{C}}-H \begin{cases} \xrightarrow{NaBH_4} CH_3CH_2-\underset{H}{C}=\underset{CH_3}{\underset{|}{C}}-CH_2OH \\ \xrightarrow{Ni/H_2} CH_3CH_2-\overset{H_2}{C}-\underset{CH_3}{\underset{|}{\overset{H}{C}}}-CH_2OH \end{cases}$$

在两种不同的含 $\alpha$-H 的醛、酮分子之间也可以发生羟醛缩合反应，这类反应称为交叉羟醛缩合反应。但反应得到的是四种产物的混合物，不易分离，没有实际的制备意义。

不含 $\alpha$-H 的醛、酮，如甲醛、苯甲醛，在稀溶液中，不能发生羟醛缩合反应。但它们可与含 $\alpha$-H 的醛、酮发生交叉羟醛缩合反应，产物以一种为主。

【例】 苯甲醛和乙醛交叉羟醛缩合制备肉桂醛。

$$C_6H_5-CHO + CH_3CHO \xrightleftharpoons{OH^-} C_6H_5-\underset{OH}{\underset{|}{C}}HCH_2CHO \xrightarrow{-H_2O} C_6H_5-CH=CHCHO$$

肉桂醛

【例】 工业上利用羟醛缩合和歧化反应生产季戊四醇。季戊四醇是重要的化工原料，可以用来制备血管扩张剂（季戊四醇四硝酸酯）、工程塑料和涂料用的醇酸树脂等。

$$3HCHO + CH_3CHO \xrightarrow[\text{羟醛缩合}]{Ca(OH)_2} HOCH_2-\overset{CH_2OH}{\overset{|}{\underset{CH_2OH}{\underset{|}{C}}}}-CHO$$

$$HOCH_2-\overset{CH_2OH}{\overset{|}{\underset{CH_2OH}{\underset{|}{C}}}}-CHO + HCHO \xrightarrow[\text{歧化反应}]{Ca(OH)_2} HOCH_2-\overset{CH_2OH}{\overset{|}{\underset{CH_2OH}{\underset{|}{C}}}}-CH_2OH + Ca(HCOO)_2$$

## 三、醛、酮的应用

### 1. 重要的醛、酮

（1）甲醛

甲醛（HCHO）是无色、对人体黏膜有刺激性的气体，沸点－21℃，易溶于水。甲醛有凝固蛋白质的作用，因而有杀菌和防腐能力。常用含有8%甲醇的40%甲醛水溶液（福尔马林）来保存动物标本。

甲醛容易聚合，其浓溶液长期放置会出现多聚甲醛的白色沉淀。在福尔马林中加入少量的甲醇，其作用就是防止甲醛聚合。甲醛可以由三个分子聚合成环状三聚甲醛，也可以由多个甲醛聚合成线型高分子化合物。

三聚甲醛（环状结构：$H_2C$ 与 O 交替相连的六元环）　　$n HCHO \longrightarrow \left[ CH_2O \right]_n$ 多聚甲醛

$n$ 在8～100间的低分子量聚合物仍具有甲醛的刺激气味，为白色固体，熔点120～170℃，在少量硫酸催化下加热可以解聚释放甲醛，因此甲醛常以这种形式保存。

甲醛除了会存在于家装、家具材料中外，也会存在于纺织产品中。为了防止或改善织物在穿着过程中出现的收缩或褶皱现象，许多纺织品会进行防皱防缩整理，如窗帘、免熨衬衫等。防皱防缩整理剂一般为高分子量树脂的预聚物，将其溶于水或溶剂后渗透到纤维内部，在织物上经高温烘烤后与纤维分子发生交联或自我交联反应，形成网状大分子，从而赋予织物抗皱、低缩水率、免熨等性能。脲醛树脂、三聚氰胺甲醛树脂等含醛树脂是常用的防皱防缩整理剂，因此这些经整理后的纺织品也存在甲醛超标的风险。

由于环境保护和能源综合利用问题的提出，树脂整理剂也向着低能耗、无污染的方向发展。但在日常生活中，人们在购买相关纺织品时也应注意仔细辨别产品质量，也可利用甲醛可溶于水这一性质，对新买的纺织品用清水充分漂洗一两次后再使用。

（2）丙酮

丙酮（$CH_3-\overset{O}{\overset{\|}{C}}-CH_3$）是最简单的酮，有令人愉快的香味，沸点56.2℃，易溶于水并能

溶解多种有机物，是常用的有机溶剂之一。丙酮能溶解油脂、蜡、树脂、橡胶等，也是合成人造纤维、卤仿、环氧树脂、涂料、甲基丙烯酸甲酯等的重要原料。

医药上用作各种维生素和激素生成过程中的萃取剂。糖尿病患者由于代谢障碍，血液及尿液中的丙酮含量较高。

（3）苯甲醛

苯甲醛（$C_6H_5-CHO$）是芳香醛的代表，是有杏仁味的液体，沸点 178℃，工业上叫苦杏仁油。它和糖类物质结合存在于杏仁、桃仁等许多果实的种子中。苯甲醛在空气中放置能被氧化而析出苯甲酸结晶。苯甲醛多用于制造香料及制备其他芳香族化合物。

（4）葡萄糖

自然界存在许多有重要生理作用的羰基化合物，糖就是多羟基醛或酮的化合物，如葡萄糖。

$$H-\underset{OH}{\overset{H}{C}}-\underset{OH}{\overset{H}{C}}-\underset{OH}{\overset{H}{C}}-\underset{OH}{\overset{H}{C}}-\underset{OH}{\overset{H}{C}}-C\begin{matrix}H\\ \\ =O\end{matrix}$$

葡萄糖

## 2. 以甲醛为原料制备的聚合物

（1）脲醛（UF）树脂

$$\left[ CH_2-\underset{CH_3}{N}-\underset{O}{\overset{\|}{C}}-\overset{CH_3}{N}-CH_2 \right]_n$$

脲醛树脂

脲醛树脂，又称尿素甲醛树脂，是尿素与甲醛在催化剂（碱性或酸性催化剂）作用下缩聚而成初期树脂，再在固化剂或助剂作用下形成不溶、不熔的末期热固性树脂。其聚合原理是尿素上氨基的活性氢与醛发生加成反应。

$$N_2H-\overset{O}{\overset{\|}{C}}-NH_2 + HCHO \rightleftharpoons H_2N-\overset{O}{\overset{\|}{C}}-NHCH_2OH$$

脲醛树脂分子结构上含有极性氧原子，有较高的胶合强度，较好的防水、耐污染、耐腐蚀性，但不耐浓酸和浓碱，易于老化，是常用的木材胶黏剂和底漆、中间层涂料。

（2）酚醛树脂

$$\overset{OH}{C_6H_4}-CH_2-\left[\overset{OH}{C_6H_3}-CH_2\right]_n-\overset{OH}{C_6H_4}$$

酚醛树脂泛指酚（苯酚、甲酚、二甲酚、间苯二酚等）与醛（甲醛、乙醛、糠醛等）合成的树脂。其聚合原理是酚中苯环上的氢被醛取代。

$$C_6H_5OH + \underset{H}{\overset{H}{\;}}\overset{\delta^+}{C}=\overset{\delta^-}{O} \xrightarrow{OH^-} \overset{OH}{C_6H_4}-CH_2OH$$

酚醛树脂中以苯酚与甲醛合成的苯酚甲醛树脂最为重要，它的产量占酚醛类树脂的首位，应用也最广泛。由于酚醛树脂含有大量的羟甲基和酚羟基，具有较大的极性，对金属和非金属都有良好的粘接性能。同时酚醛树脂中含大量的苯环，又能交联成网状结构，故有较大的刚性和优异的耐热性能。

(3) 三聚氰胺甲醛树脂

三聚氰胺甲醛（MF）树脂是三聚氰胺与甲醛反应所得到的聚合物，又称密胺甲醛树脂、密胺树脂。三聚氰胺结构中存在三嗪环结构，具有较高的反应活性和较好的热稳定性能，其特殊结构还赋予了MF树脂一定的阻燃性。

# 项目五 羧酸

**【案例导入】“实践—理论—实践”推动创新创造**

1848年，路易斯·巴斯德（Louis Pasteur）在显微镜下观察外消旋的酒石酸时发现了手性现象（图6-11），开创了对物质光学性质的研究，这一震撼化学界的发现对后来立体化学的建立具有重要影响。

右旋酒石酸 左旋酒石酸

**图6-11 不同构型酒石酸的立体结构**

巴斯德是19世纪法国一位杰出的科学家。像牛顿开辟出经典力学一样，巴斯德开辟了微生物领域，创立了一整套独特的微生物学基本研究方法。他用“实践—理论—实践”的方法进行了多项探索性的研究，发明了传染病预防接种法，在战胜狂犬病、鸡霍乱、炭疽病、蚕病等方面都取得了重大成果，其发明的巴氏消毒法直至现在仍被应用。

## 一、认识羧酸

**视频6-4 羧酸的结构与性质**

### 1. 羧酸的定义

分子中含有羧基的化合物称为羧酸。羧酸的官能团是羧基，一般羧酸都可以看成是烃分子中的氢原子被羧基取代的衍生物。

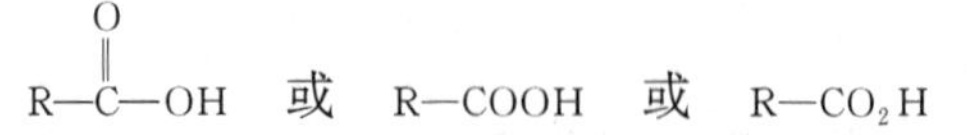


### 2. 羧酸的分类

(1) 按羧基连接的烃基分类

羧基和脂肪烃基相连的叫脂肪羧酸，羧基和芳香环相连的叫芳香羧酸。

① 脂肪羧酸　脂肪羧酸有饱和及不饱和两类。

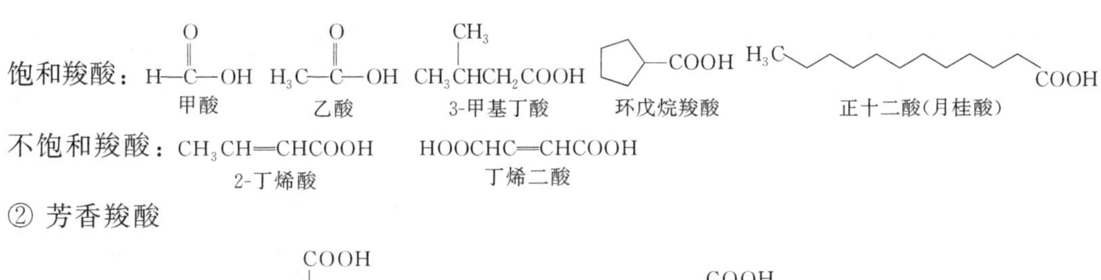


② 芳香羧酸

COOH

苯甲酸

COOH　HOOC

2,6-萘二甲酸

(2) 按羧基的个数分类

按羧基的个数分为一元羧酸和多元羧酸。

COOH
|
COOH

乙二酸

COOH　COOH

邻苯二甲酸

HOOC　COOH

己二酸

$H_2C$—COOH
HO—C—COOH
$H_2C$—COOH

柠檬酸

### 3. 羧酸的命名

羧酸常用俗名，即根据它们的来源命名。如蚁酸（甲酸）最初是从蚂蚁中得到的，醋酸（乙酸）是食醋的主要成分。表 6-8 列出了一些常见酸的俗名。

**表 6-8　常见酸的俗名**

| 化合物 | 俗名 | 化合物 | 俗名 |
| --- | --- | --- | --- |
| HCOOH | 蚁酸 | HOOCCOOH | 草酸 |
| $CH_3COOH$ | 醋酸 | $HOOC(CH_2)_2COOH$ | 琥珀酸 |
| $CH_3CH_2COOH$ | 初油酸 | $CH_3(CH_2)_{16}COOH$ | 硬脂酸 |
| $CH_3(CH_2)_{14}COOH$ | 软脂酸 | HOOC H C=C H COOH | 富马酸 |
| HOOC COOH C=C H H | 马来酸 | | |

脂肪酸的系统命名原则和醛相同，即选择含有羧基的最长碳链作主链，编号由羧基的碳原子开始，如 3-甲基丁酸。对于不饱和脂肪酸，如含有 C=C 的，则取含羧基和 C=C 的最长碳链为主链，叫作某烯酸，并把双键位置注于名称之前，如 2-丁烯酸。

命名脂肪二元酸时，则选择包含两个羧基的最长碳链，叫某二酸。

$HOOCCH_2CH_2CH_2COOH$　戊二酸

芳香羧酸的命名是把芳香环看作取代基。

COOH　COOH　（邻苯二甲酸）

$\overset{\beta}{C}H{=}\overset{\alpha}{C}H$—COOH　$\beta$-苯基丙烯酸（肉桂酸）

### 4. 多官能团化合物的命名

多官能团化合物的命名以哪个官能团为主作为母体，是按照表 6-9 中的官能团的优先次序确定母体和取代基的。处于前面的官能团为优先基团，决定母体名称，其他官能团都作为取代基。

表 6-9 常见酸的普通命名

| 类别 | 羧酸 | 磺酸 | 酯 | 酰卤 | 酰胺 | 腈 | 醛 | 酮 | 醇 |
|---|---|---|---|---|---|---|---|---|---|
| 官能团 | —COOH | $—SO_3H$ | —COOR | —C(=O)—X | $—CONH_2$ | —CN | —CHO | —C(=O)— | —OH |
| 类别 | 酚 | 硫醇 | 胺 | 炔烃 | 醚 | 烷烃 | 卤代烃 | 硝基化合物 | |
| 官能团 | —OH | —SH | $—NH_2$ | —C≡C— | —O— | —R | —X | $—NO_2$ | |

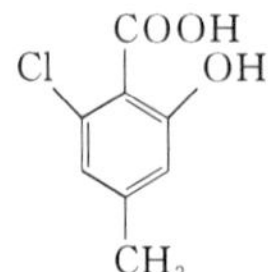


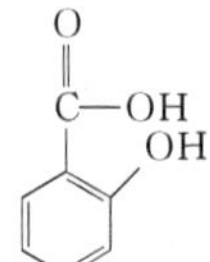


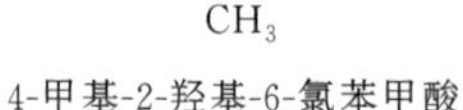

4-甲基-2-羟基-6-氯苯甲酸　　邻羟基苯甲酸

## 二、羧酸的结构和性质

### 1. 羧酸的结构

羧酸分子中羧基的碳原子为 $sp^2$ 杂化，羟基氧原子上的孤电子对与 C═O 作用形成 p-π 共轭体系，如图 6-12 所示。在共轭效应的作用下，羟基氧原子的电子云分散在共轭体系中，所以 O—H 的极性大大增强，利于质子离解，使得氢原子的酸性大大增强；又由于 O—H 与 C═O 共轭，使羧基碳原子上的正电荷大大减少，因此羧基不利于发生类似于醛、酮羰基上的亲核加成反应。

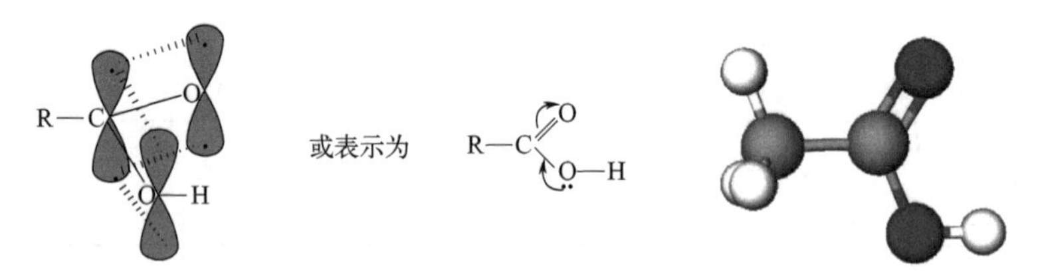


图 6-12 羧基的 p-π 共轭体系和乙酸的 3D 结构

### 2. 羧酸的物理性质

羧酸的物理常数如表 6-10 所示。

表 6-10 羧酸的物理常数

| 名称 | 化学式 | 沸点/℃ | 熔点/℃ | $K_a$ | $pK_a$ | 溶解度 |
|---|---|---|---|---|---|---|
| 甲酸(蚁酸) | HCOOH | 100.7 | 8.4 | $1.77\times10^{-4}$ | 3.75 | ∞ |
| 乙酸(醋酸) | $CH_3COOH$ | 117.9 | 16.6 | $1.76\times10^{-5}$ | 4.75 | ∞ |
| 丙酸 | $CH_3CH_2COOH$ | 141.0 | −20.8 | $1.34\times10^{-5}$ | 4.81 | ∞ |

续表

| 名称 | 化学式 | 沸点/℃ | 熔点/℃ | $K_a$ | $pK_a$ | 溶解度 |
|---|---|---|---|---|---|---|
| 丁酸 | $CH_3(CH_2)_2COOH$ | 166.5 | −4.5 | $1.54\times10^{-5}$ | 4.81 | 5.62 |
| 戊酸 | $CH_3(CH_2)_3COOH$ | 187.0 | −34.5 | $1.51\times10^{-5}$ | 4.82 | 3.70 |
| 己酸 | $CH_3(CH_2)_4COOH$ | 205.0 | −2.0 | $1.43\times10^{-5}$ | 4.83 | 1.08 |
| 庚酸 | $CH_3(CH_2)_5COOH$ | 223.0 | −7.5 | $1.28\times10^{-5}$ | 4.89 | 0.24 |
| 辛酸 | $CH_3(CH_2)_6COOH$ | 239.3 | 16.5 | $1.28\times10^{-5}$ | 4.89 | 0.07 |
| 壬酸 | $CH_3(CH_2)_7COOH$ | 255.0 | 12.2 | $1.09\times10^{-5}$ | 4.96 | — |
| 癸酸 | $CH_3(CH_2)_8COOH$ | 270.0 | 31.5 | — | — | — |
| 苯甲酸(安息香酸) | $C_6H_5COOH$ | 249.0 | 122.1 | $6.46\times10^{-4}$ | 4.19 | 2.90 |

常温下，$C_{10}$ 以下的饱和一元羧酸为液体。低级脂肪酸如甲酸、乙酸、丙酸等有较强烈的刺激气味，它们的水溶液有酸味，丁酸、己酸、癸酸等有难闻的酸臭味，高级脂肪酸是蜡状物质，没有气味。脂肪二元酸和芳香酸都是结晶型固体。低级脂肪酸易溶于水，但随分子量的增加，在水中溶解度降低。羧基数目增多，其水溶性增加。

羧酸的沸点比分子量相近的其他有机物要高（表 6-11），这是由于羧酸两个分子间可以形成两个氢键，而醇分子间只形成一个氢键。而且即使在气态时，羧酸也是双分子缔合的（图 6-13），所以羧酸的沸点比分子量相近的醇还要高。

**表 6-11　羧酸、醇、醛、醚的物理常数**

| 项目 | 乙酸 | 正丙醇 | 丙醛 | 甲乙醚 |
|---|---|---|---|---|
| 结构式 | $H_3C-\overset{\overset{O}{\Vert}}{C}-OH$ | $H_3C-\overset{H_2}{C}-\overset{H_2}{C}-OH$ | $H_3C-\overset{H_2}{C}-\overset{\overset{O}{\Vert}}{C}-H$ | $H_3C-O-CH_2CH_3$ |
| 分子量 | 60 | 60 | 58 | 60 |
| 沸点/℃ | 117.9 | 97.4 | 48.8 | 8.0 |

饱和一元羧酸和二元羧酸的熔点却不是随分子量的增加而递增的，而是表现出一种特殊的规律，即含偶碳原子的羧酸的熔点比它相邻的两个含奇碳原子的羧酸的熔点都要高（表 6-12）。

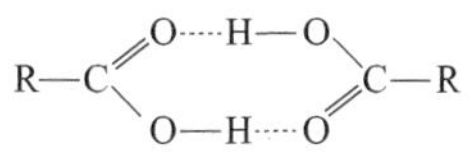

R—C(=O…H—O)(—O—H…O=)C—R

图 6-13　羧酸的双分子缔合

**表 6-12　二元酸的物理常数**

| 名称 | 结构简式 | 熔点/℃ | 电离常数 | |
|---|---|---|---|---|
| | | | $K_{a_1}$ (25℃) | $K_{a_2}$ (25℃) |
| 乙二酸(草酸) | HOOCCOOH | 187(无水) | $5.90\times10^{-2}$ | $6.4\times10^{-5}$ |
| 丙二酸(缩苹果酸,胡萝卜酸) | $HOOCCH_2COOH$ | 135.5 | $1.49\times10^{-2}$ | $2.0\times10^{-6}$ |
| 丁二酸(琥珀酸) | $HOOC(CH_2)_2COOH$ | 188 | $6.89\times10^{-5}$ | $2.5\times10^{-6}$ |
| 戊二酸(胶酸) | $HOOC(CH_2)_3COOH$ | 99 | $4.70\times10^{-5}$ | $3.9\times10^{-6}$ |
| 己二酸 | $HOOC(CH_2)_4COOH$ | 151 | $3.71\times10^{-5}$ | $3.9\times10^{-6}$ |
| 庚二酸 | $HOOC(CH_2)_5COOH$ | 106 | $3.09\times10^{-5}$ | $3.0\times10^{-6}$ |

续表

| 名称 | 结构简式 | 熔点/℃ | 电离常数 | |
|---|---|---|---|---|
| | | | $K_{a_1}$ (25℃) | $K_{a_2}$ (25℃) |
| 辛二酸 | $HOOC(CH_2)_6COOH$ | 144 | $2.58\times10^{-5}$ | $2.5\times10^{-6}$ |
| 壬二酸 | $HOOC(CH_2)_7COOH$ | 106.5 | $2.88\times10^{-5}$ | $2.8\times10^{-6}$ |
| 癸二酸 | $HOOC(CH_2)_8COOH$ | 134.5 | $2.60\times10^{-5}$ | $2.6\times10^{-6}$ |

### 3. 羧酸的化学性质

羧基是羧酸的官能团，其化学反应主要发生在羧基上。形式上看羧基是由羰基和羟基组成，但由于羰基和羟基中电子云的相互影响，羧酸的性质与醛、酮中的羰基和醇中的羟基有显著差别，这是相互影响的结果。

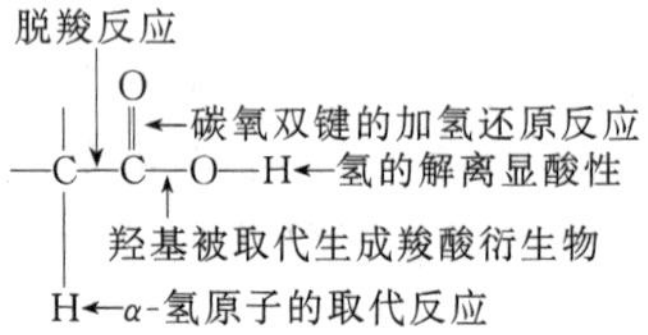

脱羧反应
碳氧双键的加氢还原反应
氢的解离显酸性
羟基被取代生成羧酸衍生物
α-氢原子的取代反应

(1) 酸性

由于羰基的 π 键与羟基氧原子上未共用电子对形成了 p-π 共轭体系，使电子密度向羰基偏移。这样使羧酸分子中的 H—O 键减弱（与水相比），容易离解成氢离子（$H^+$），所以羧酸的酸性比醇、酚、水要强得多。但与硫酸、盐酸等无机强酸相比，一般的羧酸属于弱酸，它们在水中只能部分电离。如 1mol 醋酸的水溶液，在室温时只有约 1% 的醋酸离解为氢离子和醋酸根离子。

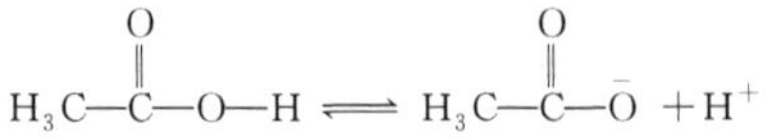

$$H_3C-\overset{O}{\overset{\|}{C}}-O-H \rightleftharpoons H_3C-\overset{O}{\overset{\|}{C}}-\bar{O}+H^+$$

醋酸　　　醋酸根离子

实验证明，在酸根离子中 C 与两个 O 之间的键长是完全相等的，也就是羧基中碳与两个氧间的电子云密度是完全平均化的。

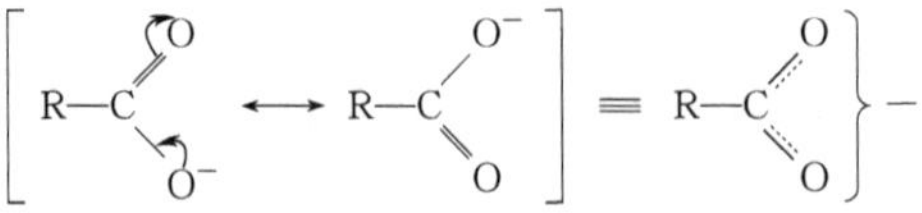

$$\left[R-C\begin{matrix}\nearrow O\\ \searrow O^-\end{matrix} \longleftrightarrow R-C\begin{matrix}\nearrow O^-\\ \searrow O\end{matrix}\right] \equiv \left. R-C\begin{matrix}\nearrow O\\ \searrow O\end{matrix}\right\}^-$$

① 羧酸酸性的影响因素　羧酸的酸性强度以其电离常数 $K_a$ 或它的负对数 $pK_a$ 表示。$K_a$ 数值越大，或 $pK_a$ 越小，酸性越强。一般来说，羧基与吸电子的基团相连时，由于吸电子基团的诱导作用，分散了羧酸负离子上的负电荷，使羧酸负离子更稳定，氢原子易于解离而使其酸性增强。相反，若羧基与给电子基团相连时，由于给电子诱导作用酸性减弱。

各种羧酸的酸性强弱规律如下：

a. 饱和一元酸的羧基连有吸电子基团（如—X、$—NO_2$、—OH 等）时酸性增强，基团的电负性越大，酸性越强。连有给电子基团（$—CH_3$）时，酸性减弱。

常见基团的吸电子诱导效应（—I）的强弱次序是：$—NO_2$>$—SO_3H$>—CN>—COOH>—F>—Cl>—Br>—I>—C≡C—>$—C_6H_5$>$—CH=CH_2$>H。

常见基团的给电子诱导效应（+I）的强弱次序是：$(CH_3)_3C—$>$(CH_3)_2CH—$>$CH_3CH_2—$>$—CH_3$>H。

特别指出的是，上述原子或基团的诱导效应大小次序，只有当它们与同一种原子相连时才是正确的，在不同的化合物中，它们诱导效应的强弱次序是不完全一致的。

**【例】** 取代羧酸的酸性比较

酸性　$FCH_2COOH > ClCH_2COOH > BrCH_2COOH > ICH_2COOH > CH_3COOH$

$pK_a$　2.66　2.86　2.89　3.16　4.76

酸性　$Cl_3CCOOH > Cl_2CHCOOH > ClCH_2COOH$

$pK_a$　0.65　1.29　2.86

酸性　$CH_3CH_2\underset{\underset{Cl}{|}}{C}HCOOH > CH_3\underset{\underset{Cl}{|}}{C}HCH_2COOH > \underset{\underset{Cl}{|}}{C}H_2CH_2CH_2COOH > \underset{\underset{H}{|}}{C}H_2CH_2CH_2COOH$

$pK_a$　2.86　4.41　4.70　4.82

b. 羧基直接连于苯环上的芳香族羧酸比饱和一元羧酸的酸性强，但比甲酸弱。

**【例】** 脂肪族羧酸和芳香族羧酸的酸性比较

酸性　$HCOOH > C_6H_5COOH > CH_3COOH > CH_3CH_2COOH$

$pK_a$　3.77　4.19　4.76　4.88

c. 低级的饱和二元酸的酸性比饱和一元羧酸的酸性强，特别是乙二酸。但二元酸的酸性随碳原子数的增加而逐渐减弱。

② 羧酸盐的形成和羧酸盐的应用　羧酸能与金属氧化物、氢氧化物等形成羧酸盐。

$$2RCOOH + MgO \longrightarrow (RCOO)_2Mg + H_2O$$

$$RCOOH + NaOH \longrightarrow RCOONa + H_2O$$

羧酸的酸性比碳酸强，所以能与碳酸盐（或碳酸氢盐）作用形成羧酸盐并放出二氧化碳。

$$2RCOOH + Na_2CO_3 \longrightarrow 2RCOONa + CO_2\uparrow + H_2O$$

羧酸盐用硫酸或盐酸羧化后又析出游离酸。

羧酸的碱金属盐如钠盐、钾盐等，都能溶于水。对于一些不溶于水的羧酸，可以转化成碱金属盐而溶于水。利用这种性质可以把羧酸与其他不溶于水的中性有机物分离。用碳酸钠水溶液可以将苯甲酸从乙醚的混合液中分离出来。由于碳酸的酸性强度介于羧酸和酚之间，所以用碳酸氢钠可将羧酸与酚分离。

**【例】** 青霉素是一种有机酸，不溶于水，临床上制成钠盐或钾盐。青霉素的钠盐或钾盐为白色结晶粉末，注射前用灭菌注射水现配现用。

青霉素钠盐

二元羧酸和无机二元酸相同，能分两步电离，第二步电离比第一步要难。二元羧酸能分别形成酸性盐和中性盐。

$$\begin{array}{c}COOH\\|\\COOH\\\text{草酸}\end{array} \xrightarrow{NaOH} \begin{array}{c}COONa\\|\\COOH\\\text{草酸氢钠}\end{array} \xrightarrow{NaOH} \begin{array}{c}COONa\\|\\COONa\\\text{草酸钠}\end{array}$$

大多数羧酸的 $pK_a$ 在 2.5～5 之间，而生物细胞的 pH 值一般在 5～9 之间，所以在有机体中羧酸往往以盐（多为与有机碱形成的盐）的形式而不是以游离酸的形式存在。同时，由于羧酸的极性而使羧酸在水中有一定的溶解度，羧酸盐在水中的溶解度更大。因此在许多天然有机物中，由于羧基的存在而增加了分子水溶性。

（2）羧基中羟基的取代反应

羧酸中的—OH 可作为一个基团被其他基团取代，生成酸酐、酰卤、酯或酰胺等羧酸的衍生物。

$$R-\overset{\overset{O}{\|}}{C}-OH \rightarrow \begin{cases} R-\overset{\overset{O}{\|}}{C}-Cl & \text{酰氯} \\ R-\overset{\overset{O}{\|}}{C}-O-\overset{\overset{O}{\|}}{C}-R' & \text{酸酐} \\ R-\overset{\overset{O}{\|}}{C}-OR' & \text{酯} \\ R-\overset{\overset{O}{\|}}{C}-NH_2 & \text{酰胺} \end{cases}$$

① 酸酐的生成　羧酸在脱水剂如五氧化二磷的存在下加热，两分子羧酸能失去一分子水而形成酸酐。

$$R-\overset{\overset{O}{\|}}{C}-OH \xrightarrow[\triangle]{P_4O_{10}} R-\overset{\overset{O}{\|}}{C}-O-\overset{\overset{O}{\|}}{C}-R + H_2O$$

**【例】** 酸酐的制备

$$H_3C-COOH + H_3C-COOH \xrightarrow[\triangle]{P_4O_{10}} (H_3C-CO)_2O + H_2O$$

乙酸酐（乙酐）

$$\text{HC(COOH)=CH(COOH)} \xrightarrow{150℃} \text{马来酸酐（环状）} + H_2O$$

（95%）

$$C_6H_4(COOH)_2 \xrightarrow{230℃} C_6H_4(CO)_2O + H_2O$$

② 酰卤的生成　有机合成中最常使用的酰卤是酰氯，酰氯由羧酸与亚硫酰氯（$SOCl_2$）、五氯化磷或三氯化磷等卤化剂作用来制取。

$$3\,R-\overset{\overset{O}{\|}}{C}-OH + PCl_3 \longrightarrow 3\,R-\overset{\overset{O}{\|}}{C}-Cl + P(OH)_3$$

$$R-\overset{\overset{O}{\|}}{C}-OH + PCl_5 \longrightarrow R-\overset{\overset{O}{\|}}{C}-Cl + POCl_3 + HCl$$

③ 酯的生成　在强酸如浓硫酸等作用下，羧酸可以与醇生成酯。有机酸与醇的酯化反应是可逆的，反应必须在酸的催化及加热下进行，否则反应速度极慢。羧酸与酚不能发生酯化反应。

$$R-\overset{O}{\overset{\|}{C}}-OH + R'OH \underset{\triangle}{\overset{H^+}{\rightleftharpoons}} R-\overset{O}{\overset{\|}{C}}-OR' + H_2O$$

用含有同位素$^{18}O$的乙醇与乙酸进行酯化，发现$^{18}O$存在于生成的酯分子中，而不是在水分子中。这说明酯化反应中生成的水是由羧酸的羟基与醇的氢形成的，也就是羧酸发生了酰氧键断裂。

$$H_3C-\overset{O}{\overset{\|}{C}}-OH + H-\overset{18}{O}-CH_2CH_3 \underset{\triangle}{\overset{H^+}{\rightleftharpoons}} H_3C-\overset{O}{\overset{\|}{C}}-\overset{18}{O}-CH_2CH_3 + H_2O$$

但当醇因其结构而具有明显的体积效应时，如叔丁醇，则会出现醇的碳氧键断裂形成较稳定的碳正离子，酸中羟基氧进攻此碳正离子而成酯的过程。若用$^{18}O$标记此类醇中的氧，则会发现反应后$^{18}O$在水中，而不在酯分子中。

酯化反应是可逆的，为了提高酯的产率，一般采用反应物过量或及时移去生成物的方法，可以使反应平衡向生成酯的方向移动，例如：加过量的酸或醇，多数情况下是加过量的醇，它既作试剂又作溶剂；和/或从反应体系中蒸出沸点较低的酯或水（或加入苯，通过蒸出苯-水恒沸混合物将水带出）。

视频 6-5
乙酸乙酯的制备

④ 酰胺的生成　羧酸与氨作用，得到羧酸的铵盐。将羧酸铵盐加热，首先失去一分子水，生成酰胺。如果继续加热，则进一步失水生成腈。

$$R-\overset{O}{\overset{\|}{C}}-OH + NH_3 \longrightarrow \underset{\text{羧酸铵盐}}{R-\overset{O}{\overset{\|}{C}}-O^-NH_4^+} \xrightarrow[-H_2O]{\triangle} \underset{\text{酰胺}}{R-\overset{O}{\overset{\|}{C}}-NH_2} \xrightarrow[-H_2O]{P_4O_{10},\ \triangle} \underset{\text{腈}}{RC\equiv N}$$

腈水解也可以通过酰胺而变为羧酸，这是一个互逆反应。

芳香羧酸、二元羧酸也能进行以上各种取代反应。二元羧酸在进行这些反应时，可以是一个羧基中的羟基被置换生成单酰氯、单酯等，也可以是两个羧基中的羟基都被置换生成二酰氯、二酯等。

$$\underset{\text{乙二酸}}{\begin{array}{c}COOH\\|\\COOH\end{array}} \xrightarrow{ROH} \underset{\text{乙二酸单酯}}{\begin{array}{c}COOR\\|\\COOH\end{array}} \xrightarrow{ROH} \underset{\text{乙二酸二酯}}{\begin{array}{c}COOR\\|\\COOR\end{array}}$$

（3）还原

羧基是有机物中碳的最高氧化态。用催化氢化或金属与酸产生的新生氢，一般不能直接将羧基还原，但用氢化铝锂（$LiAlH_4$）可以将羧基直接还原为羟基，而且还原羧基时一般不还原 C═C。

**【例】** 酸还原为醇

$$CH_3CH_2COOH \xrightarrow{LiAlH_4} \xrightarrow{H_2O} CH_3CH_2CH_2OH$$

$$C_{17}H_{35}COOH \xrightarrow[2.\ H_2O]{1.\ LiAlH_4,\ Et_2O} C_{17}H_{35}CH_2OH$$

$$H_3C-CH=CH-COOH \xrightarrow{LiAlH_4} \xrightarrow{H_2O} H_3C-CH=CH-CH_2OH$$

（4）烃基上的反应

① α-卤代作用　由于羧基的影响，使得脂肪族羧酸中的α-氢比其他碳原子上的氢活泼，这和脂肪族醛、酮中的α-氢比较活泼是同样的原理，因此羧酸中的α-氢也能被卤素取代。

**【例】** 乙酸在日光或红磷的催化下，α-氢可逐步被氯取代，生成一氯代、二氯代或三氯代乙酸。

$$CH_3-\overset{O}{\overset{\|}{C}}-OH + Cl_2 \xrightarrow{日光} ClCH_2-\overset{O}{\overset{\|}{C}}-OH + Cl_2 \xrightarrow{日光} Cl_2CH-\overset{O}{\overset{\|}{C}}-OH + Cl_2 \xrightarrow{日光} Cl_3C-\overset{O}{\overset{\|}{C}}-OH$$

② 芳香环的取代反应　羧基属于间位定位基，所以芳香族羧酸在进行苯环上的取代反应时主要发生间位取代。

**【例】** 苯甲酸的溴代反应

$$C_6H_5COOH \xrightarrow[FeBr_3,\ \triangle]{Br_2} m\text{-}BrC_6H_4COOH$$

（5）羧酸的热分解反应

① 一元羧酸的脱羧　一元羧酸受强热可以发生脱羧反应。长链脂肪族羧酸由于在脱羧反应中碳链不规则断裂而没有制备价值。

**【例】** 乙酸和苯甲酸的脱羧

$$H_3C-COOH \xrightarrow[\triangle]{Ca(OH)_2} CH_4 + CO_2$$

$$C_6H_5-COOH \xrightarrow[\triangle]{Ca(OH)_2} C_6H_6 + CO_2$$

② 二元羧酸的热分解反应　二元羧酸与一元羧酸有相同的化学性质，控制适当的反应条件，可使两个羧基分别反应。二元羧酸两个羧基的相对位置不同，其反应有所不同，如不同脂肪族二元羧酸的受热反应产物不同。

**【例】** 乙二酸、丙二酸加热分解成比反应物少一个碳原子的一元酸和二氧化碳气体。

$$\begin{matrix}COOH\\|\\COOH\end{matrix} \xrightarrow{\triangle} CO_2\uparrow + HCOOH$$

$$H_2C(COOH)_2 \xrightarrow{\triangle} CO_2\uparrow + CH_3COOH$$

**【例】** 丁二酸、戊二酸加热至熔点以上，则分子内失水形成环状酸酐（内酐）。

$$\begin{matrix}CH_2-\overset{O}{\overset{\|}{C}}-OH\\|\\CH_2-\underset{O}{\underset{\|}{C}}-OH\end{matrix} \xrightarrow{\triangle} \text{(环状酸酐)} + H_2O$$ 丁二酸酐（琥珀酸酐）

$$H_2C\begin{matrix}\diagup CH_2-\overset{O}{\overset{\|}{C}}-OH\\ \diagdown CH_2-\underset{O}{\underset{\|}{C}}-OH\end{matrix} \xrightarrow{\triangle} \text{(环状酸酐)} + H_2O$$ 戊二酸酐

**【例】** 己二酸、庚二酸在氢氧化钡存在下加热由分子内同时失水、失酸生成环酮。

$$\begin{array}{l} H_2C{-}CH_2{-}\overset{\overset{\displaystyle O}{\|}}{C}{-}OH \\ \quad| \\ H_2C{-}CH_2{-}\underset{\underset{\displaystyle O}{\|}}{C}{-}OH \end{array} \xrightarrow{\triangle} \text{(环戊酮)}{=}O + CO_2\uparrow + H_2O \quad \text{环戊酮}$$

$$H_2C\begin{cases} \overset{H_2}{C}{-}CH_2{-}\overset{\overset{\displaystyle O}{\|}}{C}{-}OH \\ \underset{H_2}{C}{-}CH_2{-}\underset{\underset{\displaystyle O}{\|}}{C}{-}OH \end{cases} \xrightarrow{\triangle} \text{(环己酮)}{=}O + CO_2\uparrow + H_2O \quad \text{环己酮}$$

含8个碳原子以上的脂肪二元酸在加热的情况下，得不到分子内失水或同时失水、失酸而成的环状产物，得到的是分子间失水而成的酸酐。以上事实说明，在有可能形成环状化合物的条件下，总是比较容易形成五元环或六元环。

## 三、羧酸的应用

### 1. 重要的一元酸

(1) 甲酸（HCOOH）

甲酸存在于蜂类、某些蚁类及毛虫的分泌物中，同时也广泛存在于植物界，如麻、松叶及某些果实中都含有甲酸。甲酸是无色、有刺激性臭味的液体，沸点100.7℃，易溶于水，有很强的腐蚀性，能刺激皮肤起泡。

甲酸是脂肪酸中唯一在羧基上连有氢原子的酸，其酸性为同系列中的最强酸。该氢原子可以被氧化成羟基，因此甲酸为同系列中唯一有还原性的酸，可还原斐林试剂及托伦试剂。

$$H{-}\overset{\overset{\displaystyle O}{\|}}{C}{-}OH \xrightarrow{[O]} \Big[\underset{\text{碳酸}}{HO{-}\overset{\overset{\displaystyle O}{\|}}{C}{-}OH}\Big] \longrightarrow CO_2\uparrow + H_2O$$

(2) 乙酸（$CH_3COOH$）

乙酸是羧酸中最重要的酸，是食醋的主要成分，又得名醋酸。纯乙酸是无色、有刺激性臭味的液体，沸点117.9℃，熔点16.6℃。由于乙酸在16℃以下能结成似冰状的固体，因此常把无水乙酸叫作冰醋酸。乙酸易溶于水及其他许多有机溶剂，是染料、香料等工业中不可缺少的原料。一般由乙炔经水合为乙醛后，再经氧化得到乙酸。

(3) 苯甲酸（$C_6H_5COOH$）

苯甲酸和苯甲醇以酯的形式存在于安息香胶及其他一些树脂中，俗名安息香酸。苯甲酸是无色结晶，熔点122℃，微溶于水，能升华。

### 2. 重要的二元酸

(1) 乙二酸（HOOCCOOH）

乙二酸常以盐的形式存在于许多植物的细胞壁中，俗名草酸。草酸为无色结晶，含两个分子结晶水，加热到100℃就失去结晶水而得无水草酸。草酸易溶于水，而不溶于乙醚等有机溶剂。草酸是饱和二元酸中酸性最强的，它除具一般羧酸性质外，还有还原性，例如还原高锰酸钾。该氧化还原反应是定量进行的，在分析化学中常用草酸钠来标定高锰酸钾溶液的浓度。

$$5(COOH)_2 + 2KMnO_4 + 3H_2SO_4 \longrightarrow K_2SO_4 + 2MnSO_4 + 10CO_2 + 8H_2O$$

（2）丁二酸（$\begin{array}{l}CH_2—COOH \\ | \\ CH_2—COOH\end{array}$）

丁二酸俗称琥珀酸，最初由蒸馏琥珀得到，因而得名。琥珀是松脂等树脂的化石，含琥珀酸8%左右。丁二酸为无色晶体，熔点188℃，溶于水，微溶于乙醇、乙醚、丙酮等。丁二酸加热至熔点以上则分子内失水而成环状的内酐，是制备五元杂环化合物的原料。

（3）邻苯二甲酸（）及对苯二甲酸（HOOC—C₆H₄—COOH）

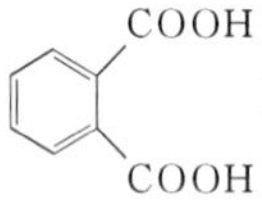

苯二甲酸有邻、间和对位三种异构体，其中邻、对位异构体比较重要。邻苯二甲酸和对苯二甲酸均为白色结晶，将邻苯二甲酸加热至230℃左右，便失水而成分子内酸酐——邻苯二甲酸酐，俗名苯酐。

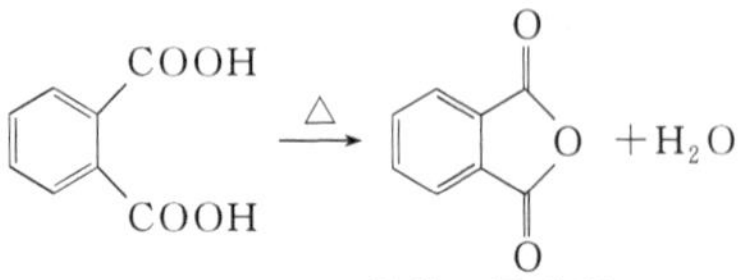

$$\xrightarrow{\triangle} \quad + H_2O$$

邻苯二甲酸酐

邻苯二甲酸易溶于乙醇，稍溶于水和乙醚，主要用于制造染料、树脂、药物和增塑剂等。对苯二甲酸是制造涤纶的主要原料之一。

（4）己二酸

己二酸由环己烷为原料制取。环己烷经催化氧化生成环己醇和环己酮的混合物，混合物在五氧化二钒催化下用硝酸氧化得己二酸，己二酸是合成尼龙66的原料。

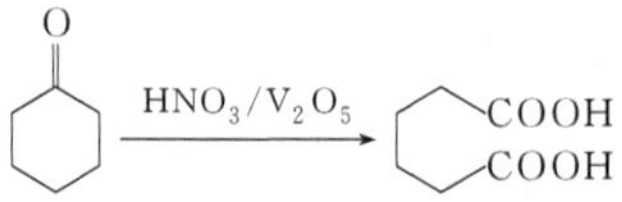

$$\xrightarrow{HNO_3/V_2O_5} \quad \begin{array}{l}COOH \\ COOH\end{array}$$

# 项目六 羧酸衍生物

**【案例导入】阿司匹林的发现和贡献**

勤劳智慧的中华民族在上古时期便有神农尝百草的传说，《神农本草经》《本草纲目》中均记载了柳树的药用价值。1829年，柳树中的活性成分水杨苷被成功提取，并被发现其在体外有很强的药理活性。

后来化学家发现，水杨苷水解、氧化变成水杨酸后药效更强。但由于水杨酸是中强酸，会使口腔感到灼痛，而且口服会导致胃痛。

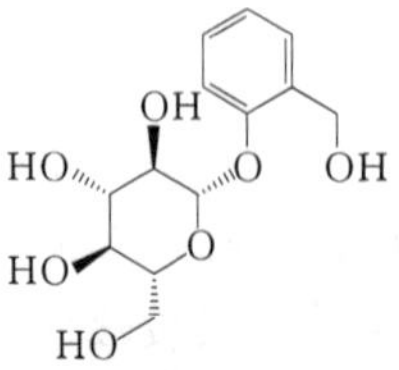

水杨苷 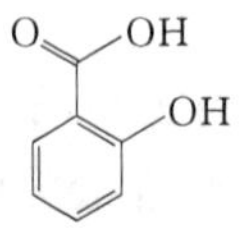　　水杨酸

1897年，德国拜耳公司的科学家费利克斯·霍夫曼（Felix Hoffman）在前人探索开拓的基础上，研制出了一种水杨酸衍生物——乙酰水杨酸（阿司匹林）。通过动物实验和临床

试验，人们发现乙酰水杨酸的解热镇痛作用比水杨酸更好，而且副作用小。1899 年，德国拜耳公司为乙酰水杨酸注册专利，并命名为阿司匹林。根据拜耳公司的资料记载，霍夫曼的研究动力来源于他的父亲服用水杨酸的时候对药的强烈味道和副作用的抱怨。

$$\text{水杨酸} \xrightarrow[\text{H}_3\text{PO}_4,\ \triangle]{(\text{CH}_3\text{CO})_2\text{O}} \text{乙酰水杨酸}$$

水杨酸　　　　乙酰水杨酸

## 一、认识羧酸衍生物

### 1. 羧酸衍生物的定义

羧酸分子中的羟基或氢被其他基团取代的产物，称为羧酸衍生物。

**【例】** 乙酸的羧酸衍生物

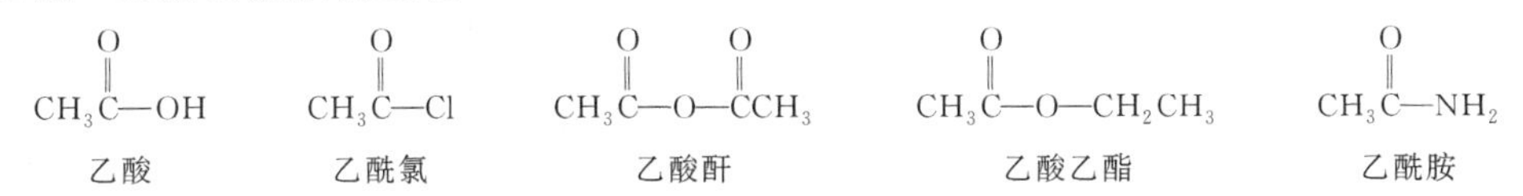

乙酸　乙酰氯　乙酸酐　乙酸乙酯　乙酰胺

### 2. 羧酸衍生物的分类和命名

（1）羧酸衍生物的分类

根据羟基取代的基团不同，可将羧酸衍生物分为 4 类，分别为酰氯、酯、酸酐和酰胺。

$\text{R—CO—Cl}$　$\text{R—CO—OR}'$　$\text{R—CO—O—CO—R}'$　$\text{R—CO—NH}_2$

酰氯　酯　酸酐　酰胺

（2）羧酸衍生物的命名

羧酸分子中的羧基除去羟基后的基团（$\text{R—CO—}$、$\text{Ar—CO—}$）按原来酸的名称称为某酰基，除去氢原子后的 $\text{R—CO—O—}$、$\text{Ar—CO—O—}$ 基团则称为某酰氧基。

**【例】** 羧酸衍生物基团的命名

$\text{H}_3\text{C—CO—}$　$\text{H}_3\text{C—CO—O—}$　$\text{C}_6\text{H}_5\text{—CH}_2\text{—CO—}$　$\text{C}_6\text{H}_5\text{—CH}_2\text{—CO—O—}$

乙酰基　乙酰氧基　苯乙酰基　苯乙酰氧基

将羧酸普通命名的词尾做相应的变化即可得到羧酸衍生物的普通命名。

**【例】** 羧酸衍生物的命名

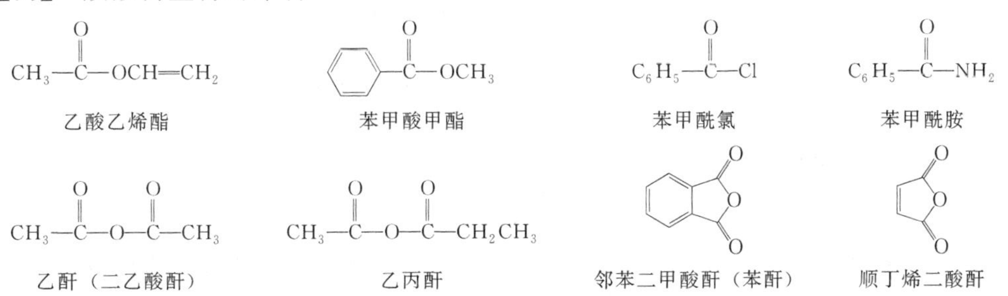

乙酸乙烯酯　苯甲酸甲酯　苯甲酰氯　苯甲酰胺

乙酐（二乙酸酐）　乙丙酐　邻苯二甲酸酐（苯酐）　顺丁烯二酸酐

## 二、羧酸衍生物的结构和性质

### 1. 羧酸衍生物的结构

以乙酸的酰氯、酯、酸酐和酰胺等四种羧酸衍生物为例，其化学式及其 3D 结构如图 6-14～图 6-18 所示。

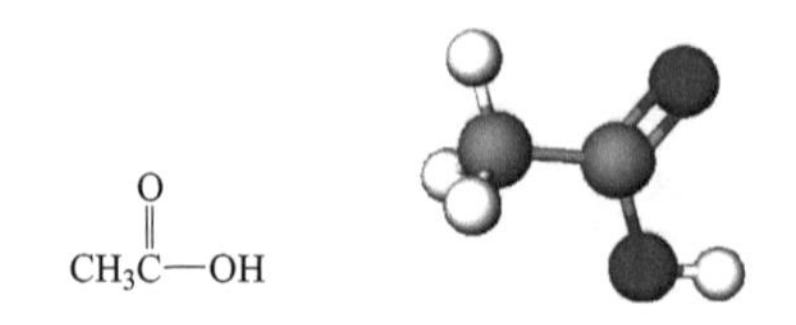


图 6-14　乙酸的化学式及其 3D 结构

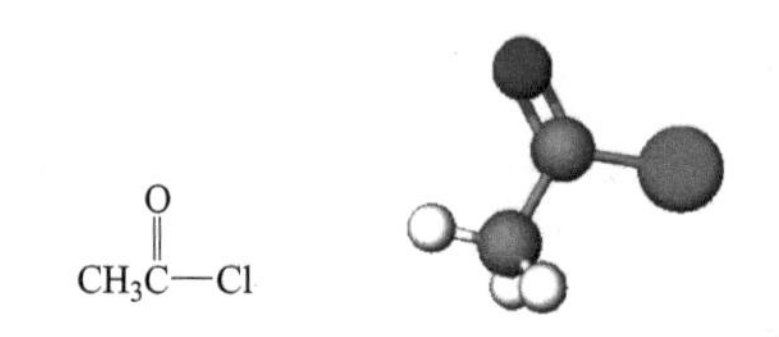


图 6-15　乙酰氯的化学式及其 3D 结构

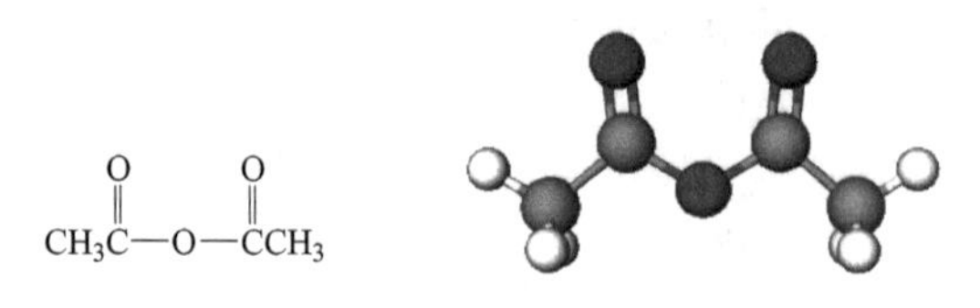


图 6-16　乙酸酐的化学式及其 3D 结构

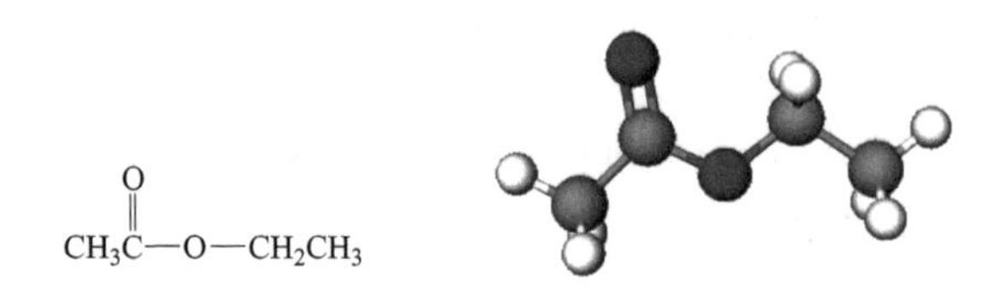


图 6-17　乙酸乙酯的化学式及其 3D 结构

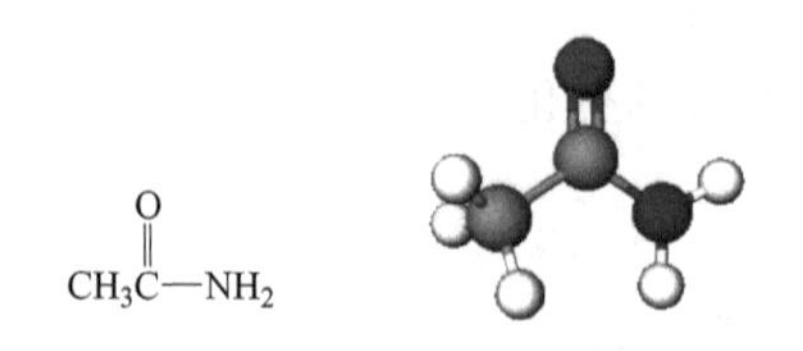


图 6-18　乙酰胺的化学式及其 3D 结构

### 2. 羧酸衍生物的物理性质

性状方面，大部分酰胺是固体，酰氯和酸酐都是对人体黏膜有刺激性的物质。大多数酯有令人愉快的香味，是许多水果香味的来源，如乙酸异戊酯有香蕉香味，正戊酸异戊酯有苹果香味。酯可用作食品或化妆品的香味原料。

沸点方面，酰氯、酸酐和酯由于失去了酸性氢原子，分子间不能形成氢键，沸点比分子量相近的羧酸要低很多。酰胺上的氨基有酸性氢原子，能形成分子间氢键而缔合，沸点相当高，一般多为固体，当氨基上的酸性氢原子被烷基取代后，酰胺由于失去缔合作用，而为液体。

**【例】** 乙酸和乙酰氯的沸点比较

| 项目 | 乙酸 | 乙酰氯 |
| --- | --- | --- |
| 化学式 | $CH_3C(=O)—OH$ | $CH_3C(=O)—Cl$ |
| 分子量 | 60 | 78.5 |
| 沸点/℃ | 117.9 | 50.9 |

**【例】** 戊酸和乙酸酐的沸点比较

| 项目 | 戊酸 | 乙酸酐 |
| --- | --- | --- |
| 化学式 | $H_3C—CH_2—CH_2—CH_2—C(=O)—OH$ | $CH_3C(=O)—O—C(=O)CH_3$ |
| 分子量 | 102 | 102 |
| 沸点/℃ | 187 | 139.55 |

**【例】** 乙酸乙酯和丁酸的沸点比较

| 项目 | 乙酸乙酯 | 丁酸 |
| --- | --- | --- |
| 化学式 | $CH_3C(=O)—O—CH_2CH_3$ | $H_3C—CH_2—CH_2—C(=O)—OH$ |
| 分子量 | 88 | 88 |
| 沸点/℃ | 77.06 | 166.5 |

**【例】** 乙酰胺和 *N*,*N*-二甲基乙酰胺的沸点比较

| 项目 | 乙酰胺 | *N*,*N*-二甲基乙酰胺 |
| --- | --- | --- |
| 化学式 | $CH_3C(=O)—NH_2$ | $CH_3C(=O)—N(CH_3)_2$ |
| 沸点/℃ | 221.2 | 165 |
| 性状 | 固体 | 液体 |

### 3. 羧酸衍生物的化学性质

羧酸衍生物的分子中都存在酰基，其化学性质是酰基上的亲核加成-消除反应，反应的最终结果可以看成是酰基上的亲核取代反应，主要的是水解、醇解和氨（胺）解反应。

(1) 水解

四种化合物都能水解成相应的羧酸。

$$H_2O + H_3C—C(=O)L \longrightarrow H_3C—C(=O)OH + HL$$

式中，L=X、OCOR、OR、$NR_2$ 等。

酰氯、酸酐、酯和酰胺发生水解反应的活泼性不同，其活性顺序是：

酰氯＞酸酐＞酯＞酰胺

酰氯与水反应激烈并伴随有放热，低级氯甚至在潮湿的空气中就能被空气中的水分水解。酸酐在热水中可以水解。酯和酰胺的水解需要加催化剂并加热，尤其是酰胺的水解，速率很慢，需要在酸或碱的催化下经过长时间回流才能完成。

**【例】** 酰氯的水解

$$CH_3-\overset{\overset{O}{\|}}{C}-Cl \xrightarrow[\text{室温}]{H_2O} CH_3-\overset{\overset{O}{\|}}{C}-OH + HCl$$

$$C_6H_5-\overset{\overset{O}{\|}}{C}-Cl \xrightarrow[\triangle]{H_2O,\ OH^-} \xrightarrow{H^+} C_6H_5-\overset{\overset{O}{\|}}{C}-OH + HCl$$

**【例】** 酸酐的水解

$$CH_3-\overset{\overset{O}{\|}}{C}-O-\overset{\overset{O}{\|}}{C}-CH_3 \xrightarrow[\text{微热}]{H_2O} 2\ CH_3-\overset{\overset{O}{\|}}{C}-OH$$

$$\text{邻苯二甲酸酐} \xrightarrow[\triangle]{H_3O^+} \text{邻苯二甲酸}\ C_6H_4(COOH)_2$$

**【例】** 酯的水解

$$R-\overset{\overset{O}{\|}}{C}-OR' + H_2O \underset{\triangle}{\overset{H^+(\text{催化剂})}{\rightleftharpoons}} R-\overset{\overset{O}{\|}}{C}-OH + R'OH$$

酯的水解是酯化反应的逆反应，由于反应产物有羧酸产生，所以它在酸性条件下水解不完全。在碱性催化下，产生的酸可以与碱中和成盐而从平衡体系中除去，因此在碱足量的条件下可水解完全。油脂在碱液中水解生成的高级脂肪酸钠盐即是肥皂，因此酯在碱液中水解又叫皂化。

$$\begin{array}{l} CH_2-O-\overset{\overset{O}{\|}}{C}-R \\ | \\ CH-O-\overset{\overset{O}{\|}}{C}-R \\ | \\ CH_2-O-\overset{\overset{O}{\|}}{C}-R \end{array} + 3NaOH \xrightarrow{\triangle} \begin{array}{l} CH_2-OH \\ | \\ CH-OH \\ | \\ CH_2-OH \end{array} + 3R-\overset{\overset{O}{\|}}{C}-ONa \quad R=C_{12}\sim C_{18}$$

油脂　　甘油　　肥皂

**【例】** 酰胺的水解：酰胺用酸作催化剂，水解生成羧酸和盐，用碱作催化剂则生成羧酸盐，并放出氨气。

$$R-\overset{\overset{O}{\|}}{C}-NH_2 + H_2O \xrightarrow[\triangle]{HCl} R-COOH + NH_4Cl$$

$$R-\overset{\overset{O}{\|}}{C}-NH_2 + NaOH \xrightarrow{\triangle} R-COONa + NH_3\uparrow$$

（2）醇解

酰氯、酸酐和酯都能进行醇解生成酯。

**【例】** 酰氯的醇解

$$R-\overset{\overset{O}{\|}}{C}-Cl + R'OH \xrightarrow{\text{一定条件}} R-\overset{\overset{O}{\|}}{C}-OR' + HCl$$

【例】 酸酐的醇解

$$\text{(丁二酸酐)} + CH_3OH \longrightarrow HO-\overset{O}{\overset{\|}{C}}-(CH_2)_2-\overset{O}{\overset{\|}{C}}-OCH_3$$

【例】 酯的醇解，也叫酯交换，即醇分子中的烷氧基取代了酯中的烷氧基，为可逆反应。

$$CH_3OOC-C_6H_4-COOCH_3 + HOCH_2CH_2OH \underset{\triangle}{\overset{NaOR}{\rightleftharpoons}} HOCH_2CH_2OOC-C_6H_4-COOCH_2CH_2OH + CH_3OH$$

(3) 氨解

酰氯、酸酐和酯都能进行氨解生成酰胺。

【例】 酰氯的氨解

$$R-\overset{O}{\overset{\|}{C}}-Cl + HN\begin{matrix}H(R')\\H(R')\end{matrix} \longrightarrow R-\overset{O}{\overset{\|}{C}}-N\begin{matrix}H(R')\\H(R')\end{matrix} + HCl$$

【例】 酯的氨解

$$CH_3\underset{HO}{\underset{|}{C}}H-\overset{O}{\overset{\|}{C}}-OC_2H_5 \xrightarrow{NH_3,\ 24h} CH_3\underset{HO}{\underset{|}{C}}H-\overset{O}{\overset{\|}{C}}-NH_2 + C_2H_5OH$$

由以上水解、醇解、氨解反应看出，羧酸的四种衍生物之间以及它们与羧酸之间都可以通过与一定的试剂作用相互转化。

(4) 还原反应

酰氯、酸酐、酯和酰胺的还原比羧酸容易。在氢化铝锂的作用下，分别被还原成相应的醇或胺。

$$\left\{\begin{matrix}R-CO-Cl\\R-CO-O-CO-R'\\R-CO-O-R'\\R-CO-NH_2\end{matrix}\right. \xrightarrow{LiAlH_4} \left\{\begin{matrix}RCH_2OH+HCl\\RCH_2OH+R'CH_2OH\\RCH_2OH+R'OH\\RCH_2NH_2\end{matrix}\right.$$

(5) 酰胺的脱水反应

酰胺与强脱水剂共热则脱水生成腈。这是实验室制备腈的一种方法，尤其是对于用卤代烃和 NaCN 反应难以制备的腈。通常采用五氧化二磷、五氯化磷、亚硫酰氯或乙酸酐为脱水剂。

$$H_3CH_2C-\overset{O}{\overset{\|}{C}}-NH_2 \xrightarrow[200℃]{P_4O_{10}} H_3CH_2C-CN + H_2O$$

## 三、羧酸衍生物的应用

### 1. 聚酰胺

聚酰胺（PA）是由二元胺和二元酸聚合而成，或者由 $\omega$-氨基酸或环内酰胺聚合而得的，主链上含有大量酰氨基（$-\overset{O}{\overset{\|}{C}}-\overset{H}{N}-$）的高分子量聚合物，俗称尼龙。

聚酰胺是卡罗瑟斯（Carothers）及其领导下的一个科研小组研制出来的，是世界上出现的第一种合成纤维，它的合成是合成纤维工业的重大突破，同时也是高分子化学的一个非常重要的里程碑。

根据二元胺和二元酸或氨基酸中含有碳原子数的不同，可制得多种不同的聚酰胺，如由己二酸和己二胺缩聚可得聚己二酰己二胺（PA66）。

$$n\mathrm{HO-\overset{O}{\overset{\|}{C}}-(CH_2)_4-\overset{O}{\overset{\|}{C}}-OH} + n\mathrm{H_2N-(CH_2)_6-NH_2} \xrightarrow{\text{一定条件下}} \mathrm{\left[\overset{O}{\overset{\|}{C}}-(CH_2)_4-\overset{O}{\overset{\|}{C}}-\overset{H}{\overset{|}{N}}-(CH_2)_6-\overset{H}{\overset{|}{N}}\right]_n} + 2n\mathrm{H_2O}$$

聚酰胺以 PA6、PA66 和 PA610（表 6-13）的应用最广泛。

**表 6-13 常见的聚酰胺产品**

| 物质 | 聚酰胺 6(PA6) | 聚酰胺 66(PA66) | 聚酰胺 610(PA610) |
|---|---|---|---|
| 化学式 | $\left[\mathrm{NH-(CH_2)_5-CO}\right]_n$ | $\left[\mathrm{CO-(CH_2)_4-CO-NH-(CH_2)_6-NH}\right]_n$ | $\left[\mathrm{CO-(CH_2)_8-CO-NH-(CH_2)_6-NH}\right]_n$ |
| 学名 | 聚己内酰胺 | 聚己二酰己二胺 | 聚癸二酰己二胺 |

聚酰胺具有良好的综合性能，包括良好的力学性能、耐热性、耐磨损性、耐化学药品性，而且摩擦系数低，具有自润滑性，同时有一定的阻燃性。聚酰胺易于加工，可用作工程塑料，如用于制作齿轮、润滑轴承等机械附件，以及代替有色金属材料做机器外壳、汽车发动机叶片等。聚酰胺纤维最突出的优点是耐磨性高于其他所有纤维，是棉花的 10 倍、羊毛的 20 倍。聚酰胺纤维的强度也高，比棉花高 1～2 倍，比羊毛高 4～5 倍，是黏胶纤维的 3 倍。

为获得具有更好物理力学性能和尺寸相对稳定性的聚酰胺，在脂肪族 PA 分子主链中引入苯环开发芳香族聚酰胺，简称芳纶，典型产品有对位芳纶（如 Kevlar 纤维）和间位芳纶（表 6-14）。芳纶具有密度低、强度高（同等质量钢铁的 5 倍）、韧性好、耐高温、易于加工和成型等优异特性。

**表 6-14 常见的芳纶产品**

| 物质 | 聚对苯二甲酰对苯二胺 | 聚间苯二甲酰间苯二胺 |
|---|---|---|
| 化学式 | $\left[\mathrm{CO-C_6H_4-CO-NH-C_6H_4-NH}\right]_n$（对位） | $\left[\mathrm{CO-C_6H_4-CO-NH-C_6H_4-NH}\right]_n$（间位） |
| 用途 | 坚韧耐磨、防弹纤维材料 | 防火纤维 |

## 2. 聚酯

聚酯是由二元酸和二元醇缩聚而成的，是主链上含有酯基（$\mathrm{-O-\overset{O}{\overset{\|}{C}}-}$）重复单元结构的高分子化合物。其典型产品为聚对苯二甲酸乙二醇酯（PET），是由对苯二甲酸与乙二醇缩合而成的高分子化合物。

$$\mathrm{H\left[O-CH_2-CH_2-O-\overset{O}{\overset{\|}{C}}-C_6H_4-\overset{O}{\overset{\|}{C}}\right]_n OH}\quad \text{涤纶}$$

PET 纤维的商品名为“涤纶”，俗称“的确良”，具有性能优良、用途广泛等特点，产量居合成纤维第一位。聚酯纤维弹性好，织物有易洗易干、保形性好、免熨烫等特点，是理想的纺织材料。在工业上，可作为电绝缘材料、运输带、绳索、渔网、轮胎帘子线等。

PET 在较宽的温度范围内具有优良的物理力学性能：长期使用温度可达 120℃、电绝缘性优良、耐大多数溶剂、透明度高、光泽性好；无毒、无味、卫生安全性好，可直接用于食品包装，如 PET 塑料瓶。

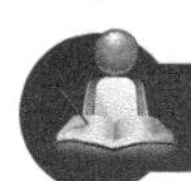

## 学习思维导图

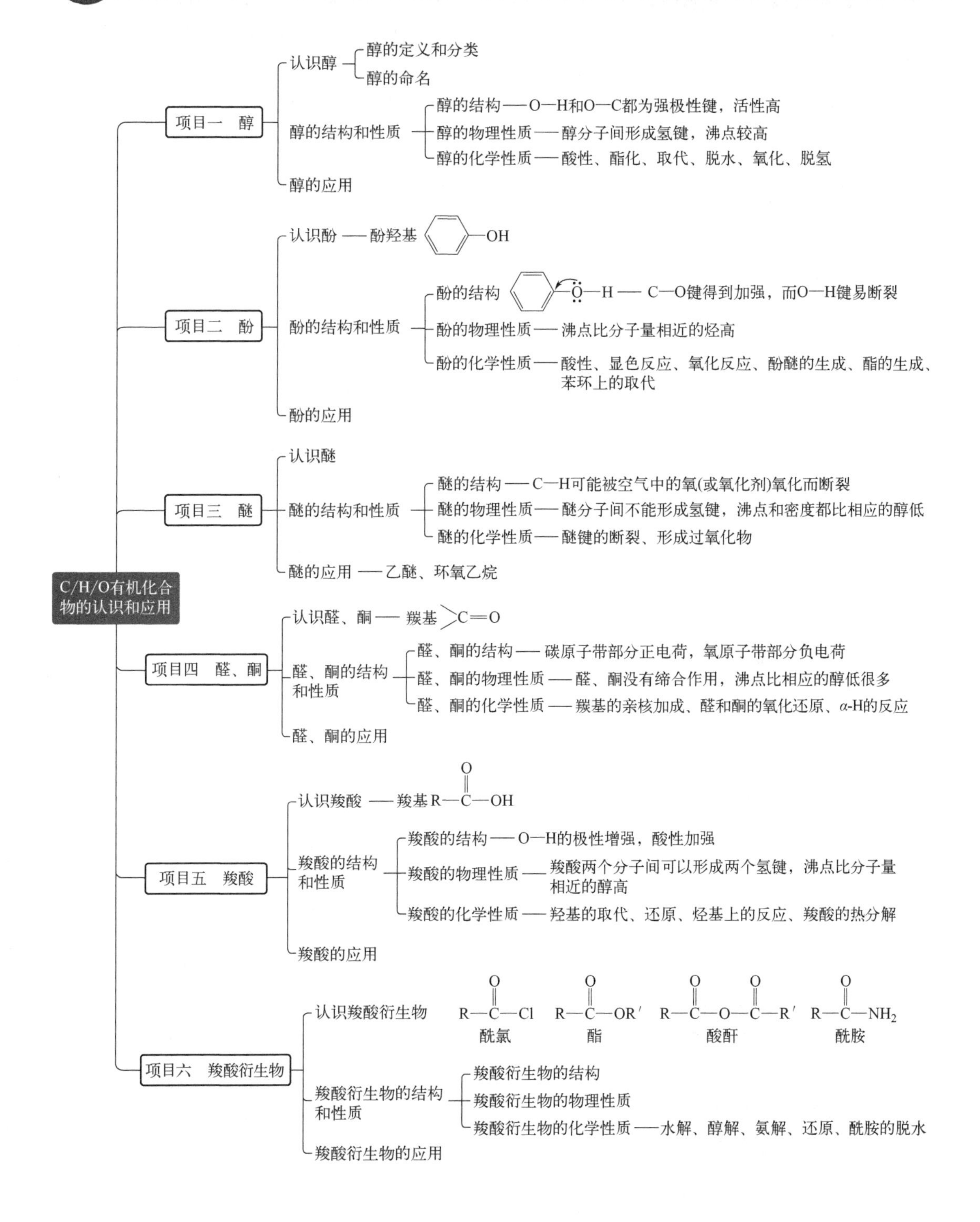

## 习题

1. 不定项选择题

(1) 乙二醇 $HOCH_2CH_2OH$ 和丙醇 $CH_3CH_2CH_2OH$ 相比，沸点高。(　　)

A. 一样高　　B. 乙二醇　　C. 丙醇　　D. 无法比较

(2) 乙醇在180℃下成烯是（　　）反应。

A. 消去反应　　B. 取代反应　　C. 脱水反应　　D. 加成反应

(3) 乙醇在140℃下成醚是（　　）反应。

A. 消去反应　　B. 取代反应　　C. 脱水反应　　D. 加成反应

(4) 乙醇与钠发生反应的产物是（　　）。

A. 氢氧化钠　　B. 乙醇钠　　C. $H_2$　　D. $H_2O$

(5) 下列醇能与水完全互溶的是（　　）。

A. 甲醇　　B. 乙醇　　C. 丙醇　　D. 丁醇

(6) 苯酚和苯甲醇共同的化学性质是（　　）。

A. 酸性大小一致　　B. 与钠反应放出氢气

C. 遇 $FeCl_3$ 溶液显紫色　　D. 与 NaOH 溶液反应

(7) 乙酸乙酯的精制中如何去除乙醇？(　　)

A. 加入饱和碳酸钠溶液去除　　B. 加入饱和氯化钙溶液去除

C. 加入无水硫酸镁去除　　D. 加入饱和食盐水去除

(8) 下列醇中，活泼性大小正确的是（　　）。

A. 伯醇<仲醇<叔醇　　B. 仲醇<叔醇<伯醇

C. 叔醇<伯醇<仲醇　　D. 仲醇<伯醇<叔醇

(9) 醇在氧化剂的作用下可能的产物有（　　）。

A. 烯　　B. 醛　　C. 酮　　D. 酸

(10) 乙醇在酸性重铬酸钾的氧化下产物为（　　）。

A. 乙醛　　B. 乙酸　　C. 乙烯　　D. 乙醚

(11) 下列有关乙酸和乙醇的叙述正确的是（　　）。

A. 白醋的醋味源于乙醇　　B. 米酒主要成分为乙酸

C. 二者均为无机物　　D. 二者在一定条件下可发生反应

(12) 下列物质能用来鉴别苯酚和苯甲醇的是（　　）。

A. 溴水　　B. 氯化铁溶液　　C. 高锰酸钾

(13) 下列关于乙醇的物理性质的应用中不正确的是（　　）。

A. 由于乙醇的密度比水小，所以乙醇中的水可以通过分液的方法除去

B. 由于乙醇能够溶解很多有机物和无机物，所以可用乙醇提取中药的有效成分

C. 乙醇能够以任意比与水互溶

D. 从化学学科角度看，俗语“酒香不怕巷子深”中包含乙醇容易挥发的性质

(14) 可用来鉴别苯酚、乙苯、庚烯的一组试剂是（　　）。

A. 银氨溶液、溴水　　B. 银氨溶液、氧化铁溶液

C. 酸性高锰酸钾溶液、溴水　　D. 酸性高锰酸钾溶液、银氨溶液

(15) 在 $2HCHO + NaOH(浓) \longrightarrow CH_3OH + HCOONa$ 反应中，甲醛发生的反应是（　　）。

A. 既被氧化又被还原　　B. 既未被氧化又未被还原

C. 仅被氧化　　D. 仅被还原

(16) 乙酸乙酯的精制中，通过（　　）去除乙酸。

A. 加入饱和碳酸钠溶液　　B. 加入饱和氯化钙溶液

C. 加入无水硫酸镁　　D. 加入饱和食盐水

(17) 乙酸乙酯的制备中浓硫酸的作用是（　　）。

A. 反应物和催化剂　　B. 吸水剂和催化剂

C. 吸水剂和反应物　　D. 催化剂和碳化剂

(18) 以下用于除去乙酸乙酯中乙酸杂质的最好试剂是（　　）。

A. 饱和碳酸钠溶液　　B. 氢氧化钠溶液

C. 苯　　D. 水

(19) 下列关于乙酸性质的叙述中，正确的是？（　　）

A. 冰醋酸是纯的乙酸水溶液

B. 乙酸不能与金属钠反应放出氢气

C. 乙酸的酸性比碳酸强，所以它可以跟碳酸盐溶液反应产生 $CO_2$ 气体

D. 乙酸分子中含有碳氧双键，所以它能使溴水褪色

2. 对下列物质进行命名

(1) $C_6H_5—CH_2OH$（苯环—$CH_2OH$）　　(2) $CH_3CHCH_2OH$（CH 上连 $CH_3$）　　(3) $CH_2—OH$ / $CH_2$ / $CH_2—OH$

(4) $CH_3—CH=C—CH_2—OH$（C 上连 $C_2H_5$）　　(5) HO—苯环—OH（对位）　　(6) 苯环上连 —C(=O)OH 及邻位 —OH

(7) $CH_3OCH_2CH_3$　　(8) 苯环—O—$CH_3$　　(9) $CH_3CHCH_2CHO$（CH 上连 $CH_3$）

(10) $CH_3CH_2CH_2CCH_3$（C 上连 =O）　　(11) 苯环—COOH　　(12) 苯环—C(=O)—$OCH_3$

(13) 苯环并五元环酸酐（两个 C=O，环内 O）　　(14) $H_3C—C(=O)—Cl$　　(15) $H_3C—C(=O)—NH_2$

3. 完成反应

(1) $2CH_3OH + 2Na \longrightarrow$

(2) $H_3C—\overset{O}{\overset{\|}{C}}—OH + C_2H_5—OH \xrightleftharpoons[140℃]{H^+}$

(3) $CH_3CH_2OH + HBr \xrightarrow[\triangle]{H_2SO_4}$

(4) $C_6H_5-CH_2OH + HCl \xrightarrow[25℃]{ZnCl_2}$

(5) $CH_3CH_2CH(OH)CH_3 \xrightarrow[加热]{H_2SO_4}$

(6) $C_6H_5ONa + ICH_3 \longrightarrow$

(7) $C_6H_5-O-CH_3 + HI \xrightarrow{\triangle}$

(8) $CH_3CH_2-CH=CH-CHO \xrightarrow{Ag^+ 或 Cu^{2+}}$

(9) $CH_3CH_2CHO + HCN \rightleftharpoons$

(10) $CH_3CHO + NaHSO_3 \rightleftharpoons$

(11) $CH_3CH=CHCHO \xrightarrow[2.\ H_2O]{1.\ LiAlH_4 或 NaBH_4}$

(12) $H_3C-\overset{O}{\overset{\|}{C}}-OH \xrightarrow{PCl_5}$

# 模块七

## C/H/N 有机化合物的认识和应用

【学习目标】

1. 能简要说明含氮有机化合物在生产生活中的应用。

2. 能对胺、重氮化合物和偶氮化合物、腈进行命名。

3. 能理解胺、重氮化合物和偶氮化合物、腈的结构特点。

4. 能对胺、重氮化合物和偶氮化合物、腈的物理、化学性质进行分析总结。

5. 树立化工安全意识，培养社会责任感。

6. 以辩证的角度思考化学的两面性，树立环保意识，为保护绿水青山出力。

# 项目一　胺

**【案例导入】回收废弃渔具，助力实现“双碳”目标**

聚酰胺，俗称尼龙，简称PA，是分子主链上含有重复酰氨基 $\left[\overset{O}{\overset{\|}{C}}-\overset{H}{N}\right]$ 的一类热塑性树脂。常见的PA66由己二酸和己二胺缩聚制得，PA610由癸二酸和己二胺缩聚制得。PA具有优异的强度及耐寒、耐热、无毒、耐腐蚀、易加工等优异特性，是制造渔网的常用材料，在渔业领域用途广泛，但这也使之成为海量海洋废弃物的主要来源。

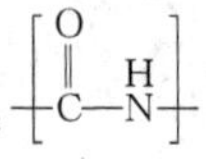

渔网需极高的更换率，但在回收环节却动力不足，每年约有高达64万吨的废弃渔网被弃置在大海中。海洋生物游经废弃渔网时易被困于网眼内，越挣扎，渔网缠绕得越紧，最后窒息而亡。据统计，每年约有13.6万只海豹、海狮、鲸鱼等海洋动物因浮游的废弃渔具死亡，超过70万只鸟类因缠绕或误食死于非命。

由尼龙等塑料制成的这些渔具至少需要600年才能降解，而且随着时间推移，垃圾累积的数量越来越多。全球都在努力收集这些旧渔网并将其回收利用，避免沦为海洋垃圾的同时又起到了碳减排的效果。据悉，每生产1t可再生尼龙可减少95%的二氧化碳排放，并节约52%的用水。渔网循环再生的步骤主要包括废弃渔网的打捞、分类分拣、清洗破碎、造粒切片等，再生的尼龙切片主要用于再次生产各种纺织物或注塑制品，如拉杆箱等。

## 一、认识胺

### 1. 胺的定义

胺可以看作是氨的烃基衍生物，氨的一个、二个、三个氢被烃基取代后分别生成伯胺、仲胺和叔胺。

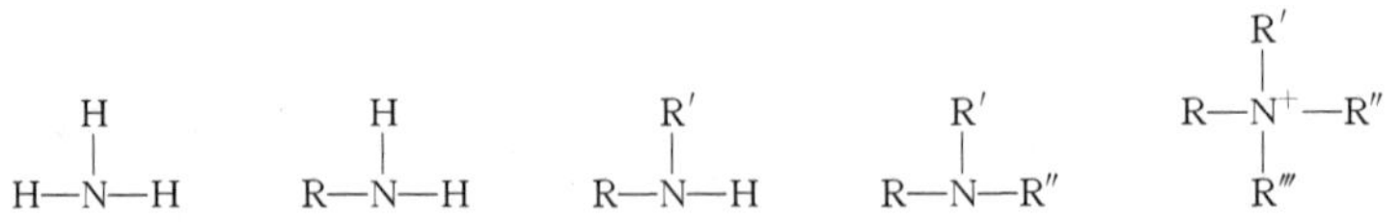

$$\underset{\text{氨}}{H-\overset{H}{\overset{|}{N}}-H}\qquad \underset{\text{伯胺}}{R-\overset{H}{\overset{|}{N}}-H}\qquad \underset{\text{仲胺}}{R-\overset{R'}{\overset{|}{N}}-H}\qquad \underset{\text{叔胺}}{R-\overset{R'}{\overset{|}{N}}-R''}\qquad \underset{\text{季铵}}{R-\underset{R'''}{\underset{|}{\overset{R'}{\overset{|}{N^+}}}}-R''}$$

由季铵阳离子与 $OH^-$ 相结合形成的化合物叫季铵碱（$R_4N^+OH^-$），由季铵阳离子与酸根阴离子形成的化合物叫季铵盐（$R_4N^+Cl^-$）。

氨基（$-NR_2$）、亚氨基（$-\overset{R}{N}-$）用“氨”字表示，$NH_3$ 的烃基衍生物用“胺”字表示，季铵类化合物用“铵”字表示。

值得注意的是：伯、仲、叔胺与前面讲到的伯、仲、叔醇或卤代烃不同，醇（卤代烃）的级别是由与之相连的碳原子级别决定的，而胺则由氮原子上所连的碳原子数决定，如叔丁醇为三级醇，而叔丁基胺却为一级胺。

$$\underset{\text{叔丁醇}}{H_3C-\underset{CH_3}{\underset{|}{\overset{CH_3}{\overset{|}{C}}}}-OH}\qquad\qquad \underset{\text{叔丁基胺}}{H_3C-\underset{CH_3}{\underset{|}{\overset{CH_3}{\overset{|}{C}}}}-NH_2}$$

### 2. 胺的分类和命名

（1）胺的分类

胺除可根据 N 原子上碳原子个数分为伯、仲、叔胺外，还可根据烃基的种类分为脂肪胺和芳香胺，以及根据分子中所含的氨基数目分为一元胺、二元胺和多元胺。

（2）胺的命名

① 普通命名法　胺的普通命名法可将氨基作为母体官能团，把它所含烃基的名称和数目写在前面，按简单到复杂先后列出，后面加上胺字。

$CH_3NH_2$ 甲胺　　$CH_3CH_2NH_2$ 乙胺　　$C_6H_5$—$NH_2$ 苯胺

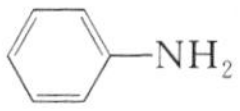

N 上连有的烃基相同时，需要表示出烃基的数目；N 上连有的烃基不同时，则把简单的写在前面。

$CH_3NHCH_3$ 二甲胺　　$(CH_3)_3N$（$CH_3NCH_3$，N 上连 $CH_3$）三甲胺　　$C_6H_5$—NH—$C_6H_5$ 二苯胺　　$CH_3CH_2NHCH_3$ 甲乙胺

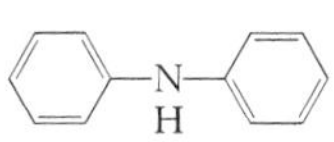

N 上同时连有芳香基和脂肪基时，以其中之一作为母体，另一个作为取代基，在基团前冠以“*N*-”字，表示这个基团连在 N 上。

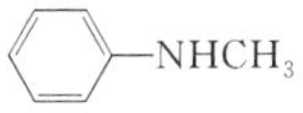

$C_6H_5$—$NHCH_3$ *N*-甲基苯胺　　$C_6H_5$—$N(CH_3)C_2H_5$ *N*-甲基-*N*-乙基苯胺

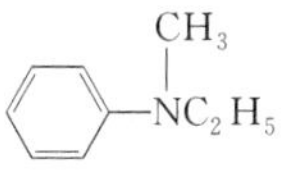

② 系统命名法　系统命名法与卤代烃类似，以烃基为母体，将氨基（—$NH_2$）作为取代基与其他取代基一起编号，按次序规则进行命名。

$(CH_3)_2CHCH_2CH(NH_2)CH_3$ 2-甲基-4-氨基戊烷　　$CH_3CH_2CH[N(CH_2CH_3)_2]CH_3$ 2-二乙氨基丁烷

季铵类化合物与 $NH_4OH$ 和 $NH_4Cl$ 命名相似。

$(CH_3)_4N^+Cl^-$ 氯化四甲基铵　　$C_6H_5CH_2N^+(C_2H_5)_3Cl^-$ 氯化三乙基苄基铵

## 二、胺的结构和性质

### 1. 胺的结构

氨和胺分子都为棱锥形结构，一般认为氮为 $sp^3$ 不等性杂化，其中三个具有单电子的 $sp^3$ 杂化轨道分别与氢原子和碳原子形成 3 个 σ 键，剩余的一个 $sp^3$ 杂化轨道被一对未共用电子对占据，如表 7-1 所示。

**表 7-1　氨和胺的结构示意图**

| 名称 | 结构式 | 球棍模型 | 电子构型 |
|---|---|---|---|
| 氨 | H—N(—H)—H | 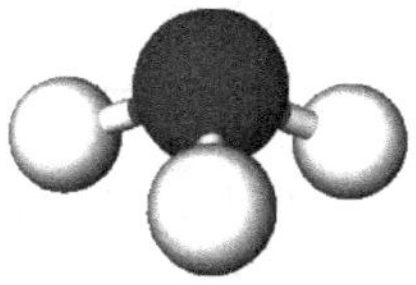  | 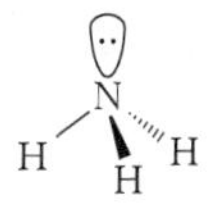 N, H, H, H |

续表

| 名称 | 结构式 | 球棍模型 | 电子构型 |
| --- | --- | --- | --- |
| 三甲胺 | $H_3C-N(CH_3)-CH_3$ | | $N(CH_3)_3$ |

## 2. 胺的物理性质

表 7-2 为常见胺的物理常数。胺有特殊臭味，肉腐烂时能产生极臭且有剧毒的丁二胺和戊二胺。

$H_2N(CH_2)_4NH_2$　　$H_2N(CH_2)_5NH_2$

1,4-丁二胺（腐胺）　　1,5-戊二胺（尸胺）

**表 7-2　常见胺的物理常数**

| 名称 | 化学式 | 熔点/℃ | 沸点/℃ | $K_b$ | $pK_b$ |
| --- | --- | --- | --- | --- | --- |
| 甲胺 | $CH_3-NH_2$ | −93.5 | −6.3 | $4.5\times10^{-4}$ | 3.34 |
| 二甲胺 | $CH_3-NH-CH_3$ | −93 | 7.4 | $5.4\times10^{-4}$ | 3.27 |
| 三甲胺 | $CH_3-N(CH_3)-CH_3$ | −117 | 3.0 | $0.6\times10^{-4}$ | 4.19 |
| 乙胺 | $CH_3CH_2-NH_2$ | −81 | 16.6 | $6.4\times10^{-4}$ | 3.19 |
| 二乙胺 | $CH_3CH_2-NH-CH_2CH_3$ | −48 | 56.3 | $3.08\times10^{-4}$ | 3.51 |
| 三乙胺 | $CH_3CH_2-N(CH_2CH_3)-CH_2CH_3$ | −115 | 89.0 | $10.2\times10^{-4}$ | 2.29 |
| 正丙胺 | $CH_3CH_2CH_2-NH_2$ | −83 | 47.8 | $5.1\times10^{-4}$ | 3.29 |
| 正丁胺 | $CH_3CH_2CH_2CH_2-NH_2$ | −49.1 | 77.8 | $5.9\times10^{-4}$ | 3.23 |
| 苯胺 | $C_6H_5-NH_2$ | −6.3 | 184.0 | $4.3\times10^{-10}$ | 9.37 |
| *N*-甲基苯胺 | $C_6H_5-NH-CH_3$ | −57 | 196.3 | $7.0\times10^{-10}$ | 9.15 |
| *N*,*N*-二甲基苯胺 | $C_6H_5-N(CH_3)-CH_3$ | 2.45 | 194.0 | $10\times10^{-10}$ | 8.85 |
| 邻甲苯胺 | $o-CH_3C_6H_4-NH_2$ | −14.7 | 200.2 | $2.8\times10^{-10}$ | 9.56 |
| 间甲苯胺 | $m-H_3C-C_6H_4-NH_2$ | −30.4 | 203.3 | $5.4\times10^{-10}$ | 9.27 |
| 对甲苯胺 | $H_3C-C_6H_4-NH_2$ | 44～45 | 200.5 | $1.9\times10^{-10}$ | 8.92 |

从表 7-2 可知，伯胺和仲胺的沸点介于分子量相近的醇和烷烃之间，叔胺与烷烃相近，这是分子间作用力差别的表现，叔胺分子中没有与 N 直接相连的 H，分子间不能形成氢键。

【例】 几种物质的沸点比较见表 7-3。

表 7-3 几种物质的沸点比较

| 名称 | 化学式 | 分子量 | 沸点/℃ |
| --- | --- | --- | --- |
| 丙胺 | $CH_3CH_2CH_2NH_2$ | 59 | 49 |
| 甲乙胺 | $CH_3NHCH_2CH_3$ | 59 | 35 |
| 三甲胺 | $N(CH_3)_3$ | 59 | 3 |
| 正丁醇 | $CH_3CH_2CH_2CH_2OH$ | 60 | 97.2 |
| 正丁烷 | $CH_3CH_2CH_2CH_2CH_3$ | 58 | −0.5 |

### 3. 胺的化学性质

氨基（$—NH_2$）是胺类分子的官能团，它决定了胺类的化学性质，并对与它相连的烃基产生影响。

（1）碱性

胺与氨气相似，由于氮原子上有一对未共用电子，容易接受质子形成铵离子和 $OH^-$ 而使其溶液呈碱性，反应式为：

$$RNH_2+H_2O \rightleftharpoons R\overset{+}{N}H_3+OH^-$$

烃基具有给电子效应，与 N 相连的脂肪烃基越多，N 原子上的电子密度越高，接受质子能力比 $NH_3$ 强。而苯环有吸电子作用（苯环与 N 上的 p 电子形成 p-π 共轭），与苯环相连的 N 原子电子密度变低，因此碱性顺序为脂肪胺＞氨＞芳香胺。但烃基过多，占据氮原子的外围空间，反而使氮原子接受质子的能力下降，因此脂肪胺中叔胺的碱性比伯胺弱。综上，胺类物质的碱性顺序为：

$$R_2NH>RNH_2>R_3N>NH_3>ArNH_2$$

胺能与酸形成盐，铵盐都是结晶形固体，而且易溶于水和乙醇。由于胺为弱碱性，遇强碱又会释放出游离胺。

$$C_6H_5—NH_2+HCl \rightleftharpoons C_6H_5—NH_3^+ +Cl^-$$

$$R—NH_2 \xrightarrow{+HCl} [RNH_3]^+Cl^- \xrightarrow{+NaOH} R—NH_2+NaCl+H_2O$$

利用这一性质可将胺与其他有机物分离。季铵碱的碱性与苛性碱相当，可与盐酸中和生成季铵盐，而且不能被强碱置换出游离季铵碱。但与氢氧化银作用，可以生成卤化银沉淀而得到季铵碱。

$$R_4N^+OH^-+HCl \longrightarrow R_4N^+Cl^-+H_2O$$

$$R_4N^+Cl^-+AgOH \longrightarrow R_4N^+OH^-+AgCl\downarrow$$

（2）胺的烷基化——卤代烃的氨解

胺作为亲核试剂与卤代烃反应，使氮上的氢被烷基取代。伯胺是比 $NH_3$ 强的亲核试剂，在反应体系中，当氨过量时生成的胺可继续与卤代烷作用，直至生成季铵盐，这个反应叫作胺的烷基化。卤代烷与氨作用不是制备伯胺的好方法，往往得到的是伯、仲、叔胺及季铵盐的混合物。

$$NH_3+RX \longrightarrow RNH_2+HX$$

$$RNH_2+R'X \longrightarrow R—NH(R')+HX$$

$$R-\underset{\displaystyle R'}{\underset{|}{NH}} + R''X \longrightarrow R-\overset{\displaystyle R''}{\overset{|}{\underset{\displaystyle R'}{\underset{|}{N}}}} + HX$$

$$R-\overset{\displaystyle R''}{\overset{|}{\underset{\displaystyle R'}{\underset{|}{N}}}} + R'''X \longrightarrow R-\overset{\displaystyle R''}{\overset{|}{\underset{\displaystyle R'}{\underset{|}{N^+}}}}-R'''X^-$$

(3) 胺的酰基化

酰氯、酸酐或酯可氨解得到酰胺，伯胺、仲胺的氮原子氢被酰基取代，叫胺的酰基化。由于叔胺的氮原子上没有可被取代的氢，所以叔胺不能被酰基化。

$$R-\overset{\displaystyle O}{\overset{\|}{C}}-Cl + \underset{\displaystyle R''(H)}{R'-\underset{|}{NH}} \longrightarrow R-\overset{\displaystyle O}{\overset{\|}{C}}-\overset{\displaystyle R''(H)}{\overset{|}{N}}-R' + HCl$$

$$(R-\overset{\displaystyle O}{\overset{\|}{C}}-)_2O + \underset{\displaystyle R''(H)}{R'-\underset{|}{NH}} \longrightarrow R-\overset{\displaystyle O}{\overset{\|}{C}}-\overset{\displaystyle R''(H)}{\overset{|}{N}}-R' + RCOOH$$

$$R-\overset{\displaystyle O}{\overset{\|}{C}}-OH + \underset{\displaystyle R''(H)}{R'-\underset{|}{NH}} \xrightarrow{\triangle} R-\overset{\displaystyle O}{\overset{\|}{C}}-\overset{\displaystyle R''(H)}{\overset{|}{N}}-R' + H_2O$$

常用的酰基化试剂有乙酸酐、乙酰氯和苯甲酰氯。利用胺的酰基化可在反应过程中保护氨基。

**【例】** 由苯胺制取对硝基苯胺时，可先将氨基酰基化生成乙酰苯胺，然后再进行硝化。在苯环上导入硝基后，水解除去酰基即可。

$$C_6H_5NH_2 + Cl-\overset{\displaystyle O}{\overset{\|}{C}}-CH_3 \xrightarrow{\text{酰基化}} C_6H_5NH-\overset{\displaystyle O}{\overset{\|}{C}}-CH_3 \quad \text{乙酰苯胺}$$

$$\xrightarrow[HNO_3]{\text{硝化}} p\text{-}O_2N-C_6H_4-NH-\overset{\displaystyle O}{\overset{\|}{C}}-CH_3 \xrightarrow[H^+/H_2O]{\text{水解}} p\text{-}O_2N-C_6H_4-NH_2$$

(4) 胺的磺酰化

与酰基化反应一样，伯胺或仲胺上的氮原子氢可以被磺酰基（$R-SO_2-$）取代生成磺酰胺。伯胺磺酰化后的产物还有氮原子氢，可以与氢氧化钠作用生成盐而溶于碱溶液；仲胺生成的磺酰胺不再有氮原子氢，产物不能继续与氢氧化钠作用而呈固体析出；叔胺的氮原子上没有氢，故不能发生磺酰化反应。

$$RNH_2 + \underset{\text{苯磺酰氯}}{C_6H_5-SO_2Cl} \xrightarrow{NaOH} \underset{\text{苯磺酰胺}}{C_6H_5-SO_2NHR} \xrightarrow{NaOH} \underset{\text{苯磺酰胺钠盐}}{C_6H_5-SO_2\overset{\displaystyle Na}{\overset{|}{N}}R} \quad \text{溶于碱}$$

$$R_2NH + C_6H_5-SO_2Cl \xrightarrow{NaOH} C_6H_5-SO_2NR_2 \quad \text{不溶于碱而呈固体析出}$$

$$R_3N + C_6H_5-SO_2Cl \xrightarrow{NaOH} \times \quad \text{不反应}$$

常用的磺酰化剂是苯磺酰氯或对甲苯磺酰氯，该反应称为兴斯堡（Hinsberg）反应，可用于分离伯、仲、叔胺混合溶液。

(5) 与亚硝酸作用

亚硝酸本身不稳定，只能由亚硝酸钠加盐酸或硫酸制取。不同的胺与亚硝酸作用的产物不同，由此可用来区分三种胺，但不如磺酰化反应明显。

① 伯胺 脂肪伯胺与亚硝酸反应的产物不稳定，无制备意义。但放出的氮气是定量的，因此该反应可用来测定氨基（$-NH_2$）含量。

$$R-NH_2 \xrightarrow[H_2O]{NaNO_2,\ HCl} \underset{\text{不稳定}}{[R-N{\equiv}N]^+Cl^-} \longrightarrow N_2\uparrow + RCl$$

芳香伯胺在过量强酸溶液中与亚硝酸在较低的温度下反应可以得到重氮盐。干燥的重氮盐遇热或撞击容易爆炸。一般重氮盐只在水溶液中和较低温度下稳定，否则会分解放出氮气和酚。芳香重氮盐很活泼，可以发生许多反应，因此可以通过它来制备许多芳香族化合物。

② 仲胺 脂肪仲胺和芳香仲胺与亚硝酸作用，都生成 *N*-亚硝基胺。

$$R_2NH \xrightarrow[H_2O]{NaNO_2,\ HCl} R_2N-N{=}O$$

*N*-亚硝基胺与稀盐酸共热则分解为原来的胺，因此可以利用这个反应分离或提纯仲胺。*N*-亚硝基胺可引起癌变。在罐头食品中及腌肉时常加硝酸钠及亚硝酸钠作防腐剂来保持肉的鲜红颜色，近年来认为亚硝酸盐能致癌，就是亚硝酸钠会在胃酸作用下产生亚硝酸，并与机体内的氨基发生亚硝化反应，产生致癌的 *N*-亚硝基胺。

③ 叔胺 脂肪叔胺与亚硝酸不反应。芳香叔胺与亚硝酸反应，可以在芳香环上导入亚硝基。

**【例】** 伯、仲、叔胺与亚硝酸作用对比

$$C_6H_5-NH_2 \xrightarrow[H_2O,\ 0\sim5℃]{NaNO_2,\ HCl} C_6H_5-N^+{\equiv}NCl^- \quad \text{在低温下相对稳定}$$

$$C_6H_5-NHCH_3 \xrightarrow[H_2O,\ 10℃]{NaNO_2,\ HCl} O{=}N-C_6H_4-NHCH_3$$

$$C_6H_5-NEt_2 \xrightarrow[H_2O,\ 8℃]{NaNO_2,\ HCl} \xrightarrow{OH^-} p\text{-}O{=}N-C_6H_4-NEt_2$$

(6) 芳香胺的取代反应

由于苯环有氨基存在，使得苯环活化，有利于取代反应。

**【例】**苯胺与溴的取代反应。在苯胺的水溶液中加入少量溴水，则立即生成2,4,6-三溴苯胺。该产物的碱性很弱，在水溶液中不能与另一产物氢溴酸成盐，因而生成白色沉淀。该反应很灵敏，而且是定量完成的，故可用于苯胺的定性和定量分析。

$$C_6H_5NH_2 + Br_2 \longrightarrow 2,4,6\text{-}Br_3C_6H_2NH_2\downarrow + 3\ HBr$$

此外，芳香胺的苯环上也可以进行硝化、磺化等其他反应，但要先保护氨基。

## 三、胺的应用

### 1. 重要的胺

(1) 乙二胺

乙二胺（$H_2N-CH_2-CH_2-NH_2$）是无色黏稠液体，沸点为117.2℃，有类似于氨的

气味，能溶于水和乙醇。它是制备药物、乳化剂、离子交换树脂和杀虫剂的原料，也可作为环氧树脂的固化剂。

乙二胺四乙酸是乙二胺的衍生物，简称 EDTA，是分析化学中一种重要的配位剂，用于多种金属离子的配位滴定，它可用乙二胺和氯乙酸来合成。

$$NH_2CH_2CH_2NH_2+4ClCH_2COOH \xrightarrow[2.\ H^+]{1.\ NaOH} \begin{array}{l} CH_2N(CH_2COOH)_2 \\ | \\ CH_2N(CH_2COOH)_2 \end{array}$$

乙二胺四乙酸(EDTA)

(2) 己二胺

己二胺是片状结晶，熔点为 42℃，沸点为 204℃，易溶于水。己二胺与己二酸脱水生成长链状酰胺 (PA66)，是我国目前生产的聚酰胺纤维中产量最大的品种之一。

(3) 苯胺

苯胺是无色油状液体，沸点为 184.4℃，易溶于有机溶剂，有毒。长期放置后会因氧化而呈黄、红、棕色等，可通过蒸馏来精制。

苯胺是合成染料和药物的重要原料，例如苯胺盐酸盐用重铬酸钠或三氯化铁等氧化剂氧化可得到黑色的染料苯胺黑，具有较好的耐酸和耐碱性，可用于涂刷实验桌面。

**2. 季铵盐阳离子表面活性剂**

表面活性剂是能降低液体表面张力的物质，其结构特点是具有亲水性的极性基团和疏水性的非极性基团两部分。非极性基团一般为 $C_6\sim C_{12}$ 烃基（包括脂肪烃基和芳香烃基)，与油分子结构相近，称为亲油基，也称疏水基或憎水基。极性基团常为亲水基团，如羧酸、磺酸、硫酸、氨基及其盐、羟基、酰胺基、醚键等。季铵盐是典型的阳离子表面活性剂。

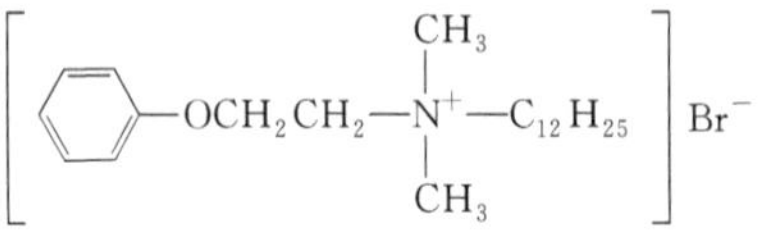

$$\left[ C_6H_5-OCH_2CH_2-\overset{CH_3}{\underset{CH_3}{\overset{|}{\underset{|}{N^+}}}}-C_{12}H_{25} \right] Br^-$$

溴化二甲基苯氧乙基十二烷基铵(度米芬)

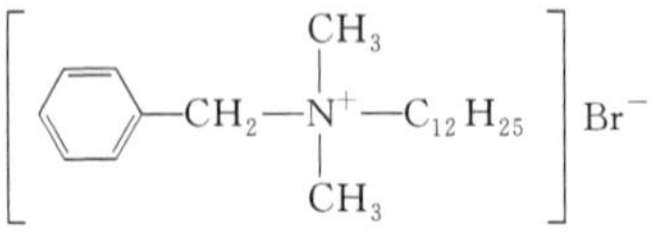

$$\left[ C_6H_5-CH_2-\overset{CH_3}{\underset{CH_3}{\overset{|}{\underset{|}{N^+}}}}-C_{12}H_{25} \right] Br^-$$

溴化二甲基苄基十二烷基铵(新洁尔灭)

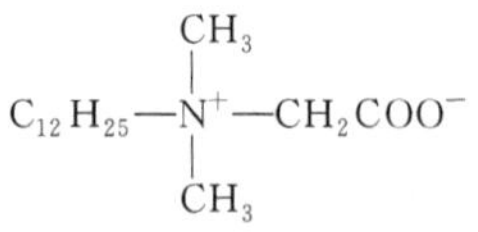

$$C_{12}H_{25}-\overset{CH_3}{\underset{CH_3}{\overset{|}{\underset{|}{N^+}}}}-CH_2COO^-$$

十二烷基二甲基甜菜碱(BS-12)

季铵盐阳离子表面活性剂除有乳化作用外，还可用作杀菌剂和消毒剂。例如，新洁尔灭主要用于外科手术时的皮肤及器械消毒；度米芬则是常用的预防及治疗口腔炎、咽喉炎的药物。两性离子表面活性剂十二烷基二甲基甜菜碱也有防腐杀菌能力，而且对人体无毒，常用于食品业作乳化剂和消毒杀菌剂等。

# 项目二　重氮化合物和偶氮化合物

**【案例导入】染料的绿色发展**

很早以前，人类就开始使用来自植物和动物体内的天然染料对毛皮、织物等物品进行染色。我国是世界上最早使用天然染料的国家之一，例如旋蓝、茜素、五倍子、胭脂红等。我国传统印染工艺的历史源远流长，在发展的过程中汇聚了各朝各代劳动人民的智慧结晶，具有较高的艺术、文化、实用价值。

第一个合成染料苯胺紫是 1856 年由英国化学家珀金（Perkin）研制而得。随着有机芳香族化合物的发现和有机化学的发展，人们通过染料分子的结构设计有目的地合成染料，从此进入了丰富多彩的世界。苯胺紫是偶氮染料的一种，是最早的化工产品之一，目前使用的合成染料约有一半是偶氮染料。印染行业是纺织产业链中能耗和水耗较大、废水排放较多的行业，也是制约我国纺织产业迈向中高端的薄弱环节。

随着人们环保意识的日益增强，消费者除了追求更好的面料舒适感、花色新颖感和纤维功能外，还对产品的全价值链提出了社会责任、绿色环保、可持续发展方面的要求。为推动印染行业绿色发展，响应纺织工业可持续发展和人民对美好生活的新期待，助力 2040 年实现行业的零碳（碳中和）目标，工业和信息化部发布了《印染行业绿色发展技术指南（2019 版）》，提出了包括水基（性）聚氨酯涂层整理、泡沫整理、无盐连续轧染、磁悬浮风机、活性染料非水介质染色、超临界二氧化碳染色、含盐染色废水循环利用等 36 项绿色先进和前沿科技攻关印染技术，为印染行业转型升级提供指导，给印染企业技术改造指引方向，给相关科研机构技术攻关聚焦目标，切实提高印染行业绿色发展水平。

## 一、认识重氮化合物和偶氮化合物

视频 7-1
重氮化合物和偶氮化合物

### 1. 偶氮化合物和重氮化合物的定义

偶氮化合物是分子中含有—N═N—官能团的物质，重氮化合物是分子中含有$-\overset{+}{N}\equiv N$或$=\overset{+}{N}=\overset{-}{N}$官能团的物质。通过芳香族重氮盐合成芳香族偶氮类化合物是获得有色芳香族化合物的重要途径，是制备染料和颜料的重要方法。

偶氮化合物通式：R—N═N—R。

重氮化合物通式：$R-\overset{+}{N}\equiv N$ 或 $R=\overset{+}{N}=\overset{-}{N}$。

R 代表烃基。

### 2. 偶氮化合物和重氮化合物的命名

$C_6H_5-N=N-C_6H_5$
偶氮苯

$C_6H_5-N=N-CH_3$
（苯基偶氮）甲烷

$CH_3-N=N-CH_3$
偶氮甲烷

$(CH_3)_2C(CN)-N=N-C(CN)(CH_3)_2$
偶氮二异丁腈

$C_6H_5-N=N-C_6H_4-OH$
对羟基偶氮苯

$[C_6H_5-\overset{+}{N}\equiv N]Cl^-$
氯化重氮苯

$H_2C=\overset{+}{N}=\overset{-}{N}$
重氮甲烷

## 二、重氮化合物和偶氮化合物的结构和性质

### 1. 偶氮化合物和重氮化合物的结构

偶氮化合物和重氮化合物的典型球棍模型如表 7-4 所示。

表 7-4 偶氮化合物和重氮化合物的结构

| 类型 | 结构式 | 球棍模型 | 离子结构 |
| --- | --- | --- | --- |
| 偶氮化合物 | 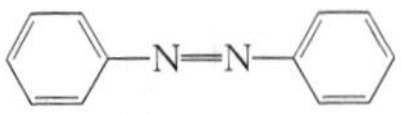 $C_6H_5-N=N-C_6H_5$<br>偶氮苯 | 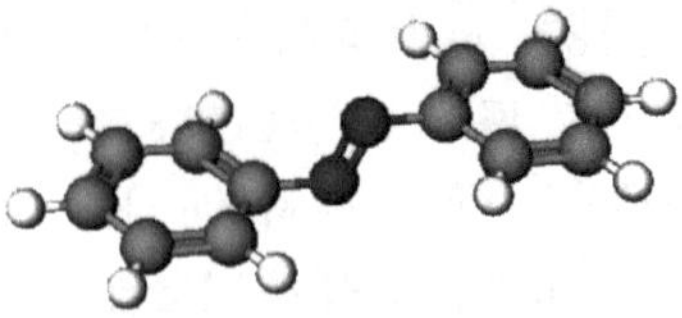 | |
| 重氮化合物 | 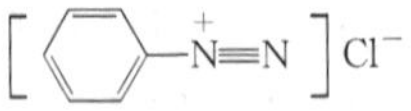 $[C_6H_5-\overset{+}{N}\equiv N]Cl^-$<br>氯化重氮苯 | 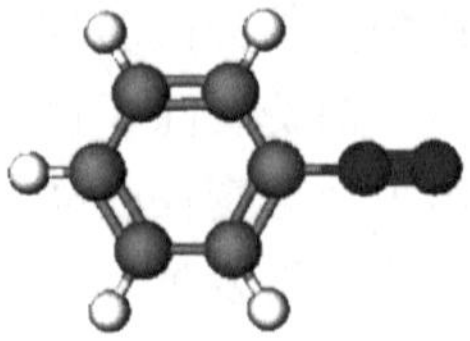 | 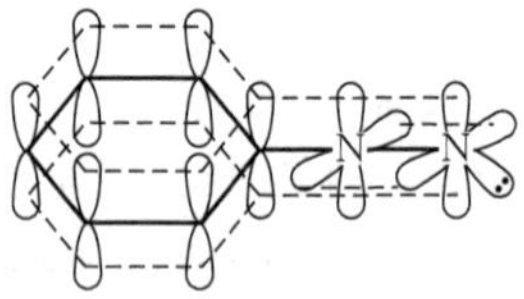 |

2. 偶氮化合物和重氮化合物的性质

(1) 重氮盐的制备

芳香族伯胺在低温（0～5℃）和强酸（通常为盐酸和硫酸）溶液中与亚硝酸钠作用生成重氮盐的反应称为重氮化反应。

$$\underset{\text{芳香胺}}{ArNH_2} + NaNO_2 + 2HCl \xrightarrow{0\sim5℃} \underset{\text{重氮盐}}{Ar-\overset{+}{N}\equiv N \cdot Cl^-} + 2H_2O + NaCl$$

重氮盐在室温下不稳定，所以一般重氮化反应要在较低温度下进行。由于干燥的重氮盐受热和受震动易发生爆炸，因此一般将重氮化反应得到的重氮盐溶液直接用于合成而不必分离出来。

(2) 重氮盐的脱氮反应

重氮盐的化学性质非常活泼，重氮基可以被—OH、—X、—CN 和—H 等基团取代，并放出氮气。利用这一性质可以制备酚类、卤代芳香烃类和芳香族腈类等难以制备的化合物。

**【例】** 重氮盐脱氮反应的应用

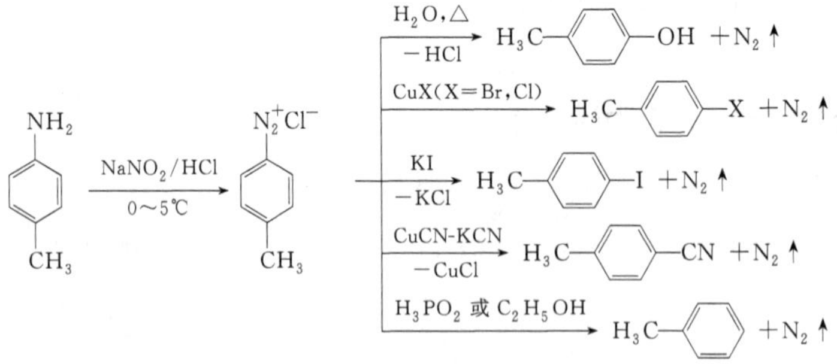

$$p\text{-}CH_3C_6H_4NH_2 \xrightarrow[0\sim5℃]{NaNO_2/HCl} p\text{-}CH_3C_6H_4N_2^+Cl^-$$

$$\xrightarrow[-HCl]{H_2O,\triangle} H_3C-C_6H_4-OH + N_2\uparrow$$

$$\xrightarrow{CuX(X=Br,Cl)} H_3C-C_6H_4-X + N_2\uparrow$$

$$\xrightarrow[-KCl]{KI} H_3C-C_6H_4-I + N_2\uparrow$$

$$\xrightarrow[-CuCl]{CuCN\text{-}KCN} H_3C-C_6H_4-CN + N_2\uparrow$$

$$\xrightarrow{H_3PO_2 \text{ 或 } C_2H_5OH} H_3C-C_6H_5 + N_2\uparrow$$

(3) 重氮盐的偶合反应

重氮盐的偶合反应，是指重氮盐与酚类或芳香胺进行芳环上的亲电取代生成偶氮化合物的反应。重氮盐与酚、芳香胺的偶合反应是合成偶氮染料的基础。

重氮盐正离子是弱亲电试剂，因此与之偶合的化合物芳环上必须有活化基团才容易进行。

**【例】** 重氮苯的对位偶合

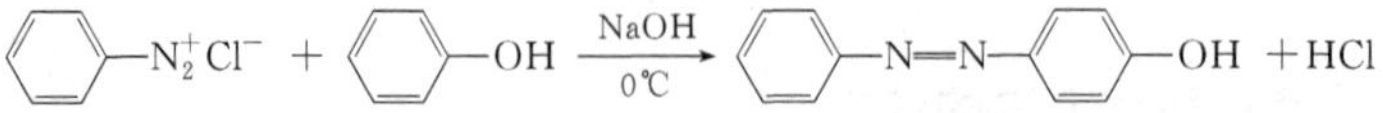

$$C_6H_5-N_2^+Cl^- + C_6H_5-OH \xrightarrow[0℃]{NaOH} \underset{\text{对羟基偶氮苯（橘红色）}}{C_6H_5-N=N-C_6H_4-OH} + HCl$$

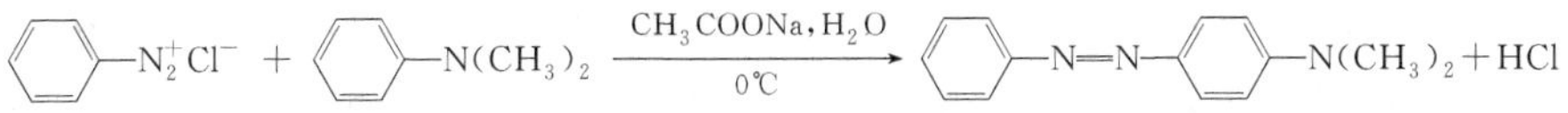

$C_6H_5-N_2^+Cl^- + C_6H_5-N(CH_3)_2 \xrightarrow[0℃]{CH_3COONa,H_2O} C_6H_5-N=N-C_6H_4-N(CH_3)_2 + HCl$

对 N,N-二甲氨基偶氮苯

偶联的位置一般在酚羟基（或氨基）的对位，若对位已被其他取代基占据，则在邻位上偶合。

**【例】** 重氮苯的邻位偶合

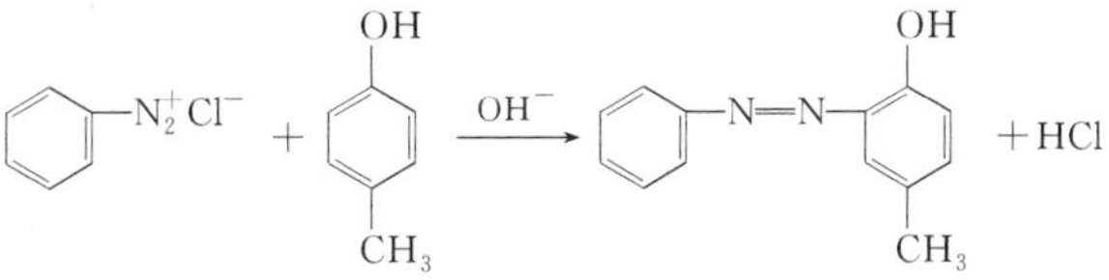

$C_6H_5-N_2^+Cl^- + HO-C_6H_4-CH_3 \xrightarrow{OH^-} C_6H_5-N=N-C_6H_3(OH)(CH_3) + HCl$

5-甲基-2-羟基偶氮苯

## 三、偶氮化合物的应用

偶氮化合物都有颜色。芳香族偶氮化合物可广泛地用作染料，称为偶氮染料，是最大的一类化学合成染料，约占全部染料的一半。

**【例】** 选择不同的重氮组分和偶合组分，可以合成一系列不同颜色的染料。

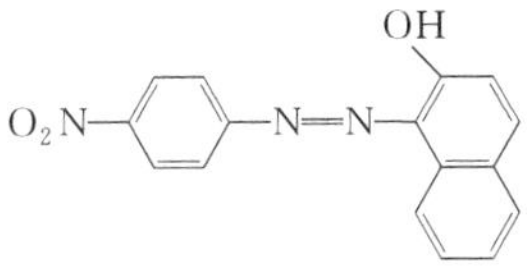

$O_2N-C_6H_4-N=N-$(2-羟基萘基)

对位红（染料）

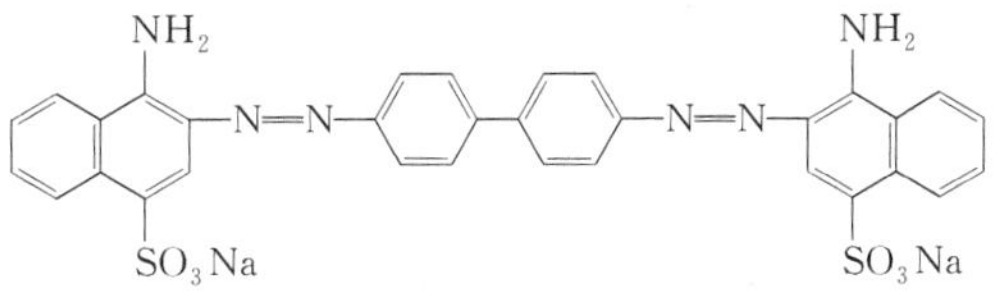

(1-氨基-4-磺酸钠萘基)$-N=N-C_6H_4-C_6H_4-N=N-$(1-氨基-4-磺酸钠萘基)（$NH_2$，$SO_3Na$）

刚果红（染料、指示剂）

$O_2N-C_6H_3(Cl)-N=N-C_6H_3(NHCOCH_2CH_3)-N(CH_2CH_2OCOCH_3)_2$

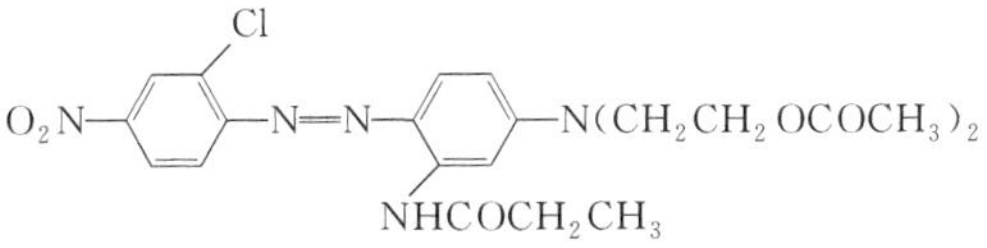

分散红玉 S-2GFL（染料）

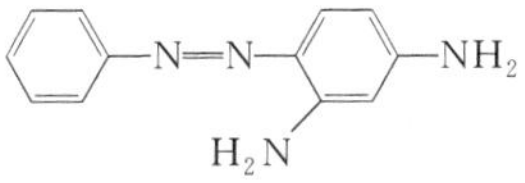

$C_6H_5-N=N-C_6H_3(NH_2)-NH_2$（$H_2N$，$NH_2$）

碱性菊橙

$C_6H_5-N=N-C_{10}H_6-N=N-C_6H_4-OH$

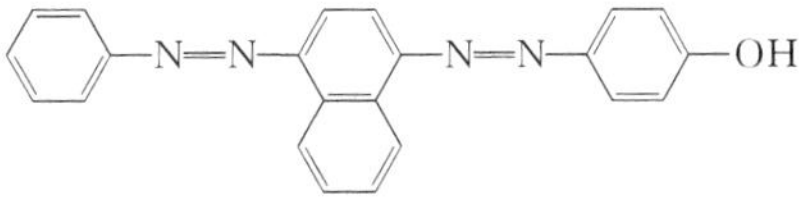

分散橙 SE-B（主要用于涤纶及其混纺织物的染色）

有些偶氮化合物的颜色会随着环境条件的改变而改变，可作分析化学的指示剂。

**【例】** 甲基橙在 pH<3.1 时呈红色，在 pH>4.4 时呈黄色。

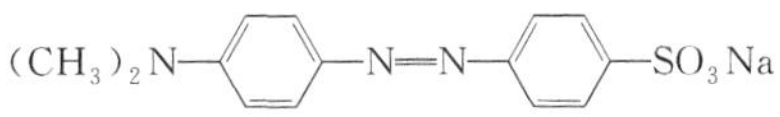

$(CH_3)_2N-C_6H_4-N=N-C_6H_4-SO_3Na$

甲基橙（指示剂）

结构变化如下：

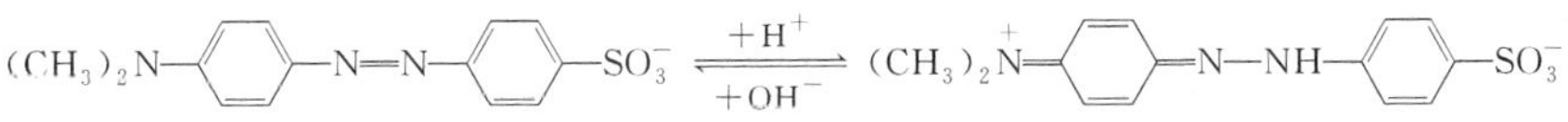

$(CH_3)_2N-C_6H_4-N=N-C_6H_4-SO_3^- \underset{+OH^-}{\overset{+H^+}{\rightleftharpoons}} (CH_3)_2\overset{+}{N}=C_6H_4=N-NH-C_6H_4-SO_3^-$

pH>4.4 黄色　　　　pH<3.1 红色

# 项目三 腈

**【案例导入】国产己二腈打破垄断**

高分子材料是国民经济的重要基础性产业，也是国家先导性产业，做强做优是未来可持续发展的首选。高分子材料 PA66 因具有抗震、耐热、耐磨、耐腐蚀等优异性能，是实现汽车轻质化的重要材料，在发动机、螺旋桨轴、滑动轴承等部件上有广泛应用，同时也是高端弹力运动服、冲锋衣等民用服装的理想材料。

己二腈是生产 PA66 的核心原料，被市场称为“聚酰胺产业链的咽喉”。我国 PA66 长期严重供给不足的原因就是关键原料——己二腈的生产技术一直被国外垄断。过去己二腈全部依赖进口，而且进口配额受到限制，成为我国高端聚酰胺新材料产业链的“卡脖子”问题。

我国一直努力进行己二腈的技术研发和产业化探索，终于在 2022 年 7 月 31 日，中国化学全国首台套丁二烯法己二腈系列新材料项目顺利打通全流程，实现国有量产，彻底打破了国外对我国己二腈的技术封锁和垄断，补齐了我国聚酰胺产业链短板，对促进我国高端聚酰胺产业长效安全健康发展具有重要意义。

## 一、认识腈

### 1. 腈的定义

腈是含有烃基与氰基（—C≡N）的碳原子相连接而成的有机化合物，可以看作是氢氰酸（H—C≡N:）中的氢原子被烃基取代后的产物。腈的通式为（Ar)R—CN。

### 2. 腈的命名

腈的命名可以根据腈分子中所含的碳原子数，称为某腈。较复杂的腈以烃为母体，氰基作为取代基，称为氰基某烃。例如：

| $CH_3CN$ | $CH_3CH_2CN$ | $C_6H_5—CH_2CN$ |
|---|---|---|
| 乙腈（或氰基甲烷） | 丙腈（或氰基乙烷） | 苯基乙腈（或苄腈） |

## 二、腈的结构和性质

### 1. 腈的结构

氰基中的碳原子和氮原子都是 sp 杂化的，碳氮之间除了 Csp—Nsp σ 键外，两条未杂化的 p 轨道与碳原子形成 Cp—Np π 键，氮原子还有一对未共用的孤对电子在 sp 轨道上。

R—C≡N:

氰基中的碳原子和氮原子通过叁键相连接，这一叁键使得氰基具有相当高的稳定性，在一般的化学反应中以一个整体存在。氮原子上的未共用孤对电子，使得氰基或氰离子能与很多金属阳离子形成配位键。

乙腈的化学式和 3D 模型见表 7-5。

表 7-5　乙腈的化学式和 3D 模型

| 化学式 | 3D 模型 |
|---|---|
| $H_3C$—C≡N: | |

### 2. 腈的物理性质

低级腈为无色液体，高级腈为固体。乙腈不仅可与水混溶，还可以溶解多种无机盐。随着分子量的增加，丙腈、丁腈在水中的溶解度迅速降低，$C_4$ 以上的腈难溶于水。分子中的氰基是高度极化的吸电子基，因此具有较高的偶极矩和沸点。腈的沸点比分子量相近的烃、卤代烃、醚、醛、酮和胺都高。

### 3. 腈的化学性质

（1）水解

腈在酸或碱的水溶液催化下水解生成羧酸或羧酸盐，因此腈的水解可用于合成酸。

$$RCN+2H_2O\xrightarrow{100\sim200℃}RCOOH+NH_3$$

**【例】** 工业上生产苯乙酸

$$C_6H_5-CH_2CN+H_2SO_4+H_2O\xrightarrow[2h]{130℃}C_6H_5-CH_2COOH+NH_4HSO_4$$

（2）还原

腈用催化加氢或氢化铝锂还原生成伯胺，这是制备伯胺的方法之一。

$$RCN\xrightarrow{[H]}RCH_2NH_2$$

**【例】** 苯腈的还原

$$C_6H_5-CN\xrightarrow{LiAlH_4}C_6H_5-CH_2NH_2$$

## 三、腈的应用

### 1. 己二腈

己二腈最主要的用途是作为尼龙 66 合成的中间体，占比约为 90%，还可作为六亚甲基二异氰酸酯（HDI）的中间体。此外，己二腈还可用作溶剂、增塑剂、稳定剂等。

N≡C-CH₂CH₂CH₂CH₂-C≡N

己二腈

己二腈主要采用丁二烯直接氢氰化法制备，该方法是将两个分子的 HCN 在催化剂存在的情况下与丁二烯发生加成反应。该技术的难点是催化剂回收率低、消耗量大，而且催化剂分离提纯难度大、再生循环难等问题。

1,3-丁二烯 $\xrightarrow[(Ⅰ)]{HCN,\ Ni(0)/亚磷酸盐}$ 2-甲基-3-丁烯腈 + 3-戊烯腈

2-甲基-3-丁烯腈 $\xrightarrow[(Ⅱ)]{Ni(0)/亚磷酸盐路易斯酸}$ 3-戊烯腈

$\xrightarrow[HCN\ (Ⅲ)]{Ni(0)/亚磷酸盐路易斯酸}$ [4-戊烯腈] ⟶ 己二腈

### 2. 丙烯腈

丙烯腈是重要的有机合成原料，主要用于合成纤维和橡胶。丙烯腈采用氨化氧化法制备，即由丙烯、氨、空气的混合物在磷钼酸铋（催化剂）存在下加热而制得，是目前丙烯腈的主要生产方法。

$$CH_2{=}CH{-}CH_3 + NH_3 + \frac{3}{2}O_2 \xrightarrow[470℃]{磷钼酸铋} \underset{丙烯腈}{CH_2{=}CH{-}CN} + 3H_2O$$

丙烯腈在引发剂（如过氧化苯甲酰）存在下，可聚合生成聚丙烯腈。聚丙烯腈纤维称为腈纶，又称人造羊毛，具有强度高、保暖性好、耐日光、耐酸和耐溶剂等特性。

$$nCH_2{=}\underset{CN}{\underset{|}{CH}} \longrightarrow \left[CH_2{-}\underset{CN}{\underset{|}{CH}}\right]_n$$

聚丙烯腈

丙烯腈能与其他化合物共聚，如由丙烯腈和1,3-丁二烯共聚制备丁腈橡胶，因侧链上氰基的极性，使它具有耐油、耐寒和耐溶剂等特性。

$$\left(H_2C{-}HC{=}CH{-}CH_2\right)_n\left(H_2C{-}\underset{\underset{\underset{N}{\|}}{C}}{\underset{|}{CH}}\right)_m$$

丁腈橡胶

## 学习思维导图

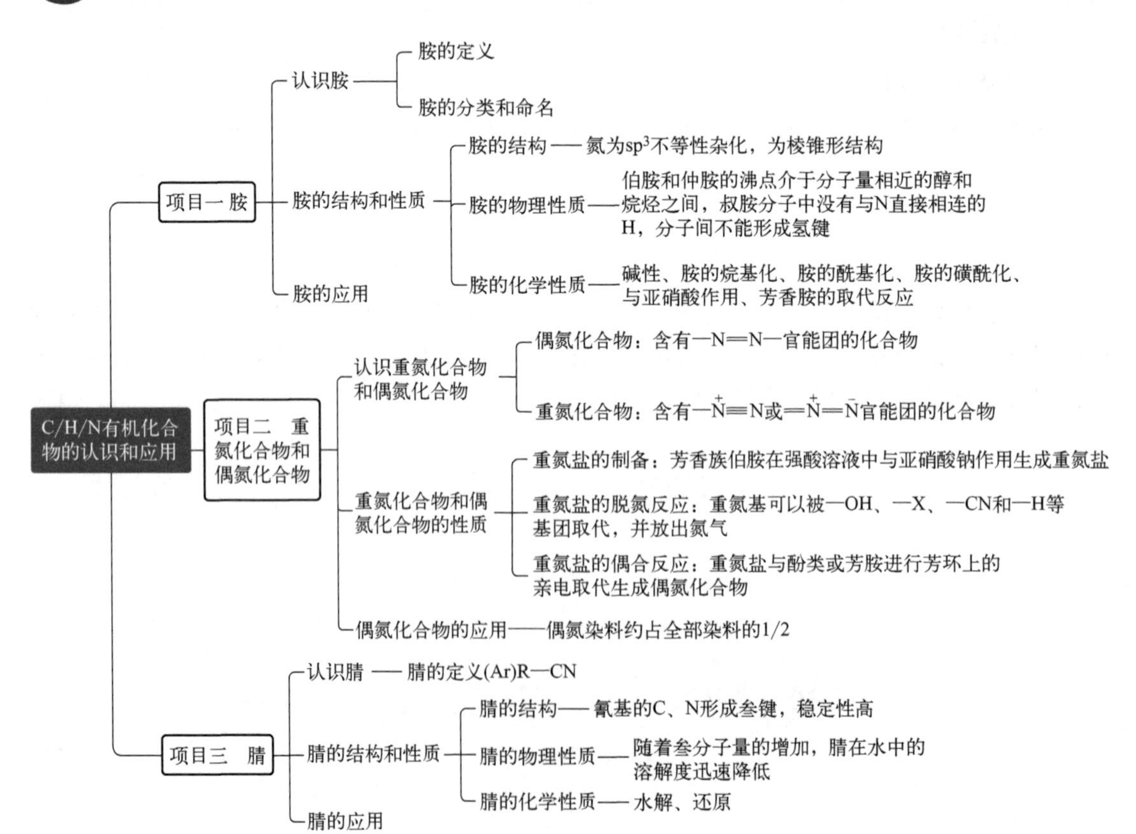

## 习题

1. 给下列化合物命名

(1) $CH_3CH_2NH_2$　　(2) $C_6H_5-NH-C_6H_5$　　(3) $(CH_3)_4N^+Cl^-$

(4) $C_6H_5-N=N-C_6H_5$　　(5) $H_2C=CH-C\equiv N$

2. 完成反应。

(1) $(CH_3)_4N^+OH^- + AgOH \longrightarrow$

(2) $H_3C-\overset{O}{\overset{\|}{C}}-OH + H_3C-NH_2 \longrightarrow$

(3) $C_6H_5NH_2 + Cl-\overset{O}{\overset{\|}{C}}-CH_3 \longrightarrow$

(4) $C_6H_5NH_2 \xrightarrow{Br_2\text{-}H_2O}$

(5) $C_6H_5-N_2^+Cl^- + C_6H_5-OH \xrightarrow[0℃]{NaOH}$

(6) $H_3C-C\equiv N + 2H_2O \xrightarrow{100 \sim 200℃}$

(7) $H_3CH_2C-C\equiv N \xrightarrow{LiAlH_4}$

3. 比较甲乙胺、三甲胺、正丁烷的沸点大小，并说明原因。

# 模块八

## C/H/O/N 有机化合物的认识和应用

【学习目标】

1. 能够对硝基化合物、异氰酸酯基化合物进行命名。

2. 能理解硝基化合物、异氰酸酯基化合物的结构特点。

3. 能对硝基化合物、异氰酸酯基化合物的物理、化学性质进行分析总结。

4. 培养学生探究务实的科研精神。

5. 引导学生关注化学材料应用，激发学生的专业自豪感。

# 项目一　硝基化合物

**【案例导入】具有两面性的硝基化合物**

硝基是药物化学中独特又常见的官能团之一，在许多抗肿瘤药、抗生素、镇静药、杀虫剂和除草剂中都可以发现它的身影。

一方面，硝基具有很强的吸电子能力，使得与之相连的碳原子产生缺电子效应，从而与生命系统中存在的蛋白质、氨基酸、核酸等生物亲核试剂发生相互作用。另一方面，利用硝基的还原性可设计前药，硝基药物在体内通过酶促还原产生活性药物分子并最终诱导生物效应。因此，含硝基药物具有独特的药理作用和不可替代性。

芳香族和杂芳族硝基化合物的选择性毒性也可用于一些化学疗法，例如针对细菌、寄生虫或肿瘤细胞中毒而不伤害宿主的正常细胞。但是，含有硝基的药物往往也会引起严重的不良反应，包括致癌性、肝毒性、致突变性和骨髓抑制，因此硝基常被视为警示结构，一定程度上阻碍了对其治疗效用的探索。

因此硝基既是一种好的药效团，也是一种毒性警示结构，使用时需控制硝基化合物的生物活性，实现生物活性最大化的同时确保毒性最小化。正如科学技术具有两面性，在发挥积极作用的同时也可能带来一些不利的影响。化学工作者应深入、全面地认识化学物质，不因其害而弃用，不因其利而滥用，在规定的尺度内合理有效地使用相关化学技术，实现其社会价值的最大化。

## 一、认识硝基化合物

### 1. 硝基的定义

烃分子中一个或多个氢原子被硝基（$-NO_2$）取代的化合物，称为硝基化合物。

按烃基不同，硝基化合物可以分为脂肪族硝基化合物和芳香族硝基化合物，其通式是 $R-NO_2$ 或 $Ar-NO_2$；按硝基相连的碳原子不同，可分为一级硝基化合物、二级硝基化合物和三级硝基化合物；又可按硝基的数目不同分为一硝基化合物和多硝基化合物。

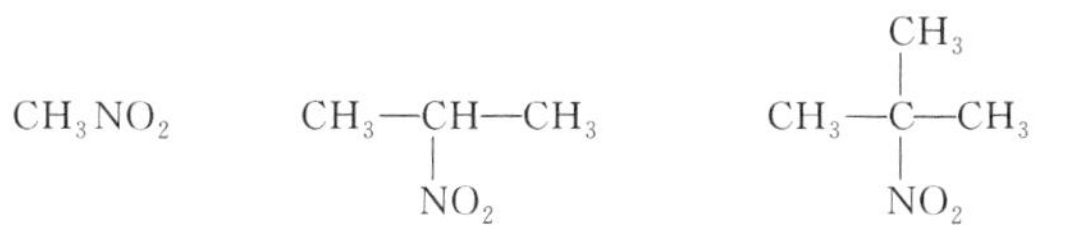

$CH_3NO_2$　硝基甲烷

$CH_3-CH(NO_2)-CH_3$　2-硝基丙烷

$CH_3-C(CH_3)(NO_2)-CH_3$　2-甲基-2-硝基丙烷

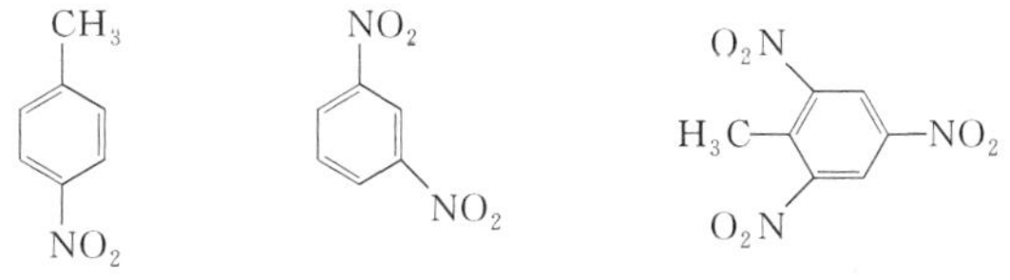

对硝基甲苯　间二硝基苯　2,4,6-三硝基甲苯 俗名：TNT

### 2. 硝基的命名

硝基化合物的命名以烃为母体，硝基作为取代基。

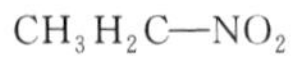

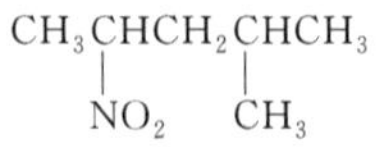

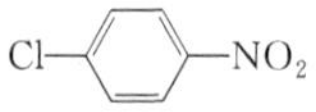

$CH_3H_2C—NO_2$　　$CH_3\underset{\displaystyle NO_2}{CH}CH_2\underset{\displaystyle CH_3}{CH}CH_3$　　Cl—⟨苯环⟩—$NO_2$

硝基乙烷　　2-硝基-4-甲基戊烷　　对硝基氯苯

## 二、硝基化合物的结构和性质

### 1. 硝基化合物的结构

在硝基的电子结构中，两个氮氧键看似一个为共价双键，另一个为配价键，应当具有不同的键长。但近代仪器分析方法证明这两个氮氧键的键长完全相等，都是 0.122nm，说明硝基化合物中的两个氮氧键平均化了。硝基为共轭结构，两个氧原子各提供一个电子，一个氮原子提供两个电子形成一个四电子三原子的 p-π 共轭体系，如表 8-1 所示。

**表 8-1　硝基化合物的结构**

| 化学式 | 电子云结构 | 3D 模型 |
| --- | --- | --- |
| 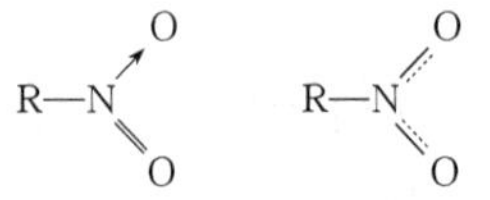 R—N(→O)(=O)　　R—N(⋯O)(⋯O) | 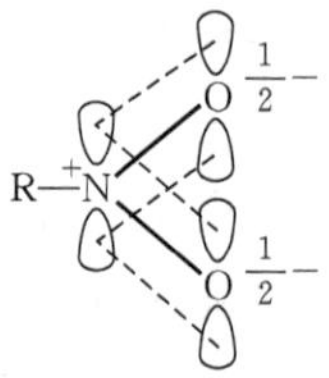 $R—\overset{+}{N}$ $O^{\frac{1}{2}-}$ $O^{\frac{1}{2}-}$ | 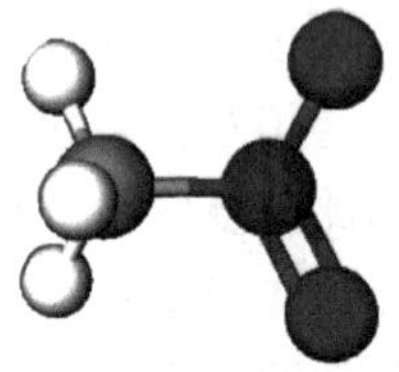 |

### 2. 硝基化合物的物理性质

硝基化合物的相对密度都大于 1。脂肪族硝基化合物是无色且具有香味的液体，难溶于水，易溶于醇和醚。芳香族硝基化合物大多为淡黄色固体，部分为液体，具有苦杏仁味。多数芳香族硝基化合物受热时易分解而发生爆炸，如 2,4,6-三硝基甲苯（TNT）、2,4,6-三硝基苯酚（苦味酸）等。许多芳香族硝基化合物有毒，会使血红蛋白变性而引起中毒。

### 3. 硝基化合物的化学性质

（1）还原反应

通过催化加氢或在 $LiAlH_4$、金属（Fe、Sn、Zn 等）与盐酸作用下，脂肪族硝基化合物上的硝基（$—NO_2$）能被还原成氨基（$—NH_2$）。

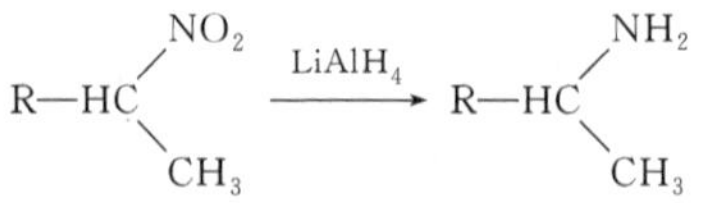

$$R—HC(NO_2)(CH_3) \xrightarrow{LiAlH_4} R—HC(NH_2)(CH_3)$$

**【例】** 硝基苯被铁和盐酸产生的新鲜氢还原成苯胺，这是工业上制取苯胺的方法。

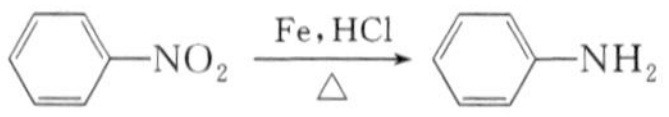

$$C_6H_5—NO_2 \xrightarrow[\triangle]{Fe,HCl} C_6H_5—NH_2$$

（2）硝基对芳环上邻、对位基团的影响

硝基是强吸电子基，芳环上的硝基不仅使其所在的芳环上的亲电取代反应较难进行，而且因吸电子的共轭和诱导效应使其邻、对位存在的取代基（如—X、—OH、—COOH、$—NH_2$ 等）的活性增强。

**【例】** 硝基的邻位或对位连有卤素原子时，该化合物进行氨解反应比没有硝基存在的卤代烃容易，而且硝基数目越多，卤原子也越活泼。若硝基是存在于卤原子的间位，那么仅有诱导效应，而无共轭效应，影响就不大。

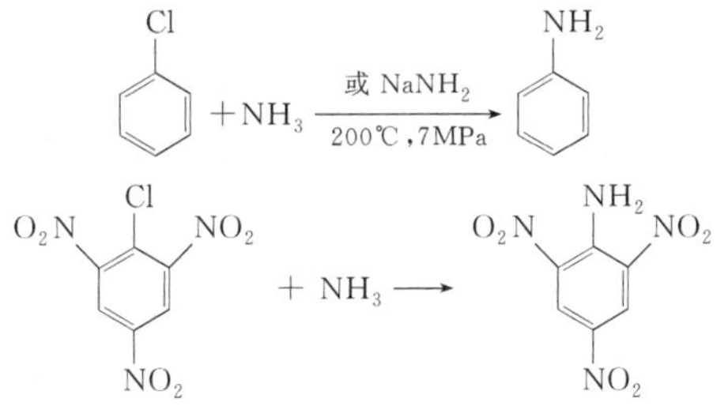

$$C_6H_5Cl + NH_3 \xrightarrow[200℃,7MPa]{\text{或 }NaNH_2} C_6H_5NH_2$$

$$\text{2,4,6-}(O_2N)_3C_6H_2Cl + NH_3 \longrightarrow \text{2,4,6-}(O_2N)_3C_6H_2NH_2$$

(3) 脂肪族硝基化合物的酸性

在脂肪族硝基化合物中，具有 $\alpha$-氢原子的伯碳或仲碳硝基化合物存在如下互变异构，具有明显的酸性。

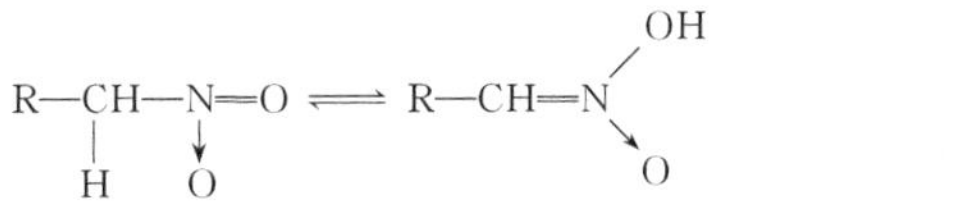

$$\underset{\text{硝基式}}{R-CH(H)-N(\rightarrow O)=O} \rightleftharpoons \underset{\text{酸式}}{R-CH=N(OH)\rightarrow O}$$

| | $CH_3NO_2$ | $CH_3CH_2NO_2$ | $CH_3-CH(NO_2)-CH_3$ |
|---|---|---|---|
| $pK_a$ | 10.2 | 8.5 | 7.8 |

脂肪族硝基化合物能逐渐溶解于氢氧化钠溶液而生成钠盐。

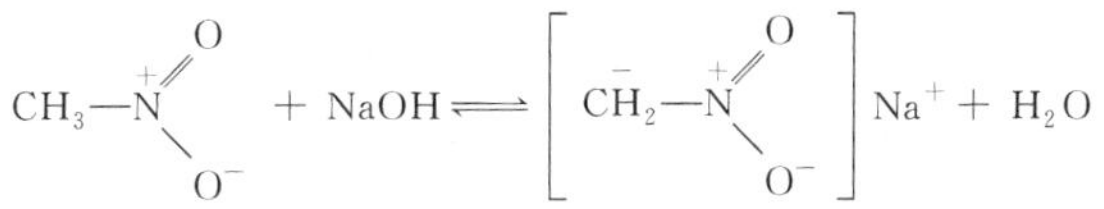

$$CH_3-\overset{+}{N}(=O)-O^- + NaOH \rightleftharpoons [\overset{-}{C}H_2-\overset{+}{N}(=O)-O^-]Na^+ + H_2O$$

叔硝基化合物没有这种氢原子，因此不能异构成为酸式，也就不能与碱作用。

## 三、硝基化合物的应用

硝基苯是一种常见的染料中间体，如邻二硝基苯为无色至黄色结晶性粉末，微溶于水，溶于乙醇、乙醚、苯等，是一种很好的染色中间体，也是不错的皮革上光剂。

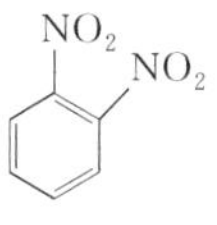

$$C_6H_4(NO_2)_2$$

邻二硝基苯(1,2-二硝基苯)

硝基苯含有较强的毒性，吸收后轻者头晕、恶心，重则危及生命。在硝基苯工作现场不可以进食和饮水，在工作前后都不能饮酒，而且下班后要及时用温水洗澡。因为它不但可通过常规的食入和吸入被人体吸收，还可通过皮肤吸收，所以要用温水洗澡。

# 项目二 异氰酸酯

**【案例导入】聚氨酯助力高质量赛事**

高质量赛事的完成，除依赖运动员本身的竞技能力外，优良且合适的装备也必不可少。在各类运动赛事装备材料中，聚氨酯（PU）表现突出。聚氨酯是指主链中含有氨基甲酸酯

特征单元（$-NH-\overset{O}{\overset{\|}{C}}-$）的一类高分子材料，通过改变其原料化学结构和配方比例可制造出具有各种性能的制品，是目前唯一一种在塑料（泡沫塑料）、橡胶（弹性体）、纤维（氨纶）、涂料、胶黏剂中均有广泛应用价值的合成高分子材料，在体育防护用品、运动鞋、运动场地等各类体育器材中均有广泛应用，如表 8-2 所示。

表 8-2 聚氨酯的应用案例

| 应用领域 | 产品性能 | 应用案例 |
|---|---|---|
| 纤维 | 聚氨酯游泳衣和运动衣具有迅速干燥和降低摩擦力的性能 | 2022 年冬奥会上我国速滑竞赛服的手脚处使用了蜂窝样式的聚氨酯材料，可减小空气阻力，最大限度提高运动员成绩 |
| 鞋材 | 聚氨酯弹性体具有质轻、耐磨、防滑、缓冲性能好等性能 | 运动鞋的鞋底、鞋跟、鞋头，以及滑雪鞋、高档溜冰鞋旱冰轮及滑板车的轮子，防护头盔，滑雪板内芯等 |
| 橡胶 | 聚氨酯橡胶具有减震作用 | 陶氏化学开发环保无毒的水性聚氨酯跑道，获得 2017 年技术创新界的奥斯卡奖——R&D100 的奖项 |
| 聚氨酯蒙皮 | 聚氨酯蒙皮具有高弹性、耐磨、防污等性能 | 2022 年卡塔尔世界杯官方比赛用球“Al Rihla”外皮由 20 块无缝的热黏合聚氨酯板制成，可提升空气动力学表现，改善精准度、飞行稳定性和弧线运动表现 |
| 涂料 | 聚氨酯涂料具有绿色环保、色彩表现好、附着力好、表面性能好等优点 | 北京冬奥会采用水性硅烷改性聚氨酯涂料涂饰保护奖牌，采用水性双组分聚氨酯涂料喷涂中国短道速滑队头盔专属图案，将科技奥运和传统文化完美融合 |

如图 8-1 所示，聚氨酯由异氰酸酯和多元醇聚合而成，主要原料包括二苯基甲烷二异氰酸酯（MDI）、甲苯二异氰酸酯（TDI）和聚丙二醇（PPG）等。

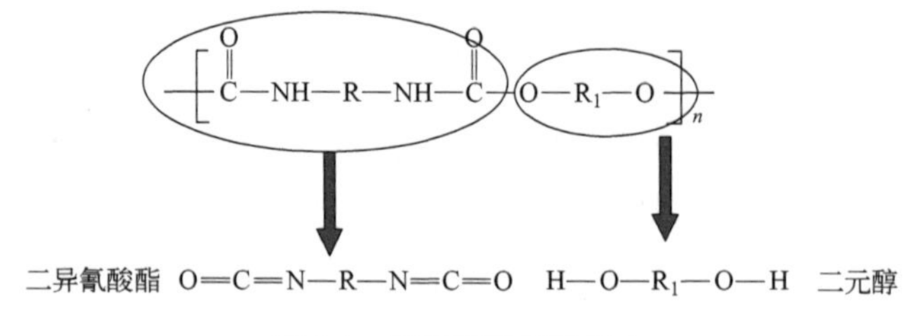


图 8-1 聚氨酯的原料组成

原料端的异氰酸酯是整个产业链中技术壁垒最高、投入最大、盈利能力最强的环节，MDI 又是异氰酸酯中生产难度最大的化学品，20 世纪 80 年代初国内想要从国外引进 MDI 生产技术，却遭到国外巨头封锁，技术研发之路举步维艰。我国万华化学在 1984 年引进一套当时国内稀缺的 MDI 生产装置以后，通过自主研发，终于在 1996 年突破技术垄断，使中国成为继德、美、日之后第四个拥有这项核心技术的国家，并在随后的几十年里不断创新，到如今已经更迭为第六代 MDI 技术，产能位居世界第一。

## 一、认识异氰酸酯

### 1. 异氰酸酯的化学式

一般认为氰酸和异氰酸为互变异构体，在平衡时以异氰酸为主。

$$\underset{\text{氰酸}}{HO—C≡N} \rightleftharpoons \underset{\text{异氰酸}}{O═C═N—H}$$

异氰酸酯是异氰酸的各种酯类衍生物的总称，其官能团为—N═C═O。

芳香族异氰酸酯在工业上具有重要应用，如TDI、MDI等。常用的脂肪族异氰酸酯有异佛尔酮二异氰酸酯（IPDI）、六亚甲基二异氰酸酯（HDI）、二环己基甲烷二异氰酸酯（HMDI）、赖氨酸二异氰酸酯（LDI）等。

### 2. 异氰酸酯的命名

异氰酸酯的命名与羧酸酯的命名相似，称为异氰酸某酯。

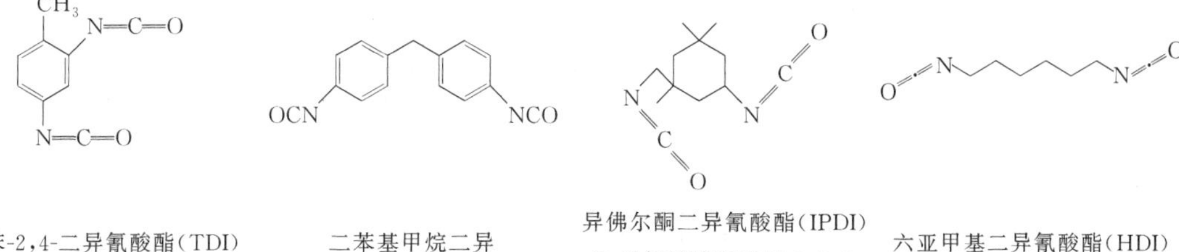


甲苯-2,4-二异氰酸酯(TDI)（2,4-二异氰酸基甲苯）　　二苯基甲烷二异氰酸酯(MDI)　　异佛尔酮二异氰酸酯(IPDI)（3-异氰酸酯基甲基-3,5,5-三甲基环己基异氰酸酯）　　六亚甲基二异氰酸酯(HDI)（1,6-二异氰酸基己烷）

## 二、异氰酸酯的结构和性质

### 1. 异氰酸酯的结构

常见的异氰酸酯有一异氰酸酯R—N═C═O和二异氰酸酯O═C═N—R—N═C═O，其球棍模型如表8-3所示。

**表 8-3　异氰酸酯的结构**

| 异氰酸酯类型 | 典型化合物结构式 | 球棍模型 |
|---|---|---|
| 一异氰酸酯<br>R—N═C═O | $CH_3$—N═C═O | |
| 二异氰酸酯<br>O═C═N—R—N═C═O | O═C═N—$CH_2$—N═C═O | |

异氰酸酯基团具有重叠双键排列的高度不饱和键结构，由于该基团中各原子的电负性顺序是O>N>C，即氮原子和氧原子的电子云密度较大，表现为强负电性，容易与亲电试剂进行反应。与此相反，由于两端强电负性原子的作用，使得中间的碳原子电子云密度降低，表现出较强的正电性，成为亲电中心。因此，二异氰酸酯非常容易和含活泼氢的化合物进行反应。

$$R—\overset{\delta^-}{N}═\overset{\delta^+}{C}═\overset{\delta^-}{O}$$

当异氰酸酯与水、醇、酚、胺等含活泼氢的亲核试剂反应时，—N=C=O基团中的氧原子接受氢原子形成羟基，但不饱和碳原子上的羟基不稳定，经过分子内重排生成氨基甲酸酯基，反应机理如下：

$$R-N=C=O + R'-\ddot{O}-H \longrightarrow R-N=C(-O^-)(-\overset{+}{O}(H)-R') \longrightarrow R-N=C(-OH)(-O-R') \longrightarrow R-NH-\overset{O}{\overset{\|}{C}}-OR'$$

## 2. 异氰酸酯的物理性质

常见异氰酸酯的物理性质列于表 8-4。异氰酸酯一般为无色或淡黄色的液体，有较强的刺激性气味，易挥发。异氰酸酯容易与水、酸、醇等带有活泼氢的化合物反应，必须是在密封的容器内储存，隔绝空气、防止吸潮。

**表 8-4 常见异氰酸酯的物理性质**

| 物质 | 分子量 | 密度/$(g/cm^3)$ | 熔点/℃ | 沸点/℃ |
|---|---|---|---|---|
| 甲苯-2,4-二异氰酸酯(TDI) | 174.156 | 1.225 | 12.5～13.5 | 115～120 |
| 二苯基甲烷二异氰酸酯(MDI) | 250.26 | 1.190 | 36～39 | 190 |
| 异佛尔酮二异氰酸酯(IPDI) | 222.32 | 1.062 | −60 | 273.9～299.9 |
| 六亚甲基二异氰酸酯(HDI) | 168.19 | 1.047 | −67 | 255 |

## 3. 异氰酸酯的化学性质

(1) —N═C═O 和羟基反应

—N═C═O 和羟基反应生成氨酯基，该反应是聚氨酯工业的基础。

$$C_6H_5-N=C=O + ROH \longrightarrow C_6H_5-NHCOOR$$

*N*-苯基氨基甲酸酯

异氰酸酯与多元醇聚合生成聚氨酯，其反应如下所示：

$$nHO-R-OH + nOCN-R'-NCO \longrightarrow -\!\!\![O-R-O-\overset{O}{\overset{\|}{C}}-\underset{H}{N}-R'-\underset{H}{N}-\overset{O}{\overset{\|}{C}}]\!\!\!-_n$$

【例】 聚氨基甲酸酯树脂的制备：首先将己二酸与乙二醇缩聚而成低分子量端羟基聚酯，然后将其作为二元醇与甲苯-2,4-二异氰酸酯反应。

$$nHOOC(CH_2)_4COOH + (n+1)HOCH_2CH_2OH \longrightarrow$$

$$HOCH_2CH_2O-\!\!\![\overset{O}{\overset{\|}{C}}-(CH_2)_4-\overset{O}{\overset{\|}{C}}-O-CH_2CH_2O]\!\!\!-_nH + 2nH_2O$$

$$mHOCH_2CH_2O-\!\!\![\overset{O}{\overset{\|}{C}}-(CH_2)_4-\overset{O}{\overset{\|}{C}}-O-CH_2CH_2O]\!\!\!-_nH + m\,CH_3C_6H_3(NCO)_2 \longrightarrow$$

$$\left[-NH-C_6H_3(CH_3)-NH-\overset{O}{\overset{\|}{C}}OCH_2CH_2O-\!\!\![\overset{O}{\overset{\|}{C}}-(CH_2)_4-\overset{O}{\overset{\|}{C}}-O-CH_2CH_2O]\!\!\!-_n\overset{O}{\overset{\|}{C}}-\right]_m$$

(2) —N═C═O 和水反应

—N═C═O 和水反应是聚氨酯工业中的重要反应。通过生成的二氧化碳进行发泡，制备聚氨酯泡沫。

$$R-N=C=O + H_2O \longrightarrow [R-NHCOOH] \longrightarrow RNH_2 + CO_2$$

**【例】** 异氰酸酯和水的反应

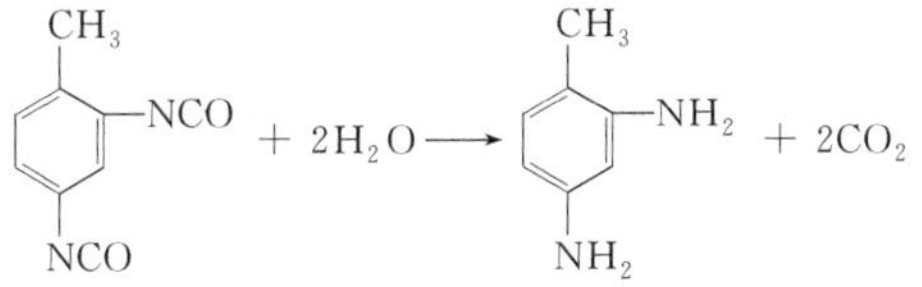

（结构式：2,4-甲苯二异氰酸酯 $+ 2H_2O \longrightarrow$ 2,4-二氨基甲苯 $+ 2CO_2$）

（3）—N═C═O 与氨基反应

—N═C═O 和氨基的反应也是聚氨酯合成工业的主要化学反应，其主要产品应用在水性聚氨酯、固化剂以及双组分聚氨酯等领域。

**【例】** 异氰酸酯和胺反应

$$C_6H_5-N=C=O + CH_3NH_2 \longrightarrow C_6H_5NH-\overset{O}{\overset{\|}{C}}-NHCH_3$$

*N*-甲基-*N*′-苯基脲

## 三、异氰酸酯的典型产品及应用

### 1. 重要的二异氰酸酯

（1）甲苯二异氰酸酯（TDI）

TDI 是目前用来合成聚氨酯的主要原料，其产品包括泡沫塑料、涂料、弹性体、胶黏剂、密封胶等。TDI 具有两种同分异构体，分别为 2,4-TDI 和 2,6-TDI。工业品 TDI 有纯净物也有混合物。例如 TDI-100 仅含 2,4-TDI，而 TDI-65 为异构体质量比为 65∶35 的混合物，TDI-80 为异构体质量比为 80∶20 的混合物。

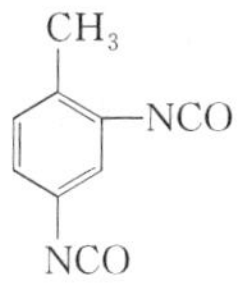

2,4-TDI 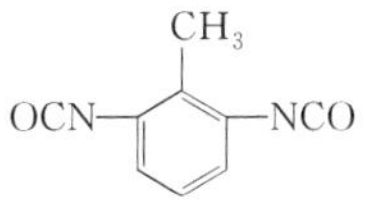　　2,6-TDI

（2）二苯基甲烷二异氰酸酯（MDI）

MDI 也是目前用来合成聚氨酯的主要原料。MDI 有 4,4′-MDI、2,4′-MDI、2,2′-MDI 三种异构体。

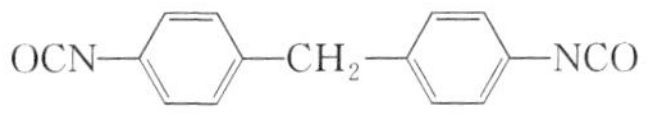

4,4′-MDI

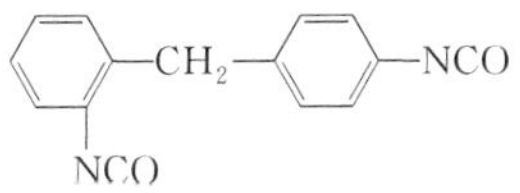

2,4′-MDI 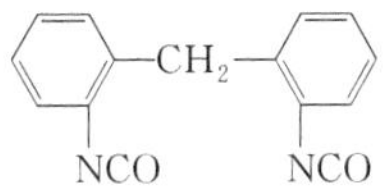　　2,2′-MDI

### 2. 聚氨酯

聚氨酯是聚氨基甲酸酯的简称，它是由二异氰酸酯类化合物和端羟基的聚酯（或聚醚）缩聚而成。

聚氨酯大分子链结构中主要包含三部分，即聚醚（聚酯）链段、异氰酸酯链段和扩链剂低分子链段。异氰酸酯链段部分因氨基甲酸酯这一强极性基团的存在，分子内聚能变高，形成刚性链段，而聚酯（聚醚）则形成柔性链段。通过调整软硬段的配比使聚氨酯具有很高的强度和一系列优异的性能，在泡沫塑料、弹性体、纤维塑料、纤维、涂料、胶黏剂和密封胶等领域应用广泛。

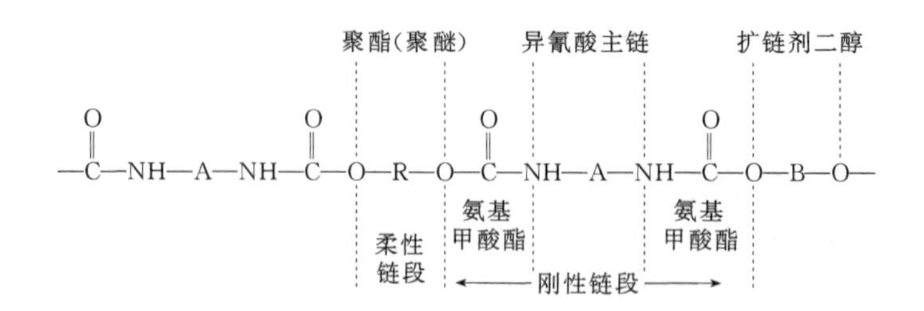


由聚氨酯制得的纤维称为氨纶弹性纤维，氨纶中的软链段在外力作用下能产生很大的形变，使纤维很容易被拉伸；而硬链段又防止长链分子在外力作用下发生相对滑移，使纤维在外力去除后立即回弹。氨纶的强度是橡胶丝的 2～4 倍，伸长率达 500%～800%，瞬时弹性回复率为 90%以上，比一般加弹处理的高弹尼龙还大。氨纶弹性纤维在针织或机织的弹力织物中得到广泛应用，可制作各种内衣、游泳衣、松紧带、绷带等。另外，氨纶还具有良好的耐绕曲、耐磨性能，滑雪服、飞行服和航天服的紧身部分通常也用这种纤维编织。

## 学习思维导图

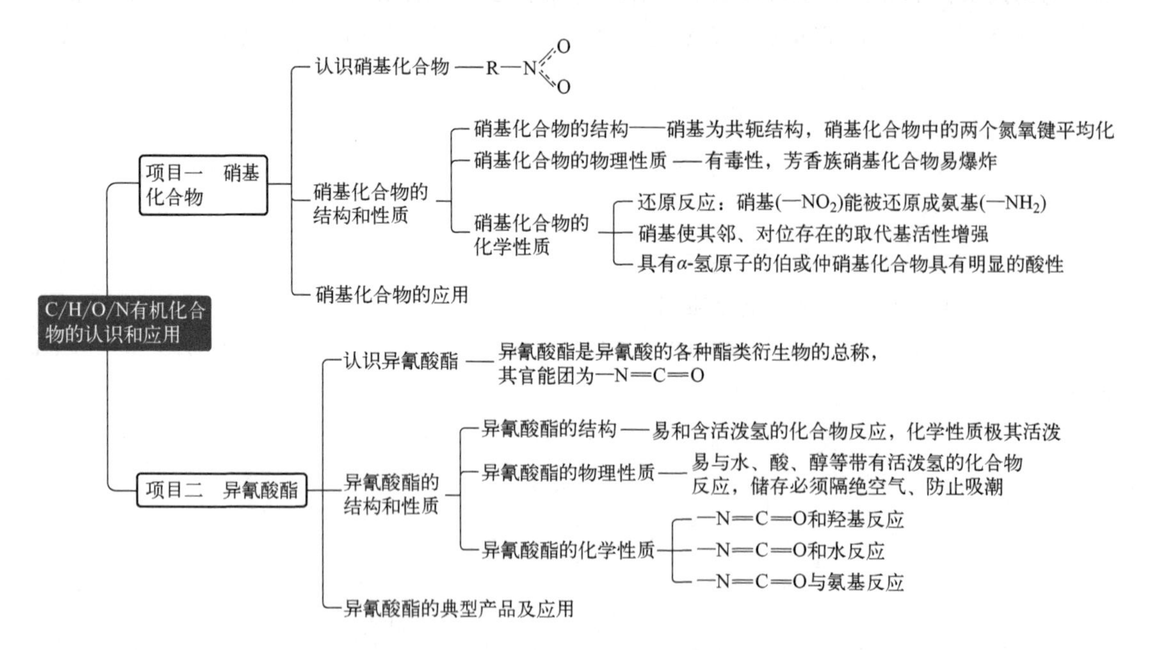

## 习题

1. 给下列化合物命名

(1) $CH_3-\underset{\displaystyle NO_2}{\underset{|}{CH}}-CH_3$　　(2) $Cl-C_6H_4-NO_2$（对位）　　(3) $O=C=N-(CH_2)_6-N=C=O$

2. 完成反应

(1) $C_6H_5-NO_2 \xrightarrow[\triangle]{Fe，HCl}$

(2) $C_6H_5-N=C=O + CH_3CH_2OH \longrightarrow$

(3) 2,4-二异氰酸甲苯酯（苯环上 1 位 $CH_3$，2 位 NCO，4 位 NCO） $+ 2H_2O \longrightarrow$

(4) $C_6H_5-N=C=O + CH_3NH_2 \longrightarrow$

3. 比较 $CH_3NO_2$、$CH_3CH_2NO_2$、$CH_3-CH(NO_2)-CH_3$ 三者酸性的大小，并说明原因。

# 模块九

## 复杂结构有机化合物的认识和应用

【学习目标】

1. 能够对卤代烃、糖、蛋白质等化合物进行命名。

2. 能说明卤代烃、糖、蛋白质等化合物的结构特点。

3. 能对卤代烃、糖、蛋白质等化合物的物理、化学性质进行简单分析。

4. 树立中国自信，培养创新精神。

5. 学习科学家的拼搏精神和爱国精神。

# 项目一 卤代烃

**【案例导入】氟塑料膜结构的双奥场馆**

2008年北京奥运会标志性建筑物之一的“水立方”，在2022年北京冬奥会和冬残奥会期间转换为“冰立方”，作为冰壶项目、轮椅冰壶项目的比赛场馆。“冰立方”是冬奥会历史上体量最大的冰壶场馆，也是世界上唯一在泳池上架设冰壶赛道的“双奥”场馆。它在水冰自由转换之间体现了建筑与技术的高质量发展，也充分彰显了北京冬奥会可持续发展的理念，是绿色奥运和科技奥运结合的典范。2022年8月，这个“水冰双驱”的“双奥”场馆圆满完成了北京冬奥会后的首场水上赛事——2021—2022京津冀游泳公开赛暨第八届北京市全民游泳大赛。

“水立方”是我国首次采用四氟乙烯共聚物膜结构的建筑物，也是国际上面积最大、功能要求最复杂的膜结构系统。该膜结构系统使用的材料为乙烯-四氟乙烯共聚物（ETFE）。ETFE是最强韧的氟塑料，它在保持聚四氟乙烯良好的耐热、耐化学性能和电绝缘性能的同时改善了耐辐射和力学性能，拉伸强度可达到50MPa，接近聚四氟乙烯的2倍，同时具有良好的保温性和自洁能力，是透明建筑结构中品质优越的高分子材料。

$$\left[\begin{array}{cccc} H & H & F & F \\ | & | & | & | \\ -C- & C- & C- & C- \\ | & | & | & | \\ H & H & F & F \end{array}\right]_n$$

乙烯-四氟乙烯共聚物(ETFE)

乙烯-四氟乙烯共聚物原料之一的四氟乙烯，是一种重要的卤代烃原料，主要用于制造新型的耐热塑料、工程塑料、灭火剂和抑雾剂。

$$CF_2{=}CF_2$$

四氟乙烯

## 一、认识卤代烃

### 1. 卤代烃的化学式

卤代烃可以看作是烃分子中的氢原子被卤素（氟、氯、溴、碘）取代的产物。

$$R{-}X, X{=}Cl、Br、I、F$$

根据烃基的不同，分为脂肪族卤代烃（饱和的与不饱和的）、芳香族卤代烃等。

| $CH_3CH_2CH_2Br$ | $CH_2{=}CHCH_2Br$ | 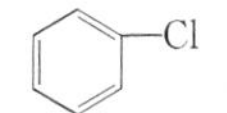 |
|---|---|---|
| 饱和卤代烃 | 不饱和卤代烃 | 卤代芳烃 |

按分子中所含的卤原子数目又可分为一卤代烃和多卤代烃。

一卤代烃：$CH_3Cl$　　$C_6H_5Br$

多卤代烃：$ClCH_2CH_2Cl$　　$CH_2Br_2$　　$CHI_3$

按与卤原子直接相连的碳原子的类型不同，分为一级卤代烃、二级卤代烃、三级卤代烃。

$CH_3—CH_2—CH_2—CH_2—Cl$ 1-氯丁烷（一级卤代烷），正丁基氯

2-氯丁烷（二级卤代烷）

2-甲基-2-氯丙烷（三级卤代烷），叔丁基氯

### 2. 卤代烃的命名

卤代烃多以相应的烃为母体，将卤原子当作取代基来命名。

（1）普通命名

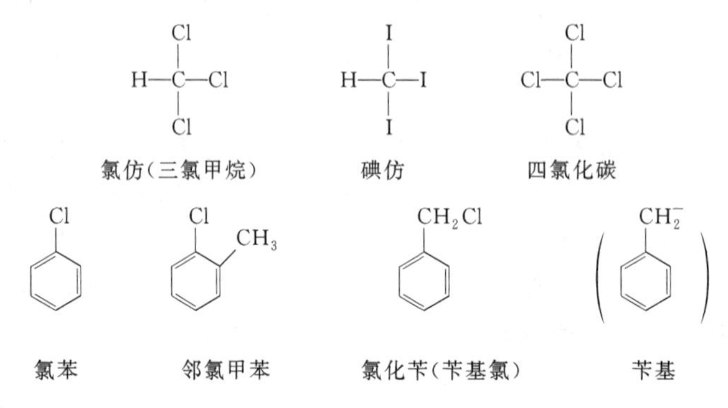


氯仿（三氯甲烷）　碘仿　四氯化碳

氯苯　邻氯甲苯　氯化苄（苄基氯）　苄基

（2）系统命名

① 脂肪族卤代烃　选择连有卤原子的最长碳链作为主链，将卤原子及支链看作取代基，其排列次序按次序规则，较优基团后列出，如：

2-甲基-4-溴戊烷

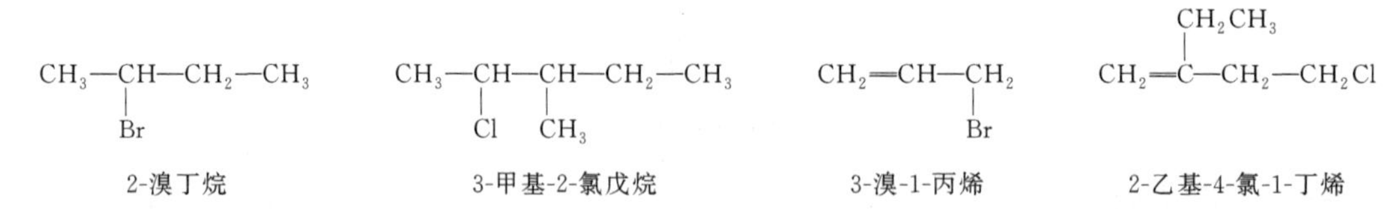


2-溴丁烷　3-甲基-2-氯戊烷　3-溴-1-丙烯　2-乙基-4-氯-1-丁烯

② 芳香族卤代烃　以芳香烃作为母体，卤原子为取代基。用“邻、间、对”或阿拉伯数字表示取代基的次位。

溴苯　2-溴甲苯（邻溴甲苯）

当卤原子连在苯环侧链时，以烷烃为母体，卤原子和芳基作为取代基。

1-苯基-2-氯乙烷

## 二、卤代烃的结构和性质

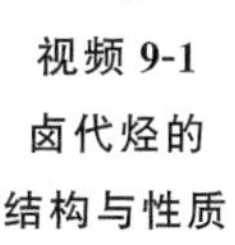

视频 9-1
卤代烃的
结构与性质

### 1. 卤代烃的结构

卤代烃的许多化学性质是由官能团卤素决定的，由于卤原子的电负性大于碳原子，因此 C—X 键是极性共价键。

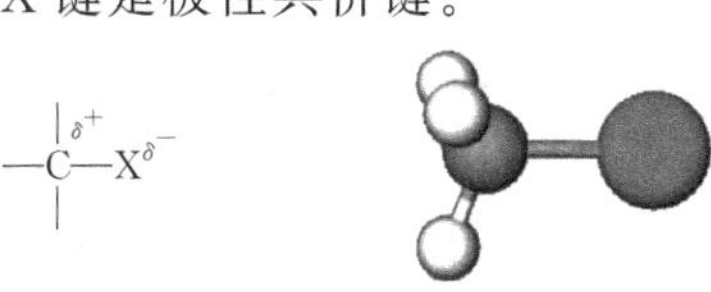


化学结构　　　3D 模型

与 C—C 键或 C—H 键比较，C—X 键在化学过程中具有更大的可极化度，随着卤素电负性的增大，C—X 键的极性也增大。

### 2. 卤代烃的物理性质

除 $CH_3Cl$、$CH_3Br$、$CH_3CH_2Cl$、$CH_2{=}CHCl$ 等少数卤代烃在室温下为气体外，大多数卤代烃为液体。溴代烃、碘代烃及多卤代烃的相对密度都大于 1，不溶于水，但可与烃类混溶，能够溶解许多弱极性或非极性有机物。如 $CH_2Cl_2$、$CHCl_3$ 和 $CCl_4$ 都是常用的有机溶剂，可用作动物脂肪类物质的提取剂。卤代烃蒸气有毒，特别是含偶数碳原子的氟代烃有剧毒，使用时应注意安全。卤代烃的物理性质见表 9-1。

表 9-1　卤代烃的物理性质

| 名称 | 化学式 | 熔点/℃ | 沸点/℃ | 密度/($g/cm^3$) |
| --- | --- | --- | --- | --- |
| 氯甲烷 | $CH_3Cl$ | −97.1 | −24.2 | 0.9159 |
| 溴甲烷 | $CH_3Br$ | −93.6 | 3.6 | 1.6755 |
| 碘甲烷 | $CH_3I$ | −66.4 | 42.4 | 2.2790 |
| 二氯甲烷 | $CH_2Cl_2$ | −95.1 | 40.0 | 1.3266 |
| 三氯甲烷 | $CHCl_3$ | −63.5 | 61.7 | 1.4832 |
| 四氯化碳 | $CCl_4$ | −23.0 | 76.5 | 1.5940 |
| 氯乙烷 | $CH_3CH_2Cl$ | −136.4 | 12.3 | 0.8978 |
| 溴乙烷 | $CH_3CH_2Br$ | −118.6 | 38.4 | 1.4604 |
| 碘乙烷 | $CH_3CH_2I$ | −108.0 | 72.3 | 1.9358 |
| 1-氯丙烷 | $CH_3CH_2CH_2Cl$ | −122.8 | 46.6 | 0.8909 |
| 2-氯丙烷 | $CH_3CHClCH_3$ | −117.2 | 35.7 | 0.8617 |

### 3. 卤代烃的化学性质

卤代烃中的卤原子比较活泼，易被其他原子或基团取代而转化成多种有机物或金属有机物，是有机合成中极为有用的一类化合物。

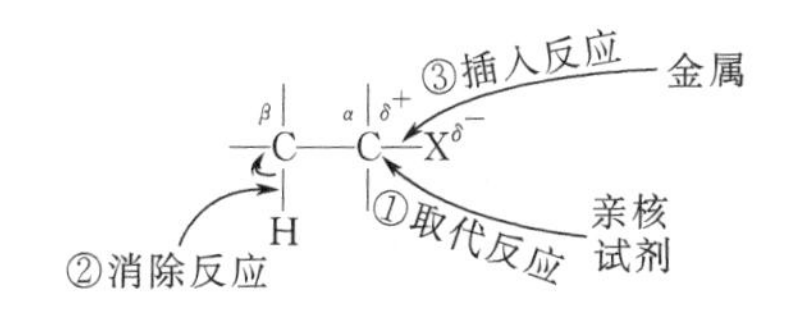

（1）亲核取代反应

卤原子的电负性都大于碳，所以 C—X 之间的共用电子对偏向卤原子，使得碳原子带有微量正电荷。因此，与卤原子相连的 $\alpha$-碳原子就容易受到亲核试剂或负离子进攻。卤原子带走共用电子对，以负离子形式离开。碳原子与亲核试剂上的一对电子形成新的共价键，如：

$$\underset{\text{亲核试剂}}{Nu^{-}:} + R-\overset{|}{\underset{|}{C}}{}^{\delta+}\rightarrow X^{\delta-} \longrightarrow R-\overset{|}{\underset{|}{C}}:Nu + X^{-}$$

这类反应是由于亲核试剂的进攻而发生的，因此称为亲核取代反应。

常见的亲核取代反应如下：

$$R-X \begin{cases} \xrightarrow{NaOH/H_2O} \underset{\text{醇}}{R-OH} + NaX & \text{水解反应(威廉姆逊合成法)} \\ \xrightarrow{NaR'} \underset{\text{醚}}{R-OR'} + NaX & \text{醇解反应} \\ \xrightarrow{NaCN/\text{醇}} \underset{\text{腈}}{R-CN} + NaX & \text{氰解反应} \\ \xrightarrow{NH_3} \underset{\text{胺}}{R-NH_2} + HX & \text{氨解反应} \\ \xrightarrow{AgNO_3/\text{醇}} \underset{\text{酯}}{R-ONO_2} + AgX\downarrow & \text{与硝酸银反应} \end{cases}$$

① 被羟基取代　卤代烷与 NaOH 或 KOH 的水溶液共热，卤原子被羟基（—OH）取代生成醇，该反应称为卤代烷的水解。

$$R-X + OH^{-} \xrightarrow{\triangle} R-OH + X^{-}$$

**【例】** 1-苯基-2-氯乙烷的水解

$$C_6H_5-CH_2CH_2Cl \xrightarrow[H_2O]{NaOH} C_6H_5-CH_2CH_2OH + NaCl$$

② 被氨基取代　卤代烷与氨作用，卤原子可被氨基（$-NH_2$）取代生成胺。由于生成的胺是有机碱，它与反应中产生的氢卤酸作用生成盐，所以产物应为胺的盐，即 $RNH_3^+X^-$ 或改写为 $RNH_2 \cdot HX$。

$$R-X + NH_3 \longrightarrow R-NH_2 + HX$$

**【例】** 氯乙烷的氨解

$$H_3C-CH_2-Cl + NH_3 \longrightarrow H_3C-CH_2-NH_2 + HCl$$

③ 被氰基取代　卤代烷与氰化钠（或氰化钾）的醇溶液共热，卤原子被氰基（—CN）取代生成腈。生成的腈比反应物 RX 分子多一个碳原子，这是有机合成中增长碳链的方法之一。

$$R-X + NaCN \xrightarrow{\text{醇}} R-CN + NaX$$

**【例】** 2-氯丙烷与氰化钠反应

$$H_3C-\underset{\underset{CH_3}{|}}{CH}Cl + NaCN \xrightarrow{\text{醇}} H_3C-\underset{\underset{CH_3}{|}}{CH}-CN + NaCl$$

④ 与硝酸银作用　不同结构卤代烃中卤原子的活泼性不同，可根据反应产生卤化银沉淀的速度来推测卤代烃的结构类型。

$$R-X + AgNO_3 \xrightarrow{C_2H_5OH} R-ONO_2 + AgX\downarrow$$

当烃基相同而卤原子不同，活性顺序为：

碘代烃>溴代烃>氯代烃

（2）消除反应

卤代烷在碱的醇溶液中加热，脱去一分子卤化氢形成烯烃。这种从一个分子中脱去小分子，如 HX、$H_2O$ 等，同时产生 C═C 双键的反应，叫消除反应。

反应通常在强碱（如 NaOH、KOH、NaOR、$NaNH_2$ 等）及极性较小的溶剂（如乙醇）中进行。

$$R-\underset{H}{\overset{H}{\underset{|}{\overset{|}{C}}}}{}_{\beta}-\underset{X}{\overset{H}{\underset{|}{\overset{|}{C}}}}{}_{\alpha}-H \xrightarrow[\triangle]{KOH/醇} R-CH{=}CH_2 + KX + H_2O$$

由以上反应式可以看出，卤代烷分子中在 $\beta$-碳原子上必须要有氢原子时才能进行消除反应。这个反应是向分子中引入 C═C 双键的方法之一。

仲或叔卤代烷脱卤化氢时，主要从与连有卤素的碳原子相邻的含氢较少的碳原子上脱去氢，这叫作扎伊采夫（Zaitsev）规则。

**【例】** 2-溴丁烷的消除反应

$$\underset{\text{2-溴丁烷}}{CH_3CH_2\underset{\underset{Br}{|}}{C}HCH_3} \xrightarrow[C_2H_5OH,\triangle]{NaOC_2H_5} \underset{\substack{69\%\\ \text{2-丁烯}}}{CH_3CH{=}CHCH_3} + \underset{\substack{31\%\\ \text{1-丁烯}}}{CH_3CH_2CH{=}CH_2} + NaBr + HOC_2H_5$$

卤代烷的水解和消除反应都是在碱性条件下进行的，当卤代烷水解时不可避免地会有消除产物生成，当卤代烷消除时也会不可避免地有水解产物生成，取代和水解两种反应相互竞争。实验证明，强极性溶剂有利于取代反应，弱极性溶剂有利于消除反应，所以卤代烷在碱性水溶液中主要是水解反应，在碱性醇溶液中主要是消除反应。

（3）与金属镁作用

卤代烃能与一些金属直接反应，产物的结构特征是碳原子与金属原子直接结合，这类化合物称为金属有机化合物。卤代烃与金属镁反应生成的有机镁化合物（烷基卤化镁）被称为格利尼亚（Grignard）试剂，简称格氏试剂。格氏试剂是金属有机化合物中最重要的一类化合物，在有机合成中有非常重要的应用。

格氏试剂是由卤代烷与金属镁在无水乙醚中反应得到的。制备格氏试剂必须用无水乙醚，仪器绝对干燥，反应最好在氮气保护下进行，以避免其与空气接触。这是因为格氏试剂容易被水分解，可与氧气及二氧化碳发生反应。

$$R-X + Mg \xrightarrow{醚} R-Mg-X$$

**【例】** 溴乙烷制备格氏试剂

$$CH_3CH_2Br + Mg \xrightarrow{无水乙醚} \underset{\text{乙基溴化镁}}{CH_3CH_2MgBr}$$

## 三、卤代烃的典型产品

### 1. 重要的卤代烃

（1）三氯甲烷（$CHCl_3$）

三氯甲烷俗名氯仿，为无色液体，沸点 61.7℃，不易燃，不溶于水，密度比水大，能溶解多种有机物，是常用的有机溶剂之一。氯仿有香甜气味，有麻醉性，曾被用作外科手术麻醉剂。氯仿在光照下被空气中氧气氧化生成剧毒的光气，所以氯仿应保存在棕色瓶中，并且放在阴凉处。

（2）四氯化碳（$CCl_4$）

四氯化碳为无色液体，沸点 76.5℃，密度比水大，不溶于水，能溶解多种有机物，是常用的有机溶剂。四氯化碳容易挥发，它的蒸气密度比空气大，不燃烧，所以是常用的灭火剂，但在灭火时因高温而常产生光气，故必须注意及时通风。四氯化碳与金属钠在温度较高时能猛烈反应以致爆炸，所以金属钠着火时不能用它灭火。

（3）四氟乙烯（$CF_2{=}CF_2$）

四氟乙烯在常温下为无色气体，沸点−76.3℃，在催化剂作用下可聚合成聚四氟乙烯。

$$n\,CF_2{=}CF_2 \xrightarrow{\text{过氧化物}} \left[\!-CF_2-CF_2-\!\right]_n$$

聚四氟乙烯（PTFE）是一种非常稳定的塑料，可在−100～300℃范围内使用，机械强度高，耐高温、浓酸、浓碱、氟和王水等，制成的塑料有“塑料王”之称，商品名为“特氟隆”。PTFE 可用于制造耐化学腐蚀的仪器部件、密封用的生料带等以及炊事用具的“不粘”内衬。聚四氟乙烯的摩擦系数极低，所以可作润滑作用之余，亦成为易清洁水管内层的理想涂料。

冬奥会滑雪服采用高性能聚四氟乙烯（PTFE）成分的微孔薄膜（e-PTFE），具有优异的耐化学腐蚀、抗老化、绝缘和阻燃性能，能够有效阻挡液态水和固体粉尘穿过，具有优异的防水防尘功能，而且高孔隙又能让空气和水蒸气分子顺利通过，具有良好的“防水透气”功能。滑雪服中使用这种薄膜，运动员轻装上阵，不仅可以及时将运动员的汗气排出，还能拒雪水及寒风于外，帮助运动员赛出水平与风采。

**2. 氯乙烯和聚氯乙烯**

氯乙烯由石油炼厂气中的乙烯经过与氯加成后再脱氯化氢制得。

$$CH_2{=}CH_2 + Cl_2 \longrightarrow \underset{Cl}{CH_2}-\underset{Cl}{CH_2} \xrightarrow{NaOH} CH_2{=}CHCl$$

氯乙烯的主要用途是制备聚氯乙烯。

$$n\,CH_2{=}CHCl \xrightarrow[\text{压力}]{\text{温度}} \left[\!-\overset{H_2}{C}-\underset{Cl}{\overset{H}{C}}-\!\right]_n$$

聚氯乙烯（PVC）的侧基是氯原子，属极性基团，聚氯乙烯塑料不耐有机溶剂。PVC 分子链受热、光、氧等作用发生脱 HCl 反应形成长共轭多烯结构，导致 PVC 降解、变色（黄变），因此 PVC 树脂在加工及应用过程需考虑其降解和稳定。

聚氯乙烯是目前我国产量最大的一种塑料。加入不同的增塑剂，可制成硬聚氯乙烯及软聚氯乙烯。前者可以制成薄板、管、棒等；后者可制成薄膜制品或纤维，在工农业及日常生活中用途极广。

聚氯乙烯纤维称为氯纶，氯纶的化学稳定性好，耐酸、耐碱性优良，弹性和耐磨性均优于棉。氯纶具有难燃性，离开火焰自行熄灭，并且耐晒、保暖性较好。氯纶主要用于制作各种针织内衣、绒线、毯子、渔网、绳索以及工作服、绝缘布、安全帐幕等。其缺点是耐热性较差，只适宜在 40～50℃甚至更低温度下使用；染色性能也差，对染料的选择范围较窄，一般常用分散染料染色。

# 项目二 糖

**【案例导入】我国纤维素行业领航人——张俐娜院士**

纤维素是传统塑料的替代品之一，目前纤维素及其衍生产品主要用在包装、涂层、生物医学、废水处理、能源和电子等领域。

在我国纤维素领域，有这样一位科研界泰斗，曾凭借“水体系低温溶解纤维素技术”的发明荣获美国化学会2011年安塞姆·佩恩奖，成为半个世纪以来获得该奖项的首位中国人，其开创的一系列无毒、低成本的“绿色溶剂”被国际上评价为“纤维素加工技术的里程碑”。她就是我国纤维素行业领航人、武汉大学首位女院士——张俐娜院士。

张俐娜是一个心怀国家、心怀天下的开创者，为推动中国和全球的绿色发展呕心沥血。纤维素和甲壳素是世界上排名前两位的天然高分子材料，但它们很难溶解，也无法熔融加工，如何开发利用堪称世界难题。张俐娜团队夜以继日、奋力拼搏12年，终于发现纤维素和甲壳素可以在水、尿素和氢氧化钠的混合溶液里低温下溶解。这个简便易行的水溶剂低温溶解方法，使得各式各样纤维素基新材料被相继开发出来，并发挥优良性能和各种功能，敲开了纤维素科学基础研究通往纤维素材料工业的大门，为我国化学学科特别是高分子物理与天然高分子材料领域的研究和发展做出了卓越贡献。

## 一、认识糖类化合物

糖类化合物是一类重要的天然有机化合物，对于维持动植物的生命活动起着重要的作用，广泛存在于各种植物的种子、茎、秆/杆、叶等，如棉花、木材、甘蔗和甜菜等。糖类化合物是纺织、造纸、发酵、食品等工业的重要原料。

### 1. 糖类化合物的化学式

糖类化合物是指多羟基醛或多羟基酮以及水解后能生成多羟基醛或多羟基酮的一类化合物。例如，葡萄糖是多羟基醛、果糖是多羟基酮、蔗糖水解生成葡萄糖和果糖、淀粉和纤维素也能水解生成葡萄糖。

### 2. 糖类化合物的分类

根据糖类化合物的结构，可将其分成三大类。

（1）单糖

单糖是不能再水解为更小分子的多羟基醛和多羟基酮的有机化合物，如葡萄糖、果糖等。单糖一般为无色晶体，具有甜味，能溶于水。

（2）低聚糖

低聚糖是指能水解为2～10个单糖结构的缩合物，也叫寡糖。水解后可生成两分子单糖的是二糖，如蔗糖、麦芽糖等。低聚糖一般也是晶体，具有甜味，易溶于水。

（3）多糖

多糖又称多聚糖，是指水解后能生成10个以上分子单糖的化合物，如淀粉、纤维素等。天然多糖一般由100～300个单糖单元构成。多糖大多是无定形固体，没有甜味，难溶于水。

## 二、糖类化合物的结构和性质

### 1. 糖类化合物的结构

（1）单糖的结构

从结构上，分子中含有醛基的单糖称为醛糖，分子中含有酮基的单糖称为酮糖。

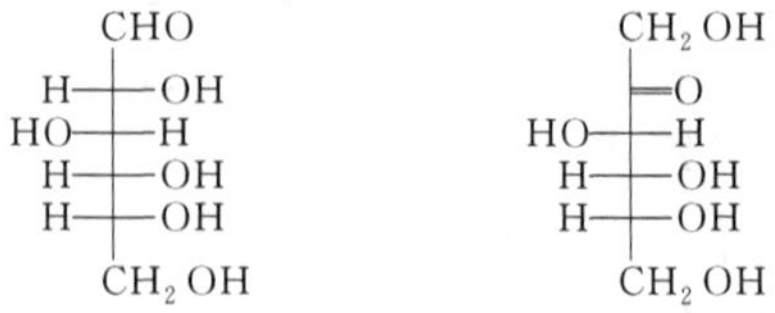

CHO
H—OH
HO—H
H—OH
H—OH
$CH_2OH$

葡萄糖（多羟基醛）

$CH_2OH$
=O
HO—H
H—OH
H—OH
$CH_2OH$

果糖（多羟基酮）

（2）二糖的结构

二糖是一种低聚糖，可以看成是两分子相同或不相同的单糖通过脱水缩聚而形成的糖苷。

① 蔗糖　蔗糖的化学式为 $C_{12}H_{22}O_{11}$，蔗糖是葡萄糖和果糖以1,2-苷键连接而成的二糖，在酸或酶的催化作用下可水解生成一分子的葡萄糖和一分子的果糖，其结构式如下：

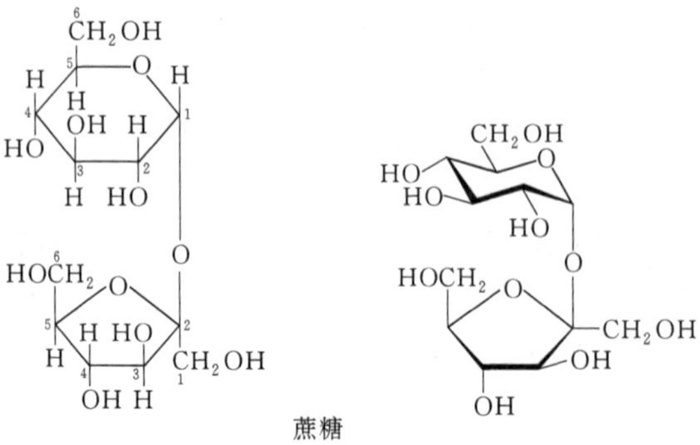

$CH_2OH$ O H H H OH H HO H HO O $HOCH_2$ O H HO H $CH_2OH$ OH H

$CH_2OH$ O HO HO HO O $HOCH_2$ O $CH_2OH$ OH OH

蔗糖

② 麦芽糖　麦芽糖的化学式为 $C_{12}H_{22}O_{11}$，麦芽糖是两分子葡萄糖以1,4-苷键连接的缩水产物，其结构式如下：

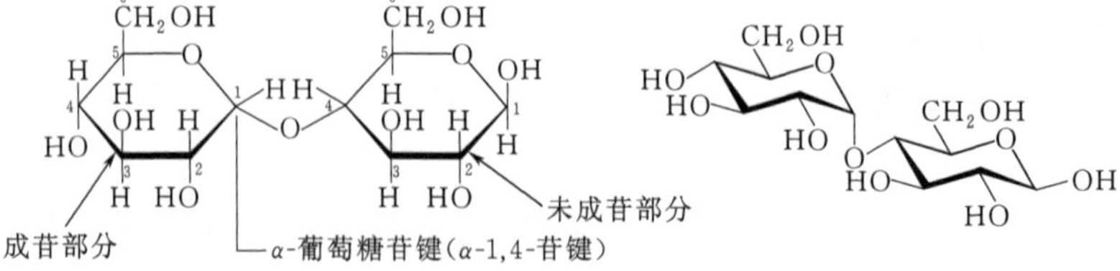

$CH_2OH$ O H H OH H HO H HO H H O $CH_2OH$ O OH H OH H H H HO

成苷部分　α-葡萄糖苷键（α-1,4-苷键）　未成苷部分

$CH_2OH$ O HO HO HO O $CH_2OH$ O HO OH HO

麦芽糖

（3）多糖的结构

多糖由数百至数千个单糖的半缩醛羟基和醇羟基缩合脱水而成，经完全水解后能得到单糖。多糖的理化性质与单糖、二糖均不相同。多糖一般不溶于水，个别多糖能与水形成胶体溶液。多糖没有甜味，没有变旋现象，无还原性，也无成脎反应。

① 淀粉　直链淀粉是由200～980个葡萄糖通过α-1,4-苷键结合而成的链状化合物，平

均分子量为3万～165万，结构式如下：

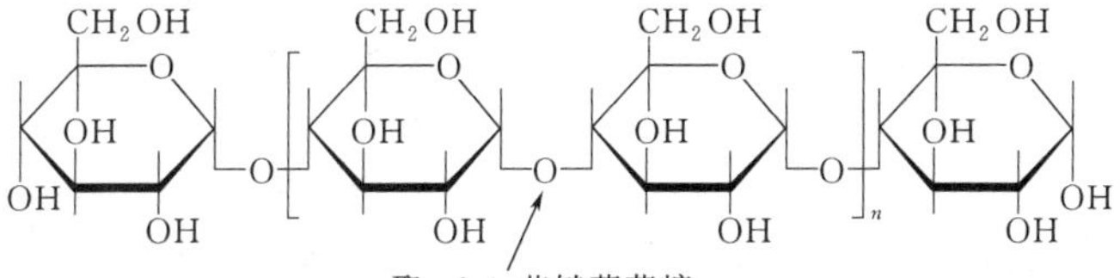

聚α-1,4-苷键葡萄糖

分子量在2万～200万，即含120～1200个葡萄糖单元

支链淀粉的结构特点是葡萄糖不但以α-1,4-苷键连接成直链，而且还以α-1,6-苷键连接成支链。支链淀粉含有600～6000个葡萄糖单位，不溶于水，但能吸水膨胀，遇碘产生紫红色。其结构式如下：

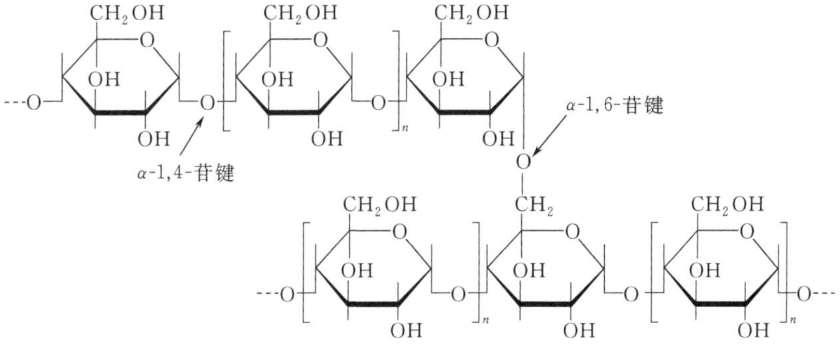

α-1,6-苷键

α-1,4-苷键

② 纤维素　纤维素分子是由成千上万个葡萄糖通过β-1,4-苷键连接而成的线形分子，其分子结构如下：

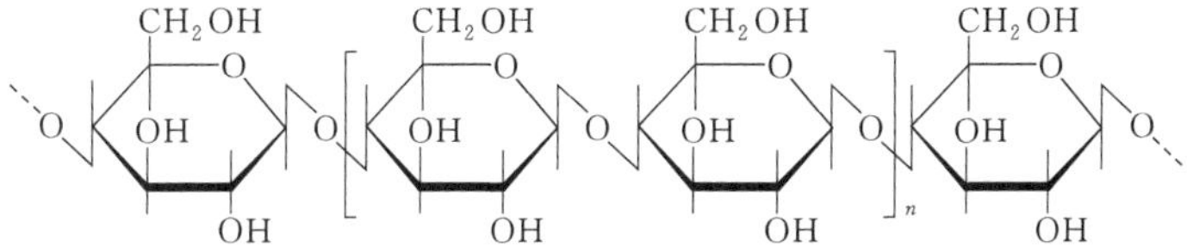

## 2. 糖类化合物的性质

(1) 单糖的性质

单糖是无色的结晶，有甜味，易溶于水，溶于乙醇，难溶于乙醚和非极性有机溶剂。

单糖分子中含有羟基，具有醇的性质；含有羰基，具有醛、酮的性质。由于羟基和羰基的相互影响，又使其具有其他特殊的性质。

① 氧化反应　单糖可被多种氧化剂氧化，表现出还原性。所用氧化剂不同，氧化产物不同。葡萄糖被氧化性较弱的溴水氧化成葡萄糖酸；用强氧化剂硝酸氧化，则可得葡萄糖二酸。

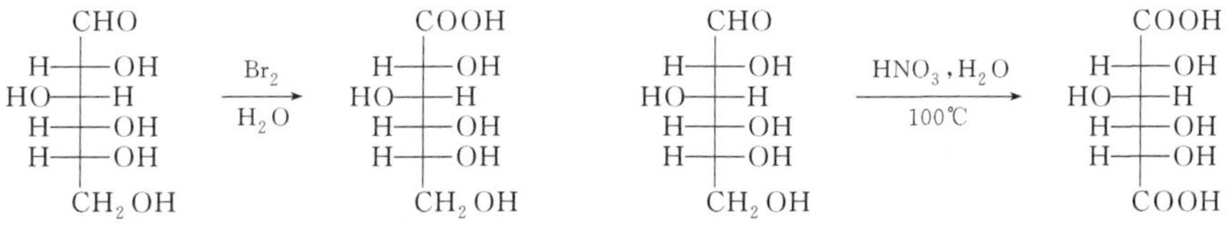

D-葡萄糖 $\xrightarrow[H_2O]{Br_2}$ D-葡萄糖酸

D-葡萄糖 $\xrightarrow[100℃]{HNO_3, H_2O}$ D-葡萄糖二酸

斐林试剂和托伦试剂是常用的碱性弱氧化剂，它们可使醛和α-羟基酮类化合物氧化，

分别生成砖红色的氧化亚铜沉淀和金属银，可用于单糖的鉴别。

$$\underset{\text{葡萄糖或果糖}}{C_6H_{12}O_6} + Ag(NH_3)_2^+OH^- \longrightarrow \underset{\text{葡萄糖酸}}{C_6H_{12}O_7} + Ag\downarrow$$

$$C_6H_{12}O_6 + Cu(OH)_2 \longrightarrow C_6H_{12}O_7 + \underset{\text{砖红色沉淀}}{Cu_2O\downarrow}$$

② 还原反应　用还原剂（如钠汞齐或硼氢化钠）或催化加氢的方法均可以将单糖还原成糖醇。

CHO—$(CHOH)_n$—$CH_2OH$ $\xrightarrow{H_2/Pt}$ $CH_2OH$—$(CHOH)_n$—$CH_2OH$（糖醇）

**【例】** 山梨糖醇的制备。山梨糖醇主要用于合成维生素 C，也是非离子表面活性剂的一个重要原料。

D-葡萄糖 $\xrightarrow[Ni,\triangle]{H_2}$ D-葡萄糖醇（D-山梨糖醇）

D-葡萄糖：CHO；H—C—OH；HO—C—H；H—C—OH；H—C—OH；$CH_2OH$

D-葡萄糖醇 / D-山梨糖醇：$CH_2OH$；H—C—OH；HO—C—H；H—C—OH；H—C—OH；$CH_2OH$

③ 成脎反应　单糖与过量的苯肼一起加热反应，生成糖脎。糖脎为不溶于水的黄色晶体，不同的糖形成的脎结晶形状不同，熔点不同，其反应速度与析出脎的时间也不相同，因此成脎反应常用于糖的鉴别和糖的分离。

D-(＋)-葡萄糖（CH=O；H—C—OH；HO—C—H；H—C—OH；H—C—OH；$CH_2OH$）$\xrightarrow{3C_6H_5NH-NH_2}$ D-葡萄糖脎（$CH=N-NH-C_6H_5$；$C=N-NH-C_6H_5$；HO—C—H；H—C—OH；H—C—OH；$CH_2OH$）$+C_6H_5NH_2+NH_3+H_2O$

D-(－)-果糖（$CH_2OH$；C=O；HO—C—H；H—C—OH；H—C—OH；$CH_2OH$）$\xrightarrow{3C_6H_5NH-NH_2}$ D-果糖脎（葡萄糖脎）（$CH=N-NH-C_6H_5$；$C=N-NH-C_6H_5$；HO—C—H；H—C—OH；H—C—OH；$CH_2OH$）$+C_6H_5NH_2+NH_3+H_2O$

④ 成酯反应　单糖的环状结构中所有羟基都可发生酯化反应。

（吡喃葡萄糖环状结构，$CH_2OH$、OH）$\xrightarrow[\text{吡啶}]{(CH_3CO)_2O}$（$CH_2OCOCH_3$，各羟基均变为 $OCOCH_3$）

(2) 二糖的性质

二糖是由两分子的单糖通过苷键连接而成的低聚糖，其物理性质与单糖相似，能形成晶体，易溶于水并有甜味。形成二糖的两分子单糖之间的苷键有两种方式：一种是一分子单糖的苷羟基与另一分子单糖的醇羟基脱水结合，形成的二糖中仍然有苷羟基存在，如麦芽糖、纤维二糖等，这类糖具有单糖的性质，能与苯肼、托伦试剂、斐林试剂发生反应，称为还原性二糖；第二种是两个单糖都以苷羟基脱水结合，形成的二糖中不存在苷羟基，不能与苯肼作用，不能被托伦试剂、斐林试剂氧化，为非还原性二糖，如蔗糖。

（3）多糖的性质

多糖是由数百至数千个单糖通过苷键结合而成的天然高分子化合物。多糖水解只生成一种单糖的称为同多糖，水解生成两种或两种以上单糖的称为杂多糖。植物的骨架、昆虫的甲壳、植物的黏液、树胶等都是由多糖组成的，同时为植物和动物的生命活动提供营养成分。多糖中最重要的是淀粉和纤维素。多糖没有甜味，大多不溶于水。多糖的末端含有苷羟基，但苷羟基的比例很小，因此多糖没有还原性和变旋现象。

## 三、纤维素

纤维素是植物中分布最广、含量最多的物质之一，是植物骨架和细胞的主要成分。由纤维素组成的纺织纤维是纺织工业的重要原料之一。工业上使用的纤维素纤维因来源不同，所含纤维素的量是不同的，如来自植物种子的棉花含纤维素 92%～95%，而来自苎麻、亚麻等韧皮的麻类纤维则含纤维素 65%～75%。

### 1. 纤维素的结构

纤维素由 10000～15000 个葡萄糖单元组成，分子量 100 万～200 万，是直链的天然高分子。

纤维素中的葡萄糖单元上有三个自由羟基，其中两个是 2-C 和 3-C 上的仲羟基，另一个是存在于 6-C 上的伯羟基，而且大分子中存在着 $\beta$-1,4-苷键。纤维素的化学性质取决于纤维素这种结构，可发生两类反应，分别是羟基和苷键上的化学反应。

纤维素长链之间存在着范德华力和氢键。纤维素分子的链与链之间便像麻绳一样扭在一起，形成绳索状的纤维束（图 9-1），这使得纤维素具有良好的机械强度和化学稳定性。

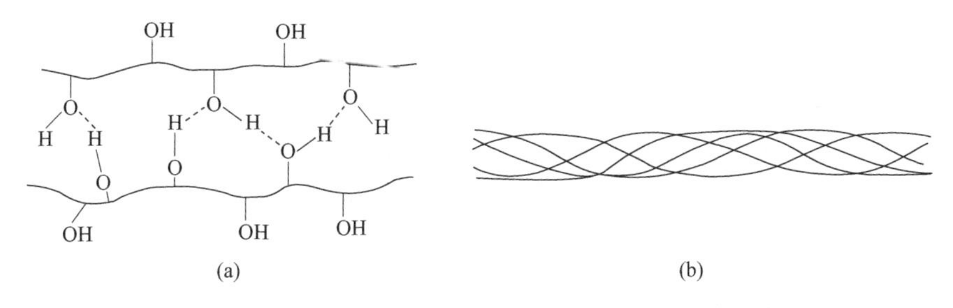


图 9-1 纤维素分子间形成氢键的情况和纤维素胶束示意图

### 2. 纤维素的物理性质

(1) 吸水性能

纯粹的纤维素为白色纤维状晶体，不溶于水和有机溶剂，但能吸水膨胀。这是由于水分子进入胶束的纤维素分子之间并通过氢键维系纤维素胶束不分解。因此纤维素虽然不溶于水，但能够从空气中吸收水汽或吸附液态水，具有较好的吸湿性。脱脂棉吸附液态水的质量最高可达干纤维本身质量的 8 倍以上，该性质使得脱脂棉在医药领域得到广泛应用。

(2) 溶解性能

铜氨溶液［$Cu(NH_3)_4(OH)_2$，$CuSO_4$ 溶于 20%的氨水溶液］是纤维素的良好溶剂，纤维素分子中的 2-C 和 3-C 上的两个仲羟基可与铜氨溶液作用，形成络合物而溶解。纤维素的铜氨溶液遇酸后又可重新析出纤维素。铜氨纤维就是将松散的棉短绒等天然纤维素材料溶解在铜氨溶液中配成纺丝原液，然后通过铜氨工艺得到的再生纤维素纤维。

### 3. 纤维素的化学性质

(1) 与酸作用

纤维素易水解，酸使纤维素大分子链上的 $\beta$-1,4-苷键发生水解而断裂，分子量降低。

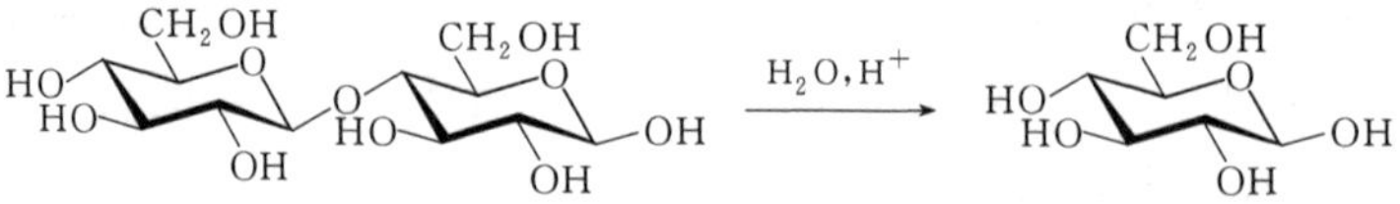

强酸滴在棉织物上，织物很快就发脆而破损，就是因为纤维素遇酸水解的缘故。水解程度越大，纤维的强度就越低。羊毛初步加工中的“炭化”工艺，就是利用硫酸处理含有植物性杂草的羊毛，使酸与杂草发生水解作用将其除去，而羊毛耐酸，在这一过程中不会受太大损伤。

(2) 与碱作用

纤维素分子中的苷键结构对酸敏感，不稳定，但由于其类似醚的结构，对碱比较稳定。但是足够浓度的碱液能与纤维素分子中的羟基反应，生成碱纤维素。

$$[C_6H_7O_2(OH)_3]_n + nNaOH \longrightarrow \underset{\text{碱纤维素}}{[C_6H_7O_2(OH)_2ONa]_n} + nH_2O$$

在碱作用下，棉纤维发生膨胀，截面变圆，长度缩短，天然扭曲消失。因此，在印染加工中常用浓碱且在一定张力下对棉织物进行拉伸处理，可使棉织物光泽明显增强、富有弹性、拉伸强度提高、染料吸附能力增强、呈现丝一般的光泽，此过程称为棉纤维的丝光。

(3) 酯化反应

纤维素大分子中每个葡萄糖单元上有三个醇羟基，可看作是多元醇，能进行醇能发生的化学反应，如酯化反应和醚化反应。

利用纤维素的酯化反应对棉织物进行化学整理，能显著改善纤维素的性能，并且制造出许多新的具有独特风格和用途的产品，从而扩展纤维素的用途。

① 硝化反应　纤维素与浓硫酸、浓硝酸作用后，生成纤维素硝酸酯，即硝化纤维，也称硝化棉，硝化棉的用途如表 9-2 所示。

$$[C_6H_7O_2(OH)_3]_n + 3nHNO_3 \xrightarrow{\text{浓 } H_2SO_4} [C_6H_7O_2(ONO_2)_3]_n + 3nH_2O$$

该反应式表示纤维素分子中的每个葡萄糖单元上的三个羟基都被酯化，此时分子中的含氮量为 14.14%。但实际反应中羟基不可能被全部酯化，酯化度随着硝化条件的不同而不同，用含氮量表示硝化纤维的酯化度。

表 9-2 硝化棉的用途

| 平均每个葡萄糖单元的羟基酯化数量/个 | 含氮量/% | 产品名称 | 用途 |
|---|---|---|---|
| 2.5～2.7 | 12.5～13.6 | 高氮硝化纤维（火棉） | 无烟火药，有爆炸性，可燃 |
| 2.1～2.5 | 10.0～12.5 | 低氮硝化纤维（胶棉） | 塑料、喷漆等，无爆炸性，可燃 |

② 乙酰化反应 纤维素分子中的醇羟基与醋酸酐作用，发生乙酰化反应生成纤维素醋酸酯。

$$[C_6H_7O_2(OH)_3]_n + 3n(CH_3\overset{O}{\overset{\|}{C}})_2O \xrightarrow{H_2SO_4} [C_6H_7O_2(O\overset{O}{\overset{\|}{C}}CH_3)_3]_n + 3nCH_3COOH$$

纤维素三醋酸酯

纤维素三醋酸酯不溶于丙酮，但将其部分水解得纤维素二醋酸酯，则可溶于丙酮和乙醇的混合溶剂中，经处理可制得人造丝及电影胶片。此法制造的醋酯纤维最大的优点是不易燃烧，对光稳定，密度小，耐热性及弹性等均好。

# 项目三 蛋白质

**【案例导入】材料界新网红——蚕丝**

从桑林祈雨、神树扶桑的典故，到驯养家蚕、缫丝织绸的史实，丝绸的故事彰显出中国哲学中“天人合一”的和谐思想。丝绸通过丝绸之路，对华夏衣冠文化乃至全世界人类文明产生深远影响。承载着传承与创新的丝绸文化，凝聚着一代代中国人技术实践和文化创造的智慧。

作为唯一可以量产的天然长丝纤维，蚕丝强韧且具有较好的吸湿性能。伴随着涤纶、氨纶、腈纶等合成纤维的大量制造以及不断变化的市场需求，天然蚕丝并没有因此沉寂，反而在科学家们的“奇思妙想”之下成为材料界的“新星”。复旦大学高分子科学系邵正中教授通过调节蚕丝工艺中的二次纺丝速度来调节蚕丝制品的力学性能，该成果于 2002 年以简讯的形式发表在世界自然科学顶级期刊 *Nature* 上，翻开了中国高分子科学研究全新的一页。2022 年天津大学生命科学学院林志教授团队提出超强人造蚕丝制备新方法，第一次将廉价的普通蚕丝转换成具有超高强度的人造蚕丝，相关成果已发表在国际著名材料学期刊 *Matter* 上。

一款基础材料实现科研突破并实现产业应用，往往带来的是整个产业的新发展赛道。蚕丝的相关研究成果将为我国传统的古老丝绸文化工艺带来新的发展曙光。

## 一、认识氨基酸

### 1. 氨基酸的化学式

分子中含有氨基和羧基的化合物叫氨基酸。绝大多数蛋白质能在酸、碱或酶的作用下完全水解生成 $\alpha$-氨基酸（氨基与羧基连接在同一个 C 上）的混合物。$\alpha$-氨基酸是组成蛋白质的基本结构单元。

### 2. 氨基酸的分类与命名

(1) 氨基酸的分类

根据氨基酸性质和结构的不同，氨基酸可分为芳香族氨基酸和脂肪族氨基酸两大类。

脂肪族氨基酸按照氨基和羧基的相对位置可分为$\alpha$-氨基酸、$\beta$-氨基酸、$\gamma$-氨基酸等。

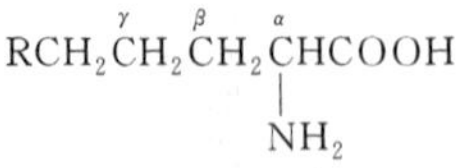

$$RCH_2\overset{\gamma}{C}H_2\overset{\beta}{C}H_2\underset{\underset{NH_2}{|}}{\overset{\alpha}{C}}HCOOH \qquad RCH_2\overset{\gamma}{C}H_2\underset{\underset{NH_2}{|}}{\overset{\beta}{C}}H\overset{\alpha}{C}H_2COOH \qquad RCH_2\underset{\underset{NH_2}{|}}{\overset{\gamma}{C}}H\overset{\beta}{C}H_2\overset{\alpha}{C}H_2COOH$$

$\alpha$-氨基酸　　$\beta$-氨基酸　　$\gamma$-氨基酸

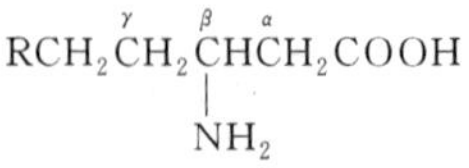

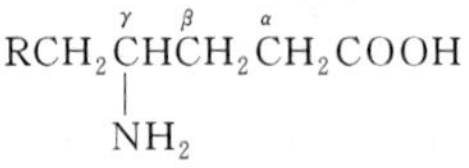

根据分子中所含氨基和羧基数目的不同，氨基酸可分为中性氨基酸（氨基和羧基的数目相同）、酸性氨基酸（羧基的数目多于氨基的数目）和碱性氨基酸（氨基的数目多于羧基的数目）。

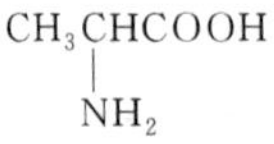

$$CH_3\underset{\underset{NH_2}{|}}{C}HCOOH \qquad HOOCCH_2CH_2\underset{\underset{NH_2}{|}}{C}HCOOH \qquad C_3H_3N_2\text{(咪唑环, N—H)}—CH_2—\overset{\overset{NH_2}{|}}{C}HCOOH$$

中性氨基酸 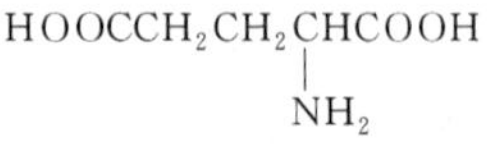　　酸性氨基酸 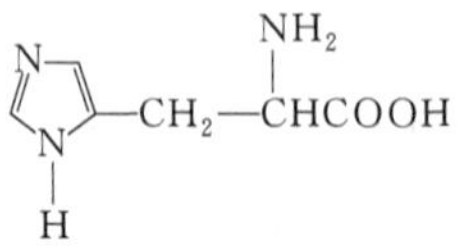　　碱性氨基酸

(2) 氨基酸的命名

氨基酸可以按系统命名法，以羧基为母体、氨基为取代基来命名。

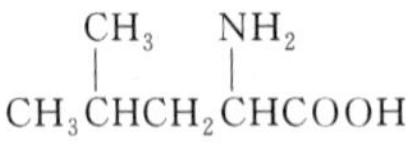

$$CH_3\overset{\overset{CH_3}{|}}{C}HCH_2\overset{\overset{NH_2}{|}}{C}HCOOH \qquad HOCH_2\overset{\overset{NH_2}{|}}{C}HCOOH \qquad HOOCCH_2CH_2\overset{\overset{NH_2}{|}}{C}HCOOH$$

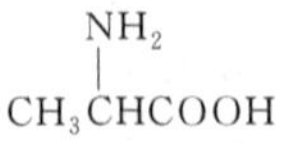

4-甲基-2-氨基戊酸 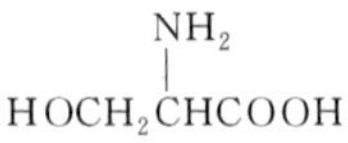　　2-氨基-3-羟基丙酸 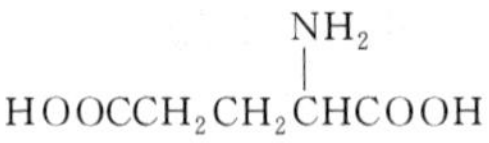　　2-氨基戊二酸

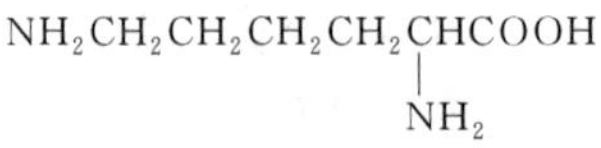

$\alpha$-氨基酸通常按其来源或性质称以俗名。

$$NH_2CH_2COOH \qquad CH_3\overset{\overset{NH_2}{|}}{C}HCOOH$$

$\alpha$-氨基乙酸　　$\alpha$-氨基丙酸

甘氨酸　　丙氨酸

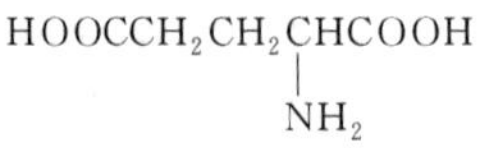

$$HOOCCH_2CH_2\underset{\underset{NH_2}{|}}{C}HCOOH \qquad NH_2CH_2CH_2CH_2CH_2\underset{\underset{NH_2}{|}}{C}HCOOH$$

$\alpha$-氨基戊二酸　　$\alpha,\varepsilon$-二氨基己酸

谷氨酸　　赖氨酸

### 3. 氨基酸的性质

氨基酸分子中含有氨基和羧基，可形成分子间或分子内氢键，具有较高的熔点。大多数氨基酸为高熔点的无色晶体，少数为黏稠液体。大多数氨基酸受热易分解。一般易溶于强酸、强碱，在水中具有一定的溶解度，难溶于非极性溶剂。

氨基酸分子分别具有—$NH_2$和—COOH的性质，如氨基的酰化、烷基化等，羧基的成酯、成酰氯等。此外，氨基酸还有一些特性。

(1) 酸碱性和等电点

氨基酸分子中的酸性羧基和碱性氨基相互作用，形成了内盐。内盐分子中含有正、负离子，也称为偶极离子。

$$R—\overset{\overset{NH_2}{|}}{C}H—COOH \rightleftharpoons R—\overset{\overset{NH_3^+}{|}}{C}H—COO^-$$

在不同的溶液中，氨基酸以偶极离子、正离子、负离子的形式形成一个平衡体系。

$$\underset{\text{负离子}}{\mathrm{R{-}CH(NH_2){-}COO^-}} \underset{OH^-}{\overset{H^+}{\rightleftharpoons}} \underset{\text{偶极离子}}{\mathrm{R{-}CH(NH_3^+){-}COO^-}} \underset{OH^-}{\overset{H^+}{\rightleftharpoons}} \underset{\text{正离子}}{\mathrm{R{-}CH(NH_3^+){-}COOH}}$$

在电场中，不同 pH 值的氨基酸溶液表现出不同的行为。在酸性溶液中主要以正离子的形式存在，会向电场的阴极移动；在碱性溶液中主要以负离子的形式存在，会向阳极移动。当溶液的 pH 值刚好使溶液中的正、负电荷相等时，氨基酸主要以偶极离子的形式存在，不会向阳极或阴极移动，此时溶液的 pH 值就是该氨基酸的等电点，用 pI 表示。不同组成的氨基酸等电点不同，通常中性氨基酸的等电点为 5.0～6.8，酸性氨基酸的等电点为 2.8～3.2，碱性氨基酸的等电点为 7.6～10.8。

在等电点时的氨基酸具有一些特性：

① 等电点是氨基酸的特定常数，可通过测定氨基酸的等电点来鉴别氨基酸；

② 等电点时氨基酸的溶解度最小，利用等电点可分离提取各种不同的氨基酸。

(2) 与亚硝酸的反应

氨基酸中的氨基（伯胺）与亚硝酸反应，生成羟基酸，并定量地放出氮气。

$$\mathrm{R{-}CH(NH_2){-}COOH + HNO_2 \longrightarrow R{-}CH(OH){-}COOH + N_2\uparrow + H_2O}$$

通过测定放出的氮气的量，可以计算出氨基酸分子中氨基的含量。

(3) 脱水反应

氨基酸受热或与脱水剂共热时会发生脱水，脱水产物在酸或碱的催化下，可水解为原来的氨基酸。

分子中氨基和羧基的相对位置不同，产物不同。$\alpha$-氨基酸受热时两分子间的羧基和氨基相互酯化脱水生成交酰胺。$\gamma$-氨基酸和 $\delta$-氨基酸易内脱水生成稳定五元环和六元环的内酰胺。

$$\mathrm{R{-}CH(NH_2){-}COOH + HOOC{-}CH(R){-}NH_2 \xrightarrow{\triangle} \text{交酰胺（2,5-二酮哌嗪环）} + H_2O}$$

交酰胺

$$\mathrm{R{-}CH(NH_2){-}CH_2{-}CH_2{-}COOH \xrightarrow{\triangle} \text{五元环内酰胺}}$$

$\gamma$-丁内酰胺

$$\mathrm{R{-}CH(NH_2){-}CH_2{-}CH_2{-}CH_2{-}COOH \xrightarrow{\triangle} \text{六元环内酰胺}}$$

$\delta$-戊内酰胺

(4) 显色反应

氨基酸（伯胺）能与茚三酮的水合物反应生成蓝紫色的化合物，该反应可用于氨基酸的定性和定量实验。

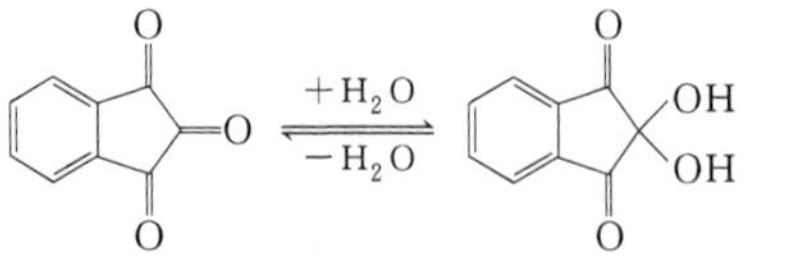

$\xrightleftharpoons[-H_2O]{+H_2O}$

水合茚三酮

$2$ + $R-\underset{NH_2}{CH}-COOH \longrightarrow$

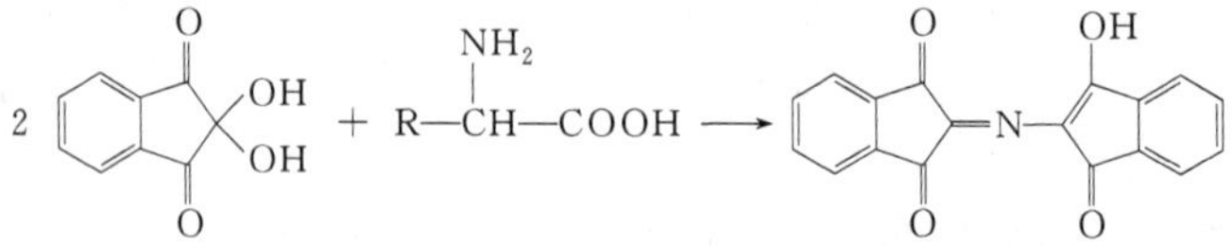

蓝紫色化合物

(5) 肽的形成

一分子 α-氨基酸的氨基和另一分子 α-氨基酸的羟基之间缩水所生成的酰胺化合物称为肽，肽分子中的酰胺键称为肽键，如

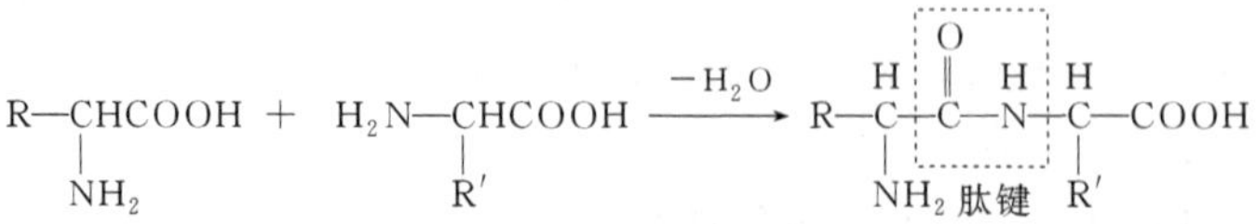

$$R-\underset{NH_2}{CH}COOH + H_2N-\underset{R'}{CH}COOH \xrightarrow{-H_2O} R-\underset{NH_2}{\overset{H}{C}}-\overset{O}{\overset{\|}{C}}-\overset{H}{N}-\underset{R'}{\overset{H}{C}}-COOH$$

肽键

由两个或三个氨基酸形成的肽称为二肽或三肽，由多个氨基酸形成的肽称为多肽。

## 二、认识蛋白质

蛋白质是由许多氨基酸通过酰胺键（肽键）形成的含氮生物高分子化合物，在有机体内承担着各种生理作用和机械功能。

### 1. 蛋白质的化学式

蛋白质是由多种 α-氨基酸以一定的顺序缩合而成的多肽链，再按照一定的顺序结合而成的高分子化合物。多肽和蛋白质并无严格的区别，分子量在 10000 以上的多肽叫作蛋白质。α-氨基酸是组成蛋白质的基本单位。

### 2. 蛋白质的结构和分类

蛋白质和多肽的区别除了氨基酸单位的数目和排列顺序外，更主要的是蛋白质分子的特定空间结构（构象）。蛋白质结构可分为一级结构、二级结构、三级结构和四级结构。

(1) 蛋白质的一级结构

蛋白质的一级结构是指氨基酸通过肽键按一定排列顺序构成的蛋白质肽链骨架。蛋白质中氨基酸的组成和排列顺序对蛋白质分子的性能起着决定性作用。蛋白质的一级结构是最基本、最稳定的结构，它包含着决定蛋白质高级结构的因素，一级结构的变化往往导致蛋白质生物功能的变化。

(2) 蛋白质的二级结构

蛋白质的二级结构是指蛋白质肽链在空间盘旋和折叠而形成的特定的空间排列。蛋白质的二级结构有两种：α 螺旋结构和 β 折叠结构。蛋白质的二级结构是由肽链之间的氢键形成的，通过最大限度的氢键结合形成比较稳定的构象。一条肽键可以通过一个酰胺键中的氧与另一个酰胺键中的氢形成氢键，从而绕成螺旋形 α 螺旋结构（图 9-2）。肽链间还可通过氢键形成 β 折叠结构（图 9-3）。

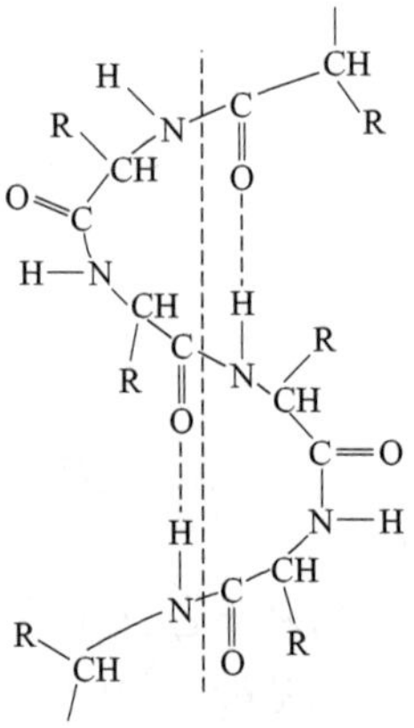

图 9-2 α 螺旋结构

（3）蛋白质的三级结构

蛋白质的三级结构是指，由于肽链中除含有能形成氢键的酰胺键外，有的氨基酸还含有羟基、巯基、烃基、游离氨基与羧基等基团，这些基团借助静电引力、氢键、二硫键（—S—S—）及范德华力等相互作用力将肽链联系在一起，使得蛋白质在二级结构的基础上进一步卷曲、盘旋、折叠而形成特定的空间排列。

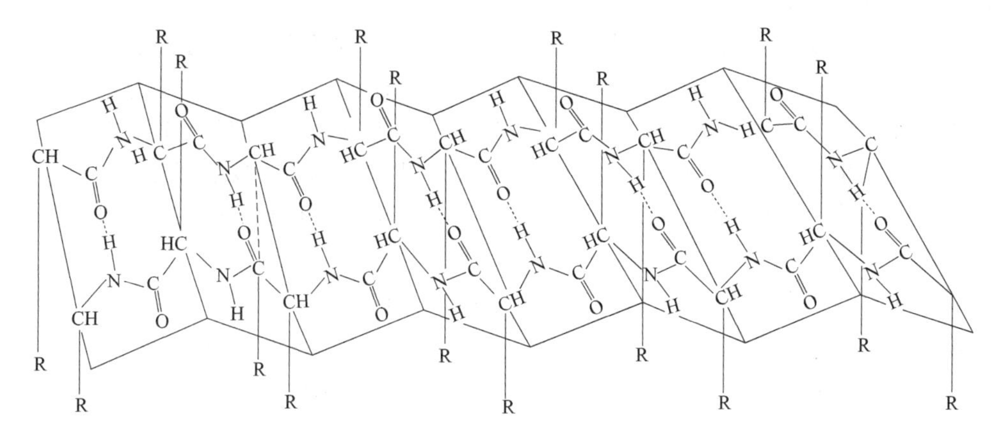

**图 9-3　β 折叠结构**

蛋白质分子构象中的化学键主要有离子键、氢键、疏水键、范德华力、二硫键等，如图 9-4 所示。

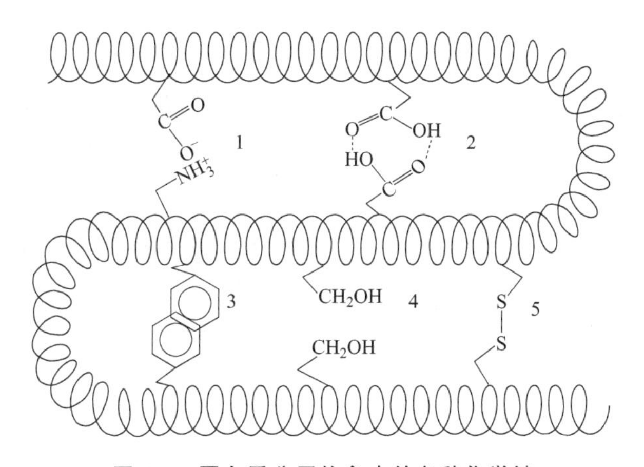


**图 9-4　蛋白质分子构象中的各种化学键**

1—离子键；2—氢键；3—疏水键；4—范德华力；5—二硫键

① 离子键　许多氨基酸侧链为极性基团，在生理 pH 值条件下能离解成正离子或负离子，正、负离子之间的静电引力使其形成离子键。离子键具有极性且绝大部分分布于蛋白质分子表面，其亲水性强，可增加蛋白质的水溶性。

② 氢键　在蛋白质分子中形成的氢键一般有两种：一种是在主链之间形成；另一种是在侧链 R 基之间形成。

③ 疏水键　蛋白质的氨基酸残基上常带有疏水的非极性侧链，当这些疏水基团与水接触时，由于不能互溶而产生表面张力。为了克服表面张力，疏水基团收缩、卷曲并互相聚集

在一起，从而将水分子从接触面排挤出去。这种由于非极性的烃基链因能量效应和熵效应等热力学作用使疏水基团在水中相互结合形成的作用力称为疏水键。疏水键对蛋白质三级、四级结构的形成和稳定起重要作用。

④ 范德华力　在蛋白质分子表面，极性基团之间、非极性基团之间或极性基团与非极性基团之间的电子云相互作用而发生极化，它们相互吸引，但又保持一定距离而达到平衡，此时的结合力称为范德华力。

⑤ 二硫键　二硫键又称硫硫键或二硫桥，是由两个半胱氨酸残基的两个巯基之间脱氢形成的。二硫键可将不同肽链或同一条肽链的不同部位连接起来，对维持和稳定蛋白质的构象具有重要作用。二硫键是共价键，键能大，比较牢固。绝大多数蛋白质分子中都含有二硫键，二硫键越多蛋白质分子的稳定性也越高。例如，生物体内具有保护功能的毛发、鳞甲、角、爪中的主要蛋白质是角蛋白，其所含二硫键数量最多，因而抵抗外界理化因素的能力也较大。

氢键、疏水键和范德华力等分子间作用力比共价键弱得多，因而称为副键。虽然副键键能小，稳定性差，但副键数量众多，在维持蛋白质空间构象中起着重要作用。此外，在一些蛋白质分子中，二硫键和配位键也参与维持和稳定蛋白质的空间结构。

（4）蛋白质的四级结构

蛋白质的四级结构是指有些蛋白质分子中不止含有一条多肽链，多条多肽链之间相互盘绕的空间结构即为蛋白质的四级结构。例如，羊毛由$\alpha$-角蛋白组成，$\alpha$-角蛋白有两条多肽链，相互盘绕。按照溶解度的不同，蛋白质分为纤维蛋白质（不溶于水）和球蛋白质（能溶于水、酸、碱或盐溶液）。

### 3. 蛋白质的性质

蛋白质有许多与氨基酸相类似的化学性质，如两性与等电点等；由于蛋白质是高分子化合物，也存在特有的性质，如胶体性质、沉淀、变性和显色反应等。

（1）两性与等电点

蛋白质与氨基酸相似，也是两性的，也存在特定的等电点。在等电点时，蛋白质在水中的溶解度最小，最容易析出沉淀。若蛋白质溶液的 pH 值小于等电点，蛋白质主要以正离子形式存在，在电场中向阴极移动；反之，若蛋白质溶液的 pH 值大于等电点，蛋白质主要以负离子形式存在，在电场中向阳极移动，这种现象称为电泳。不同的蛋白质其颗粒大小、形状不同，在溶液中带电荷的性质和数量也不同，在电场中移动的速率也不同，通常利用这种性质来分离提纯蛋白质。

**【例】** 蛋白质等电点的应用

蚕丝脱胶过程中，要调节溶液的 pH 值使其远离丝蛋白的等电点，从而使丝胶容易溶解而达到脱胶目的。

（2）胶体性质

蛋白质是高分子化合物，在水中可形成 1～100nm 的单分子颗粒，刚好在胶体的范围内，所以蛋白质具有胶体的性质，如丁达尔效应、布朗运动、吸附性以及不能透过半透膜的性质等。

蛋白质是稳定的亲水胶体，其表面有很多亲水基团（如—COOH、—$NH_2$、—OH、—SH、—CONH 等），与水相遇时易被水吸收。同时，蛋白质表面有一层水化膜，水化膜能阻碍蛋白质颗粒间的碰撞结合。

蛋白质不能透过半透膜，可利用半透膜将蛋白质与低分子有机化合物或无机盐分离，达到分离和纯化蛋白质的目的，该法称为渗析法。

（3）盐析

盐析是指蛋白质溶液加入高浓度的中性盐（如硫酸铵、硫酸镁、氯化钠）溶液时，可使蛋白质从溶液中析出。盐析是一个可逆过程，盐析出来的蛋白质可再溶于水而不影响蛋白质的性质。所有蛋白质都能在浓盐溶液中沉淀（盐析）出来，但不同的蛋白质盐析时盐的最低浓度是不同的。利用这个性质可以分离和提纯不同的蛋白质。

（4）变性

蛋白质受物理因素（如热、高压、紫外线照射）或化学因素（如有机溶剂、尿素、酸、碱等）的影响时，分子构象发生变化，溶解度降低，生物活性丧失。但这些物理、化学因素引起的变化不涉及一级结构的改变，即肽链中共价键并未断裂、二硫键也未断裂，只是二级结构和三级结构有了改变或遭受破坏，这一类变化称为蛋白质的变性作用。变性作用的实质是蛋白质分子的空间结构的改变或破坏，从有秩序且紧密的构造变为无秩序且松散的构造，从而易被蛋白水解酶水解（熟食易消化的道理）。如果引起变性的因素比较温和，蛋白质构象仅仅是有些松散时，当除去变性因素后蛋白质可缓慢地重新自发恢复为原来的构象，这一性质称为蛋白质的复性。

**【例】** 蛋白质变性作用的应用

用高温、紫外线和酒精等进行消毒，就是促使细菌或病毒的蛋白质变性而失去致病和繁殖的能力。临床上急救重金属盐中毒的病人，常先服用大量牛奶和蛋清，使蛋白质在消化道中与重金属盐结合形成变性蛋白，从而阻止有毒重金属离子被人体吸收。

（5）显色反应

蛋白质中含有不同的氨基酸，可以与不同的试剂发生特殊的颜色反应，可用于鉴别蛋白质（表 9-3）。

**表 9-3 蛋白质的显色反应**

| 反应名称 | 反应试剂 | 反应现象 | 应用 | 备注 |
|---|---|---|---|---|
| 茚三酮反应 | 茚三酮试剂 | 蓝紫色化合物 | 鉴别 $\alpha$-氨基酸和多肽 | 稀的氨溶液、铵盐及某些胺也有此反应 |
| 缩二脲反应 | NaOH 溶液或硫酸铜溶液 | 紫色或粉红色 | 鉴别二肽以上的多肽。在蚕蛹或废丝蛋白综合利用制取氨基酸时，可用此反应检查蛋白质水解程度 | |
| 黄蛋白反应 | 浓硝酸 | 黄色，再加碱处理又变为橙色 | 蛋白质中含苯环的氨基酸发生了硝化反应的缘故，如皮肤、指甲遇浓硝酸变成黄色 | OH（苯环）—$CH_2$—（—HN—CH—CO—） $\xrightarrow{浓\ HNO_3}$ OH（苯环，邻位 —$NO_2$）—$CH_2$—（—HN—CH—CO—） |

## 三、蛋白质纤维

蛋白质纤维是以蛋白质为基本组成物质的纤维。天然蛋白质纤维包括各种羊毛和蚕丝，其中以绵羊毛和桑蚕丝为主。

### 1. 羊毛

羊毛主要指绵羊毛，是人类在纺织上利用最早的天然纤维之一，具有弹性好、手感丰满、吸湿性强、保暖性好、不易沾污、光泽柔和等优良特性，同时还具有独特的缩绒性等。

（1）羊毛的结构

羊毛的主要成分是角蛋白，又称角朊。羊毛角蛋白是由 18 种以上 $\alpha$-氨基酸组成的天然聚酰胺类高分子，其中含量最多的氨基酸是胱氨酸和谷氨酸。因此在羊毛角蛋白大分子主链间能形成盐键、二硫键和氢键等空间横向联键，如图 9-5 所示。

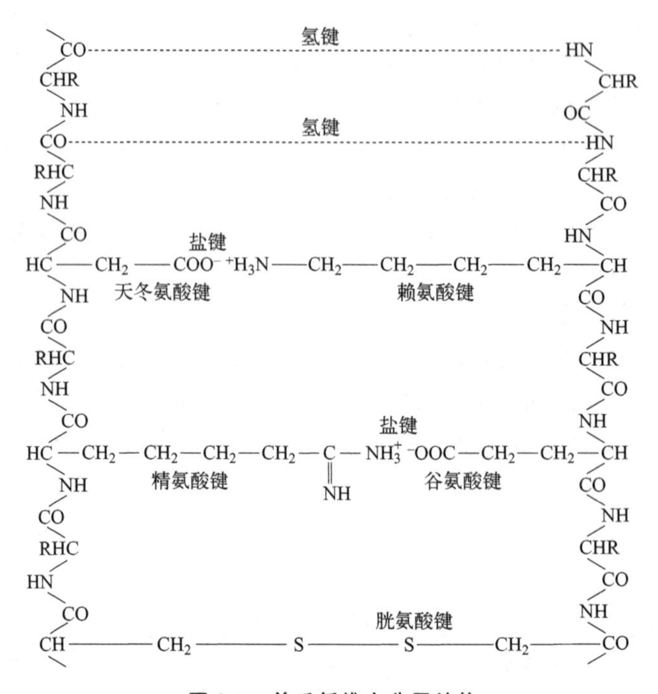


**图 9-5　羊毛纤维大分子结构**

羊毛的大分子间依靠分子引力、盐键、二硫键和氢键等相结合，呈较稳定的空间螺旋状态，称为 $\alpha$-角蛋白。在一定条件下，受到张力作用，大分子链伸展转变为 $\beta$-角蛋白，张力撤去后，在一定条件下，它又恢复到原来的弯曲状态——$\alpha$-角蛋白，有时甚至会出现过缩。

（2）羊毛的性质

羊毛的性质取决于化学结构。羊毛纤维大分子长链受外力拉伸时由 $\alpha$ 螺旋型过渡到 $\beta$ 伸展型，外力解除后又恢复到 $\alpha$ 型，则其外观表现为羊毛的伸长变形和回弹性优良。羊毛较强的吸湿能力与侧链上的羟基、氨基等基团有关。羊毛较耐酸而不耐碱，是由于碱容易分解羊毛胱氨酸中的二硫键使毛质受损，氧化剂也可破坏二硫键而损害羊毛。

### 2. 蚕丝

蚕丝作为天然纤维，是人类最早利用的动物纤维之一，其主要成分是蛋白质。蚕丝是高级纺织原料，具有较高的延伸度，纤维纤细、柔软、平滑而富有弹性，吸湿性佳。由丝绸制成的丝绸产品薄如纱、华如锦，手感滑爽，穿着舒适，高雅华丽，具有独特的“丝鸣感”。

蚕丝的强度等物理性能也较好，可作为手术缝合线等生物材料。此外，由于蚕丝具有很好的活体亲和性，新型蚕丝生物材料的研制和利用也日益活跃。

（1）蚕丝的形态和组成

蚕丝的主要成分是丝素和丝胶，还有少量蜡质、碳水化合物、色素和矿物质（灰分）等。丝胶是一种球蛋白，溶于水，覆盖在丝素的外层。丝素与羊毛一样，都是纤维状蛋白质。丝素和丝胶统称为丝蛋白。为了充分展现蚕丝的光泽和柔软度，必须将丝素外层的丝胶脱去。通常把生丝放在热的肥皂水中煮练，使丝胶溶解，剩下丝素，这个过程称为丝的精练。

蚕丝的大分子是由多种$\alpha$-氨基酸残基以酰胺键连接构成的长链大分子，又称肽链。在丝素中，甘氨酸、丙氨酸、丝氨酸和酪氨酸含量占90%以上。蚕丝由于侧基小，分子结构较为简单，长链大分子规整性好，呈β折叠链形状，有较高的结晶度。

```
      /              \               /
     RCH             HCR            RCH
       \             /                \
        C=O···H—N                      C=O···
       /            \                 /
···H—N               C=O···H—N
       \            /           \
        HCR       RCH             HCR
       /             \               \
   O=C                N—H···O=C
       \             /             \
        N—H···O=C                   N—H
       /            \              /
     RCH             HCR         RCH
       \             /              \
        C=O···H—N                    C=O···
       /           \                /
···H—N              C=O···H—N
       \            /          \
       HCR        RCH           HCR
       /             \          /
```

（2）蚕丝的性质

蚕丝的丝素中有很多极小的孔隙，同时丝素中氨基酸含有亲水的氨基和羧基，因此蚕丝纤维具有透气、保暖、吸收和散发水分极为迅速等特点，冬暖夏凉。

蚕丝对盐非常敏感，若将蚕丝放在0.5%食盐溶液中浸渍15个月，其组织结构就会完全破坏。所以丝织衣物受到汗水侵蚀后必须及时脱下洗净，放置过久易产生黄褐色斑点，同时导致织物强度降低，影响穿着寿命。

在长时间光照作用下，蚕丝纤维中的氢键会发生断裂而引起力学性能的变化，如在有氧气和水的条件下，紫外线使蚕丝中的酪氨酸和色氨酸残基氧化变黄，如再加上热和中性盐的作用，泛黄会加剧。

蚕丝是一种弱酸性物质，丝素的等电点为2～3。因此，蚕丝对碱作用敏感，耐碱性远低于耐酸性。丝素在碱液中会发生不同程度的水解，即使稀弱碱液也能溶解丝胶，浓强碱液对丝素破坏力更强。所以，天然丝织物不宜用碱性肥皂和洗涤剂洗涤。

## 学习思维导图

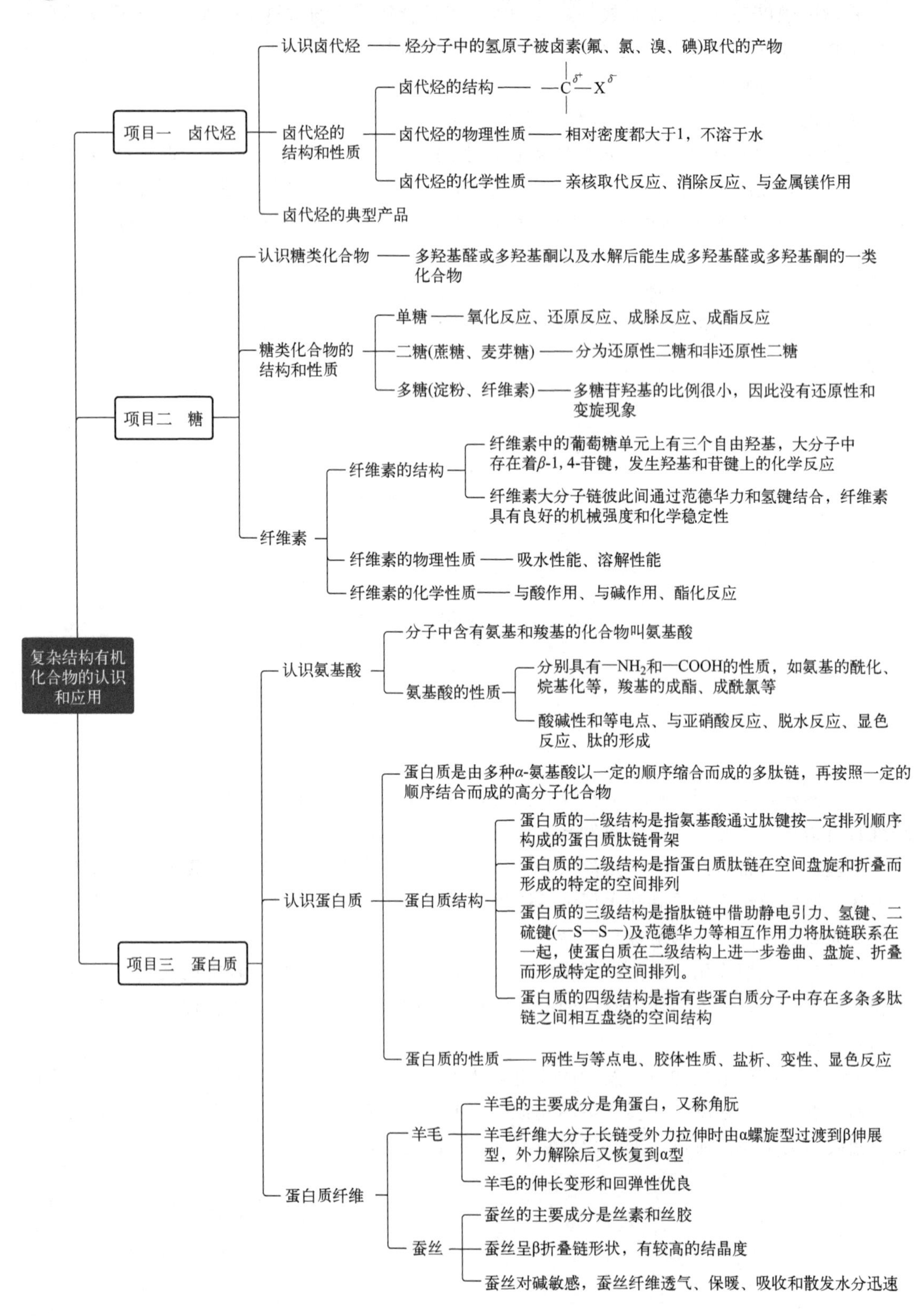
复杂结构有机化合物的认识和应用
项目一 卤代烃
认识卤代烃——烃分子中的氢原子被卤素(氟、氯、溴、碘)取代的产物
卤代烃的结构和性质
卤代烃的结构——$-\overset{|}{\underset{|}{C}}^{\delta+}-X^{\delta-}$
卤代烃的物理性质——相对密度都大于1，不溶于水
卤代烃的化学性质——亲核取代反应、消除反应、与金属镁作用
卤代烃的典型产品
项目二 糖
认识糖类化合物——多羟基醛或多羟基酮以及水解后能生成多羟基醛或多羟基酮的一类化合物
糖类化合物的结构和性质
单糖——氧化反应、还原反应、成脎反应、成酯反应
二糖(蔗糖、麦芽糖)——分为还原性二糖和非还原性二糖
多糖(淀粉、纤维素)——多糖苷羟基的比例很小，因此没有还原性和变旋现象
纤维素
纤维素的结构
纤维素中的葡萄糖单元上有三个自由羟基，大分子中存在着$\beta$-1, 4-苷键，发生羟基和苷键上的化学反应
纤维素大分子链彼此间通过范德华力和氢键结合，纤维素具有良好的机械强度和化学稳定性
纤维素的物理性质——吸水性能、溶解性能
纤维素的化学性质——与酸作用、与碱作用、酯化反应
项目三 蛋白质
认识氨基酸
分子中含有氨基和羧基的化合物叫氨基酸
氨基酸的性质
分别具有$-NH_2$和$-COOH$的性质，如氨基的酰化、烷基化等，羧基的成酯、成酰氯等
酸碱性和等电点、与亚硝酸反应、脱水反应、显色反应、肽的形成
认识蛋白质
蛋白质是由多种$\alpha$-氨基酸以一定的顺序缩合而成的多肽链，再按照一定的顺序结合而成的高分子化合物
蛋白质结构
蛋白质的一级结构是指氨基酸通过肽键按一定排列顺序构成的蛋白质肽链骨架
蛋白质的二级结构是指蛋白质肽链在空间盘旋和折叠而形成的特定的空间排列
蛋白质的三级结构是指肽链中借助静电引力、氢键、二硫键(—S—S—)及范德华力等相互作用力将肽链联系在一起，使蛋白质在二级结构上进一步卷曲、盘旋、折叠而形成特定的空间排列。
蛋白质的四级结构是指有些蛋白质分子中存在多条多肽链之间相互盘绕的空间结构
蛋白质的性质——两性与等点电、胶体性质、盐析、变性、显色反应
蛋白质纤维
羊毛
羊毛的主要成分是角蛋白，又称角朊
羊毛纤维大分子长链受外力拉伸时由α螺旋型过渡到β伸展型，外力解除后又恢复到α型
羊毛的伸长变形和回弹性优良
蚕丝
蚕丝的主要成分是丝素和丝胶
蚕丝呈β折叠链形状，有较高的结晶度
蚕丝对碱敏感，蚕丝纤维透气、保暖、吸收和散发水分迅速

## 习题

1. 给下列化学物质命名

（1）$CH_3—CH_2—\underset{Cl}{\overset{H}{C}}—CH_3$　（2）Cl、$CH_3$（邻位取代苯）　（3）$CH_2═CH—\underset{Br}{CH_2}$　（4）$CH_2—\underset{Cl}{CH_2}$（苯环上取代） 1-苯基-2-氯乙烷

（5）$CH_3\overset{NH_2}{C}HCOOH$　（6）

$$\begin{array}{c} CHO \\ H—\!\!\!+\!\!\!—OH \\ HO—\!\!\!+\!\!\!—H \\ H—\!\!\!+\!\!\!—OH \\ H—\!\!\!+\!\!\!—OH \\ CH_2OH \end{array}$$

2. 完成反应

（1）$CH_3CH_2Cl \xrightarrow[H_2O]{NaOH}$

（2）$CH_3CH_2CH_2Cl \xrightarrow[醇]{NaCN}$

（3）$CH_3—CH_2—\underset{Cl}{\overset{H}{C}}—CH_3 \xrightarrow[醇]{AgNO_3}$

（4）$CH_3CH_2—\underset{Br}{\overset{CH_3}{C}}—CH_3 \xrightarrow[乙醇]{KOH}$

（5）$C_6H_{12}O_5 + Ag(NH_3)_2^+OH^- \longrightarrow$

3. 比较 $CH_3—CH_2—CH_2—CH_2—Cl$ 、 $CH_3—CH_2—\underset{Cl}{\overset{H}{C}}—CH_3$ 、 $H_3C—\underset{Cl}{\overset{CH_3}{C}}—CH_3$ 三者与硝酸银反应生成卤化银的速度快慢，并说明原因。

4. 简述糖类化合物的分类和基本结构特征。

5. 试讨论纤维素的物理、化学性质对纤维材料性能的影响。

6. 试分析蛋白质结构对羊毛、蚕丝等纤维材料性能的影响。

## 参考文献


[1] 美国化学科学机会调查委员会．化学中的机会［M］．曹家帧，等译．北京：中国化学会，1986.

[2] 李婷婷，武子敬．实验室化学安全基础［M］．成都：电子科技大学出版社，2016.

[3] 王春林，李春德，吴寿林，等．科技编辑大辞典［M］．上海：第二军医大学出版社，2001.

[4] 梁琰．美丽的化学结构［M］．北京：清华大学出版社，2016.

[5] 高职高专化学教材编写组．有机化学［M］．4 版．北京：高等教育出版社，2013.

[6] 高职高专化学教材编写组．分析化学［M］．北京：高等教育出版社，2014.

[7] 邢其毅，裴伟伟，徐瑞秋，等．基础有机化学（上册）［M］．4 版．北京：高等教育出版社，2016.

[8] 邢其毅，裴伟伟，徐瑞秋，等．基础有机化学（下册）［M］．4 版．北京：高等教育出版社，2017.

[9] 裴伟伟．基础有机化学习题解析［M］．4 版．北京：高等教育出版社，2018.

[10] 徐武军．石油化学工业——原料制程及市场［M］．台北：五南图书出版股份有限公司，2005.

[11] 徐寿昌．有机化学［M］．2 版．北京：高等教育出版社，2014.

[12] 江洪，陈长水．有机化学［M］．4 版．北京：科学出版社，2018.

[13] 黄晓东，李成琴．纺织有机化学［M］．2 版．上海：东华大学出版社，2014.

[14] 魏玉娟．纺织化学［M］．北京：化学工业出版社，2015.

[15] 刘妙丽．纺织化学［M］．北京：中国纺织出版社，2007.

[16] 陈荣业．有机反应机理解析与应用［M］．北京：化学工业出版社，2017.

[17] 汪小兰．有机化学［M］．4 版．北京：高等教育出版社，2005.

[18] 马克·米奥多尼克．迷人的材料［M］．赖盈满，译．北京：北京联合出版公司，2015.

[19] 范红俊．化学基础［M］．徐州：中国矿业大学出版社，2017.

[20] 覃兆海，金淑惠，李楠．基础有机化学［M］．北京：科学技术文献出版社，2004.

[21] 胡宏纹．有机化学［M］．4 版．北京：高等教育出版社，2013.

[22] 丁会利．高分子材料及应用［M］．北京：化学工业出版社，2012.

[23] 何建玲．有机化学基础教程［M］．北京：北京大学出版社，2011.

[24] 江棋，陈长水．有机化学［M］．4 版．北京：科学出版社，2018.

[25] 崔鑫，韩德红．有机化学［M］．青岛：中国海洋大学出版社，2012.

[26] 李毅群，王涛，郭书好．有机化学［M］．2 版．北京：清华大学出版社，2013.

[27] 赵温涛，郑艳，马宁，等．有机化学［M］．6 版．北京：高等教育出版社，2019.

[28] 徐应林，郭建民．高分子材料化学基础［M］．3 版．北京：化学工业出版社，2022.

[29] 张立新．高分子材料化学基础（高分子化学篇）［M］．北京：化学工业出版社，2020.

[30] 傅献彩，侯文华．物理化学（上册）［M］．6 版．北京：高等教育出版社，2022.

[31] 傅献彩，侯文华．物理化学（下册）［M］．6 版．北京：高等教育出版社，2022.

[32] 蔡乐．高等学校化学实验安全基础［M］．北京：化学工业出版社，2018.

[33] 许峰，赵艳，刘松，等．化学实验室安全原理：RAMP 原则的运用［M］．北京：化学工业出版社，2023.

# 元素周期表

氧化态(单质的氧化态为0，未列入；常见的为红色)

以 $^{12}C=12$ 为基准的原子量(注✦的是半衰期最长同位素的原子量)

|  |  |
|---|---|
| 95 | 原子序数 |
| Am | 元素符号(红色的为放射性元素) |
| 镅▲ | 元素名称(注▲的为人造元素) |
| $5f^77s^2$ | 价层电子构型 |
| +2 +3 +4 +5 +6 | 氧化态 |
| 243.06138(2)✦ | 原子量 |

s区元素　p区元素　d区元素　ds区元素　f区元素　稀有气体

| 族 / 周期 | 1 IA | 2 IIA | 3 IIIB | 4 IVB | 5 VB | 6 VIB | 7 VIIB | 8 VIIIB(VIII) | 9 VIIIB(VIII) | 10 VIIIB(VIII) | 11 IB | 12 IIB | 13 IIIA | 14 IVA | 15 VA | 16 VIA | 17 VIIA | 18 VIIIA(0) | 电子层 |
|---|---|---|---|---|---|---|---|---|---|---|---|---|---|---|---|---|---|---|---|
| 1 | −1 +1<br>1 H<br>氢<br>$1s^1$<br>1.008 | | | | | | | | | | | | | | | | | 2 He<br>氦<br>$1s^2$<br>4.002602(2) | K |
| 2 | +1<br>3 Li<br>锂<br>$2s^1$<br>6.94 | +2<br>4 Be<br>铍<br>$2s^2$<br>9.0121831(5) | | | | | | | | | | | +3<br>5 B<br>硼<br>$2s^22p^1$<br>10.81 | −4 +2 +4<br>6 C<br>碳<br>$2s^22p^2$<br>12.011 | −3 −2 −1 +1 +2 +3 +4 +5<br>7 N<br>氮<br>$2s^22p^3$<br>14.007 | −2 −1<br>8 O<br>氧<br>$2s^22p^4$<br>15.999 | −1<br>9 F<br>氟<br>$2s^22p^5$<br>18.998403163(6) | 10 Ne<br>氖<br>$2s^22p^6$<br>20.1797(6) | L K |
| 3 | −1 +1<br>11 Na<br>钠<br>$3s^1$<br>22.98976928(2) | +2<br>12 Mg<br>镁<br>$3s^2$<br>24.305 | | | | | | | | | | | +3<br>13 Al<br>铝<br>$3s^23p^1$<br>26.9815385(7) | −4 +2 +4<br>14 Si<br>硅<br>$3s^23p^2$<br>28.085 | −3 −2 −1 +1 +3 +5<br>15 P<br>磷<br>$3s^23p^3$<br>30.973761998(5) | −2 +2 +4 +6<br>16 S<br>硫<br>$3s^23p^4$<br>32.06 | −1 +1 +3 +5 +7<br>17 Cl<br>氯<br>$3s^23p^5$<br>35.45 | 18 Ar<br>氩<br>$3s^23p^6$<br>39.948(1) | M L K |
| 4 | −1 +1<br>19 K<br>钾<br>$4s^1$<br>39.0983(1) | +2<br>20 Ca<br>钙<br>$4s^2$<br>40.078(4) | +3<br>21 Sc<br>钪<br>$3d^14s^2$<br>44.955908(5) | −1 0 +2 +3 +4<br>22 Ti<br>钛<br>$3d^24s^2$<br>47.867(1) | 0 ±1 +2 +3 +4 +5<br>23 V<br>钒<br>$3d^34s^2$<br>50.9415(1) | −3 0 ±1 ±2 +3 +4 +5 +6<br>24 Cr<br>铬<br>$3d^54s^1$<br>51.9961(6) | −2 0 ±1 +2 +3 +4 +5 +6 +7<br>25 Mn<br>锰<br>$3d^54s^2$<br>54.938044(3) | −2 0 ±1 +2 +3 +4 +5 +6<br>26 Fe<br>铁<br>$3d^64s^2$<br>55.845(2) | 0 ±1 +2 +3 +4 +5<br>27 Co<br>钴<br>$3d^74s^2$<br>58.933194(4) | 0 ±1 +2 +3 +4<br>28 Ni<br>镍<br>$3d^84s^2$<br>58.6934(4) | +1 +2 +3 +4<br>29 Cu<br>铜<br>$3d^{10}4s^1$<br>63.546(3) | +1 +2<br>30 Zn<br>锌<br>$3d^{10}4s^2$<br>65.38(2) | +1 +3<br>31 Ga<br>镓<br>$4s^24p^1$<br>69.723(1) | +2 +4<br>32 Ge<br>锗<br>$4s^24p^2$<br>72.630(8) | −3 +3 +5<br>33 As<br>砷<br>$4s^24p^3$<br>74.921595(6) | −2 +2 +4 +6<br>34 Se<br>硒<br>$4s^24p^4$<br>78.971(8) | −1 +1 +3 +5 +7<br>35 Br<br>溴<br>$4s^24p^5$<br>79.904 | +2 +4<br>36 Kr<br>氪<br>$4s^24p^6$<br>83.798(2) | N M L K |
| 5 | −1 +1<br>37 Rb<br>铷<br>$5s^1$<br>85.4678(3) | +2<br>38 Sr<br>锶<br>$5s^2$<br>87.62(1) | +3<br>39 Y<br>钇<br>$4d^15s^2$<br>88.90584(2) | +1 +2 +3 +4<br>40 Zr<br>锆<br>$4d^25s^2$<br>91.224(2) | 0 ±1 +2 +3 +4 +5<br>41 Nb<br>铌<br>$4d^45s^1$<br>92.90637(2) | 0 ±1 ±2 +3 +4 +5 +6<br>42 Mo<br>钼<br>$4d^55s^1$<br>95.95(1) | 0 ±1 +2 +3 +4 +5 +6 +7<br>43 Tc<br>锝▲<br>$4d^55s^2$<br>97.90721(3)✦ | 0 ±1 +2 +3 +4 +5 +6 +7 +8<br>44 Ru<br>钌<br>$4d^75s^1$<br>101.07(2) | 0 ±1 +2 +3 +4 +5 +6<br>45 Rh<br>铑<br>$4d^85s^1$<br>102.90550(2) | 0 +1 +2 +3 +4<br>46 Pd<br>钯<br>$4d^{10}$<br>106.42(1) | +1 +2 +3<br>47 Ag<br>银<br>$4d^{10}5s^1$<br>107.8682(2) | +1 +2<br>48 Cd<br>镉<br>$4d^{10}5s^2$<br>112.414(4) | +1 +3<br>49 In<br>铟<br>$5s^25p^1$<br>114.818(1) | +2 +4<br>50 Sn<br>锡<br>$5s^25p^2$<br>118.710(7) | −3 +3 +5<br>51 Sb<br>锑<br>$5s^25p^3$<br>121.760(1) | −2 +2 +4 +6<br>52 Te<br>碲<br>$5s^25p^4$<br>127.60(3) | −1 +1 +3 +5 +7<br>53 I<br>碘<br>$5s^25p^5$<br>126.90447(3) | +2 +4 +6 +8<br>54 Xe<br>氙<br>$5s^25p^6$<br>131.293(6) | O N M L K |
| 6 | −1 +1<br>55 Cs<br>铯<br>$6s^1$<br>132.90545196(6) | +2<br>56 Ba<br>钡<br>$6s^2$<br>137.327(7) | 57~71<br>La~Lu<br>镧系 | +1 +2 +3 +4<br>72 Hf<br>铪<br>$5d^26s^2$<br>178.49(2) | 0 ±1 +2 +3 +4 +5<br>73 Ta<br>钽<br>$5d^36s^2$<br>180.94788(2) | 0 ±1 ±2 +3 +4 +5 +6<br>74 W<br>钨<br>$5d^46s^2$<br>183.84(1) | 0 ±1 +2 +3 +4 +5 +6 +7<br>75 Re<br>铼<br>$5d^56s^2$<br>186.207(1) | 0 ±1 +2 +3 +4 +5 +6 +7 +8<br>76 Os<br>锇<br>$5d^66s^2$<br>190.23(3) | 0 ±1 +2 +3 +4 +5 +6<br>77 Ir<br>铱<br>$5d^76s^2$<br>192.217(3) | 0 +2 +3 +4 +5 +6<br>78 Pt<br>铂<br>$5d^96s^1$<br>195.084(9) | +1 +2 +3 +5<br>79 Au<br>金<br>$5d^{10}6s^1$<br>196.966569(5) | +1 +2 +3<br>80 Hg<br>汞<br>$5d^{10}6s^2$<br>200.592(3) | +1 +3<br>81 Tl<br>铊<br>$6s^26p^1$<br>204.38 | +2 +4<br>82 Pb<br>铅<br>$6s^26p^2$<br>207.2(1) | −3 +3 +5<br>83 Bi<br>铋<br>$6s^26p^3$<br>208.98040(1) | −2 +2 +4 +6<br>84 Po<br>钋<br>$6s^26p^4$<br>208.98243(2)✦ | ±1 +5 +7<br>85 At<br>砹<br>$6s^26p^5$<br>209.98715(5)✦ | +2<br>86 Rn<br>氡<br>$6s^26p^6$<br>222.01758(2)✦ | P O N M L K |
| 7 | +1<br>87 Fr<br>钫▲<br>$7s^1$<br>223.01974(2)✦ | +2<br>88 Ra<br>镭<br>$7s^2$<br>226.02541(2)✦ | 89~103<br>Ac~Lr<br>锕系 | 104 Rf<br>𬬻▲<br>$6d^27s^2$<br>267.122(4)✦ | 105 Db<br>𬭊▲<br>$6d^37s^2$<br>270.131(4)✦ | 106 Sg<br>𬭳▲<br>$6d^47s^2$<br>269.129(3)✦ | 107 Bh<br>𬭛▲<br>$6d^57s^2$<br>270.133(2)✦ | 108 Hs<br>𬭶▲<br>$6d^67s^2$<br>270.134(2)✦ | 109 Mt<br>鿏▲<br>$6d^77s^2$<br>278.156(5)✦ | 110 Ds<br>𫟼▲<br>281.165(4)✦ | 111 Rg<br>𬬭▲<br>281.166(6)✦ | 112 Cn<br>鿔▲<br>285.177(4)✦ | 113 Nh<br>鿭▲<br>286.182(5)✦ | 114 Fl<br>𫓧▲<br>289.190(4)✦ | 115 Mc<br>镆▲<br>289.194(6)✦ | 116 Lv<br>𫟷▲<br>293.204(4)✦ | 117 Ts<br>鿬▲<br>293.208(6)✦ | 118 Og<br>鿫▲<br>294.214(5)✦ | Q P O N M L K |

| | 57 | 58 | 59 | 60 | 61 | 62 | 63 | 64 | 65 | 66 | 67 | 68 | 69 | 70 | 71 |
|---|---|---|---|---|---|---|---|---|---|---|---|---|---|---|---|
| ★ 镧系 | +3<br>57 La★<br>镧<br>$5d^16s^2$<br>138.90547(7) | +2 +3 +4<br>58 Ce<br>铈<br>$4f^15d^16s^2$<br>140.116(1) | +3 +4<br>59 Pr<br>镨<br>$4f^36s^2$<br>140.90766(2) | +2 +3 +4<br>60 Nd<br>钕<br>$4f^46s^2$<br>144.242(3) | +3<br>61 Pm<br>钷▲<br>$4f^56s^2$<br>144.91276(2)✦ | +2 +3<br>62 Sm<br>钐<br>$4f^66s^2$<br>150.36(2) | +2 +3<br>63 Eu<br>铕<br>$4f^76s^2$<br>151.964(1) | +3<br>64 Gd<br>钆<br>$4f^75d^16s^2$<br>157.25(3) | +3 +4<br>65 Tb<br>铽<br>$4f^96s^2$<br>158.92535(2) | +3 +4<br>66 Dy<br>镝<br>$4f^{10}6s^2$<br>162.500(1) | +3<br>67 Ho<br>钬<br>$4f^{11}6s^2$<br>164.93033(2) | +3<br>68 Er<br>铒<br>$4f^{12}6s^2$<br>167.259(3) | +2 +3<br>69 Tm<br>铥<br>$4f^{13}6s^2$<br>168.93422(2) | +2 +3<br>70 Yb<br>镱<br>$4f^{14}6s^2$<br>173.045(10) | +3<br>71 Lu<br>镥<br>$4f^{14}5d^16s^2$<br>174.9668(1) |
| ★ 锕系 | +3<br>89 Ac★<br>锕<br>$6d^17s^2$<br>227.02775(2)✦ | +3 +4<br>90 Th<br>钍<br>$6d^27s^2$<br>232.0377(4) | +3 +4 +5<br>91 Pa<br>镤<br>$5f^26d^17s^2$<br>231.03588(2) | +2 +3 +4 +5 +6<br>92 U<br>铀<br>$5f^36d^17s^2$<br>238.02891(3) | +3 +4 +5 +6 +7<br>93 Np<br>镎<br>$5f^46d^17s^2$<br>237.04817(2)✦ | +3 +4 +5 +6 +7<br>94 Pu<br>钚<br>$5f^67s^2$<br>244.06421(4)✦ | +2 +3 +4 +5 +6<br>95 Am<br>镅▲<br>$5f^77s^2$<br>243.06138(2)✦ | +3 +4<br>96 Cm<br>锔▲<br>$5f^76d^17s^2$<br>247.07035(3)✦ | +3 +4<br>97 Bk<br>锫▲<br>$5f^97s^2$<br>247.07031(4)✦ | +2 +3 +4<br>98 Cf<br>锎▲<br>$5f^{10}7s^2$<br>251.07959(3)✦ | +2 +3<br>99 Es<br>锿▲<br>$5f^{11}7s^2$<br>252.0830(3)✦ | +2 +3<br>100 Fm<br>镄▲<br>$5f^{12}7s^2$<br>257.09511(5)✦ | +2 +3<br>101 Md<br>钔▲<br>$5f^{13}7s^2$<br>258.09843(3)✦ | +2 +3<br>102 No<br>锘▲<br>$5f^{14}7s^2$<br>259.1010(7)✦ | +3<br>103 Lr<br>铹▲<br>$5f^{14}6d^17s^2$<br>262.110(2)✦ |